de Gruyter Lehrbuch

Hinterhuber
Strategische Unternehmungsführung I

Hans H. Hinterhuber

Strategische Unternehmungsführung

I Strategisches Denken

Vision · Unternehmungspolitik · Strategie

4., völlig neubearbeitete Auflage

W DE G

Walter de Gruyter · Berlin · New York 1989

Dr. rer. oec. Dipl.-Ing. Hans Hartmann Hinterhuber,
o. Professor der Betriebswirtschaftslehre und Vorstand des Instituts für Unternehmungsführung der Universität Innsbruck, Professor der Industriebetriebslehre an der Katholischen Universität Mailand

Mit 76 Abbildungen und 12 Tabellen

Für Barbara, Andreas, Monika, Lukas und Katharina

CIP-Titelaufnahme der Deutschen Bibliothek

Hinterhuber, Hans H.:
Strategische Unternehmungsführung / Hans H. Hinterhuber. –
Berlin ; New York : de Gruyter.
(De-Gruyter-Lehrbuch)

1. Strategisches Denken : Vision, Unternehmungspolitik,
Strategie. – 4., völlig neubearb. Aufl. – 1989
ISBN 3-11-012074-7

Satz und Druck: Tutte Druckerei GmbH, Salzweg-Passau. – Buchbinderische Verarbeitung: Dieter Mikolai, Berlin.
Printed in Germany.

Vorwort zur vierten Auflage

Für den Bereich der Unternehmungsführung ist die heutige Situation des Übergangs und der Unsicherheit mit einem hohen Maß an Überraschungen eher als »normal« zu werten als die hochkonjunkturellen Umweltbedingungen der vergangenen Jahre, die mit Hilfe der Inflation und des Größenwachstums manche Fehlentscheidungen praktisch konsequenzlos zugelassen hatten. In der Vergangenheit hat sich jedoch wenig Gelegenheit ergeben, Unternehmungsführung unter Verhältnissen zu lernen, wie sie gegenwärtig vorherrschen und sich für die Zukunft abzeichnen.

Die eigentliche Herausforderung für die Unternehmungen besteht in der Bewältigung des Unerwarteten und nicht in der Extrapolation von Erfolgsrezepten der Vergangenheit. Die Rechtfertigung der Unternehmung liegt zunehmend in ihrer Fähigkeit, das Unerwartete, das nicht Vorhersehbare erfolgreich und effizient im Sinne des Allgemeinwohls zu meistern. An den Grundprinzipien der Führung hat sich nichts geändert; doch die Methoden und Instrumente müssen angesichts der veränderten Umweltbedingungen modifiziert werden, und es müssen andere Prioritäten gesetzt werden. In Zeiten zunehmender Beschleunigung der Veränderung und vermehrter Risikoabwägung kommt der unternehmerischen Flexibilität, der Wahrung der Handlungsfreiheit und somit der strategischen Führung der Unternehmung wesentliche Bedeutung zu.

In der instabilen Wirtschaft unserer Zeit ist die Strategie der zunehmend häufiger in Unternehmungen unterschiedlichster Größenordnung gebrauchte Begriff, um einen praktikablen Aktionskurs für die Unternehmung festzulegen und alle Tätigkeiten danach auszurichten. Die Formulierung einer unternehmerischen Vision, die ihren Niederschlag in der Unternehmungspolitik und -kultur findet, und die Integration der Strategien mit den funktionalen Politiken, der Organisation, der operativen Planung, den Motivations- und Überwachungssystemen kennzeichnen den Prozeß der strategischen Führung der Unternehmung; es werden, mit anderen Worten, eine unternehmerische Vision in unternehmungspolitischen Grundsätzen ausgedrückt, daraus Strategien abgeleitet, diese in spezifische Handlungsrichtlinien übersetzt, eine mit ihnen kohärente Organisationsstruktur und -kultur aufgebaut und eine Reihe von Ausführungsschritten unternommen, die die Unternehmung in die gewünschte Richtung mit der gewünschten Intensität bewegen.

Die strategische Führung der Unternehmung verlangt, ausgehend von einer stärkeren Einbeziehung von Umwelt- und Wettbewerbsüberlegungen sowie der Erforschung der Kräfte, die hinter der Umwelt- und Wettbewerbsdynamik wirken, soweit sie die Unternehmung betreffen:

(1) eine unternehmerische Vision,
(2) eine Gesamtheit von unternehmungspolitischen Grundsätzen, die ihren Niederschlag in einem Leitbild finden,

(3) die Formulierung differenzierter Strategien für die verschiedenen strategischen Geschäftseinheiten oder Produkt/Markt-Kombinationen, die Konzentration strategischer Analysen auf kritische Bereiche, ein Denken in Alternativen, Bandbreiten und Wenn-/Dann-Konstellationen, eine ausgeprägte und klare Schwerpunktbildung und einen differenzierten Ansatz in der Ressourcenzuteilung,
(4) die direkte Umsetzung der gewählten Strategien in Aktionsprogramme mit Hilfe von Direktiven für die Funktionsbereiche und regionalen Tochtergesellschaften,
(5) die strategiegerechte Gestaltung der Organisation, die Aufteilung der Unternehmungstätigkeiten auf strategische Geschäftseinheiten sowie deren Führung und Koordination im Hinblick auf die Verwirklichung der Gesamtstrategie,
(6) ein effizientes Planungs-, Motivations- und Überwachungssystem für die Durchführung der Strategien, und
(7) eine Unternehmungskultur, die alle Mitarbeiter bewegt, sich engagiert und motiviert für die Umsetzung der Strategien einzusetzen.

Die Konzeption der Strategien ist eine Führungsaufgabe, die niemand der Leitung der Unternehmung abnehmen kann. Wohl sind vorbereitende und beratende Tätigkeiten an Stabsstellen übertragbar, aber die Festlegung der Richtung, in die sich die Unternehmung in einer mittel- bis langfristigen Perspektive entwickeln soll, kann die Unternehmungsleitung nicht an andere Personen delegieren; die strategische Planung muß so weit wie möglich in der Linienorganisation verankert sein.

Das Studium der strategischen Prozesse bedeutet nicht, die Rolle der unternehmerischen Führungskräfte einzunehmen; es kann dazu beitragen, deren Rolle besser zu verstehen, die operativen Auswirkungen der Strategien zu erfassen und zu unterstützen und ein mit der strategischen Führung der Unternehmung konsistentes Verhalten zu entwickeln. Dadurch werden die fachlichen Leistungen in den funktionalen Bereichen aufgewertet und in ihrer Wirksamkeit verbessert. Werden Fachwissen und Können der Kader nicht nur auf die spezifischen Anforderungen ihrer funktionalen Tätigkeiten ausgerichtet, sondern darüber hinaus in eine strategische Gesamtkonzeption eingefügt, sind wesentliche Bedingungen der Selbsterfüllung und Selbstentfaltung der Mitarbeiter verwirklicht, wobei gleichzeitig das betriebliche Geschehen zu einer funktionsfähigen Einheit gebracht wird.

In der modernen Unternehmung nehmen die Kader auf eine bewußte Weise an der Vorbereitung der Entscheidungen teil, für deren Ausführung sie verantwortlich sind. Die Bewußtheit der strategischen Probleme, mit denen die Unternehmungsleitung konfrontiert wird, kann deshalb die Suche nach tragfähigen, praktikablen Lösungen bereichern. Die Rolle der Führungskräfte wird somit auch auf die autonome Beurteilung der globalen Auswirkungen ihrer Vorschläge und auf die aktive konstruktive Teilnahme an der Ausarbeitung und Durchführung der Strategien ausgedehnt. Die Durchführung der Strategien fällt somit nicht nur in den Verantwortungsbereich der Unternehmungsleitung, sondern muß als gemeinsame Verantwortung aller Führungskräfte erlebt werden.

Das Werk soll eine einheitliche, in sich geschlossene Darstellung geben und dadurch das Verständnis der strategischen Führung der Unternehmung erleichtern; darüber hinaus kann die Präsentation einer integrierenden Gesamtkonzeption für die strategische Führung der Unternehmung den Führungskräften und Studenten als praktisches Denkmodell im Gesamtbereich der Unternehmungsführung dienen.

Die vierte Auflage des Lehrbuches weist gegenüber der Vorauflage einige wesentliche Änderungen auf. Die strategische Führungskonzeption wurde um die drei Komponenten – Vision, Unternehmungspolitik und Unternehmungskultur – erweitert. Alle anderen Abschnitte sind unter Einbeziehung neuer Untersuchungen und Arbeitsinstrumente überarbeitet worden. Das gilt auch für die Darstellung der strategischen Führungskompetenz. Diese Erweiterungen machten eine Aufteilung des Werkes in zwei Bände erforderlich.

Der erste Band enthält die drei Komponenten der Führung, die mit dem „Strategischen Denken" zusammenhängen – Vision, Unternehmungspolitik und Strategie –, während der zweite Band die vier das „Strategische Handeln" betreffenden Komponenten – Direktiven für die Funktionsbereiche (funktionale Politiken), Organisation, Aktionspläne/Fortschrittskontrolle/Strategieüberwachung sowie Unternehmungskultur und strategische Führungskompetenz – behandelt.

Das Buch ist aus einer empirischen Untersuchung des Innovationsverhaltens und der strategischen Planungssysteme in dreißig mittleren und großen europäischen Unternehmungen hervorgegangen; es ist nicht das Endergebnis eines organischen Forschungsprogrammes, sondern das Resultat sukzessiver Einschaltungen von Themen, die zunehmend größere operative Bedeutung für die Unternehmungen in einem sich rasch ändernden Bereich – der strategischen Führung der Unternehmung – erlangen. Daraus erklärt sich der unterschiedliche Entwicklungsgrad der verschiedenen Teile der Bände.

Mein besonderer Dank gilt der Österreichischen Nationalbank, die die Arbeit durch eine großzügige finanzielle Unterstützung ermöglicht hat. Dank sagen möchte ich auch den zahlreichen Herren aus den Unternehmungen, die keine Mühe gescheut haben, meine vielen Fragen zu beantworten. Für die kritische Durchsicht des Werkes bei der Drucklegung möchte ich meinen früheren wissenschaftlichen Mitarbeitern, den Professoren Dr. R. Hammer, Dr. H. Hübner und Dr. W. Schertler, danken. Meine technische Assistentin, Frau A. Haller, meine Assistenten und Assistentinnen, die Herren Mag. Markus und Mag. Martin Fontanari, Dr. M. Haidinger, Dr. M. Kathrein, Frau Dr. G. Kiem, Dr. G. Langer, Mag. K.-H. Lauda, Frau Mag. M. Stumpf und Mag. J. Wörndl-Aichrieder haben mich bei der Vorbereitung der vierten Auflage der „Strategischen Unternehmungsführung" wesentlich unterstützt; ihnen allen gebührt herzlicher Dank. Dank gesagt sei auch dem Verlag Walter de Gruyter in Berlin für die sorgfältige Drucklegung des Werkes.

Innsbruck/Mailand, im Sommer 1989 Hans H. Hinterhuber

Inhalt

Verzeichnis der Abbildungen

Quellen:

Courtoisie General Electric: Abbildungen 4.45, 4.48 bis 4.59
Courtoisie Shell: Abbildung 4.16
Courtoisie Texas Instruments: Abbildung 4.7
Courtoisie The Boston Consulting Group: Abbildung 4.19

Verzeichnis der Tabellen

Quellen:

Courtoisie General Electric: Tabelle 4.9
Courtoisie Shell: Tabellen 4.5, 4.6

1. Der Prozeß der strategischen Führung der Unternehmung

Flieh das Studium, das mit deinem Dahinscheiden erlischt.

Leonardo da Vinci

1.1 Die gesellschaftliche Verantwortung der Unternehmung

In einer Zeit rascher und tiefgreifender Wandlungen kann eine Unternehmung nur überleben und sich entwickeln, wenn sie laufend Beiträge zur Lösung gesellschaftlicher Probleme leistet.

Die gesellschaftliche Verantwortung der Unternehmung besteht darin, mit möglichst hoher Effizienz und auf kontinuierliche Weise Ressourcen wie Arbeit, Kapital, Ideen, Rohstoffe usw. in Güter, Dienstleistungen, sinnvolle und gesicherte Arbeitsplätze, Märkte und andere *Outputs* umzuwandeln, die zum einen den Vorstellungen der Personengruppen entsprechen, die die Ressourcen bereitstellen, und zum anderen in Einklang mit den Bedürfnissen der Gesellschaft stehen. Keine Unternehmung kann auf Dauer erfolgreich tätig sein, wenn sie sich den Ansprüchen der Abnehmer, Arbeitnehmer, Lieferanten, Kapitalgeber, staatlichen Aufsichtsbehörden, verbündeten Unternehmungen und Öffentlichkeit völlig entzieht. Aber auch eine Unternehmung, die jedem Anspruch nachgibt, der im Namen der sozialen Verantwortung an sie herangetragen wird, handelt unverantwortlich, denn sie untergräbt dadurch ihre eigene Lebens- und Leistungsfähigkeit und nimmt sich damit die Möglichkeit, ihren wirtschaftlichen Beitrag zum Allgemeinwohl zu leisten. Aufgabe der Unternehmungsleitung ist es, hier den richtigen Ausgleich zu finden[1], das heißt,

(1) einen kontinuierlichen Strom von Ressourcen von der Unternehmung zur Umwelt – Kapitalgeber, Arbeitnehmer und deren Organisationen, Gesellschaft, Lieferanten, verbündete Unternehmungen und Abnehmer – und von der Umwelt zur Unternehmung aufrechtzuerhalten;
(2) ein System zu projektieren und zu führen, das die Ressourcen, die die Unternehmung von der Umwelt erhält, möglichst effizient in Leistungen umwandelt, die von dieser als adäquat angesehen werden;

[1] Vgl. hierzu A.L. McDonald, Social Responsibility: Whose Responsibility? In: „The McKinsey Quarterly", Summer 1976, S. 2–12.

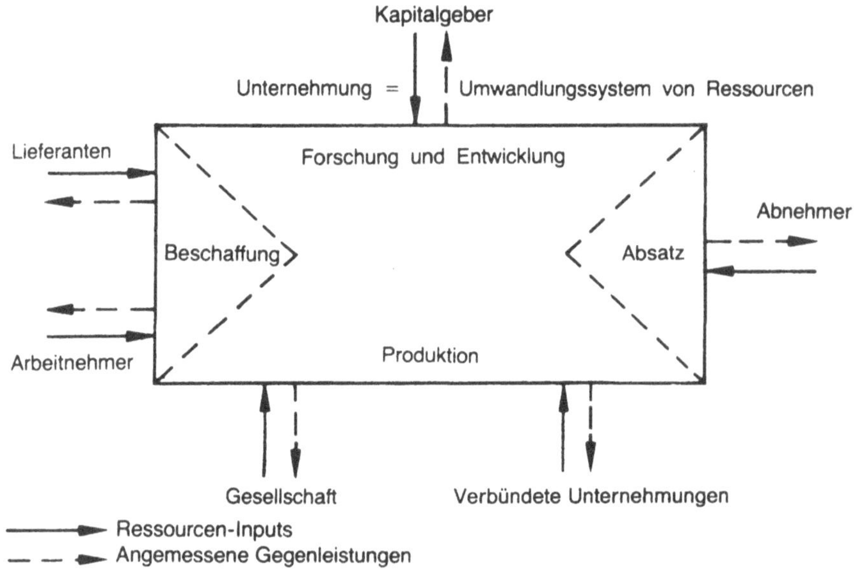

Abb. 1.1 Die Unternehmung als Umwandlungssystem von Ressourcen

(3) die Ressourcenströme innerhalb und außerhalb der Unternehmung so zu integrieren und auszugleichen, daß die Erfüllung neuer Bedürfnisse der Umweltgruppen, die Ressourcen bereitstellen, die Leistungsfähigkeit der Unternehmung nicht überschreitet[2].

Abbildung 1.1 zeigt die Austausch- und Einwirkungsprozesse zwischen der Unternehmung und der Umwelt; Kapitalgeber, Arbeitnehmer und ihre Organisationen, die Gesellschaft, Lieferanten, verbündete Unternehmungen und Abnehmer stellen der Unternehmung spezifische Ressourcen und Leistungen zur Verfügung und erhalten dafür einen Teil der *Outputs* der Unternehmung. Tabelle 1.1 veranschaulicht die Bedingungen, zu denen der Austausch der Ressourcen zwischen der Unternehmung und der Umwelt vereinbart wird; diese Bedingungen ändern sich im Zeitverlauf und müssen von der Unternehmungsleitung überwacht und gesteuert werden.

Im Hinblick auf die Aufrechterhaltung eines stetigen Ressourcenstromes zu gegenseitig akzeptierbaren Bedingungen in einer turbulenten, instabilen und diskontinuierlichen Umwelt besteht der Kern der gesellschaftlichen Verantwortung der Unternehmungsleitung darin,

(1) die neuen Bedingungen vorherzusehen, unter denen jede Umweltgruppe die Kooperation mit der Unternehmung fortzusetzen bereit ist;

[2] Die dargestellte Konzeption beruht auf W.H. Newman, J.P. Logan und W.H. Hegarty, Strategy, Policy, and Central Management, 9. Aufl., Cincinnati, Ohio 1985 S. 2ff.

Tabelle 1.1 Die Bedingungen für den Austausch von Ressourcen zwischen der Unternehmung und der Umwelt

Umweltgruppen	Bedingungen für den Austausch von Ressourcen
Mitarbeiter	Sinnvolle Aufgaben, Sicherheit des Arbeitsplatzes, gerechtes Entgelt, Aufstiegsmöglichkeiten, Gewährung von Aus-, Weiter- und Fortbildung, Teilhabe an Gewinn und Kapital, Mitbestimmung, nichtmonetäre Gratifikationen usw.
Abnehmer	Produktqualität, Lieferbedingungen, Kundendienst, akzessorische Leistungen, Güte der Dienstleistungen usw.
Lieferanten	Kontinuierliche, langfristige Absatzmärkte, sichere termingerechte Zahlungen, vernünftige Lieferzeiten, von den Anlagen erfüllbare Qualitätsstandards usw.
Verbündete Unternehmungen	Austausch von Informationen, Beteiligungen, gemeinsame Projekte, *Joint Ventures* usw.
Kapitalgeber	Sicherheit und Angemessenheit der Dividende, eventuell Anteil an der Unternehmungsführung, angemessene Rendite, Zinsen usw.
Gesellschaft	Umweltschutz, *urbane* Organisation, Angemessenheit der Steuerleistung, sichere Güter- und Energieversorgung, Freistellung von Mitarbeitern für öffentliche Aufgaben, energie- und rohstoffsparende Maßnahmen, Beiträge zur Lösung gesellschaftlicher Probleme, Schaffung von Arbeitsplätzen usw.

(2) den Austausch von Leistung und Gegenleistung laufend so zu gestalten, daß er (a) attraktiv für die Gruppe von Personen ist, die Ressourcen bereitstellt, und (b) den Zielvorstellungen und Möglichkeiten der Unternehmung entspricht;

(3) Innovationen im richtigen Zeitpunkt und auf effiziente Weise einzuführen, so daß psychologische und technische Anpassungen möglich sind und die Unternehmung sich jederzeit in einem Gleichgewicht zu ihrer Umwelt befindet;

(4) mit anderen Einrichtungen zu kooperieren, die neue Verhaltensweisen, Verfahren, Produkte usw. entwickeln und bestehende Verhaltensweisen, Verfahren usw. verbessern, welche eine nachhaltige Verbesserung des Anpassungsverhaltens in einer dynamischen Umwelt sicherstellen oder den unternehmerischen Handlungsspielraum erweitern können.

In einer dynamischen Umwelt kann eine Unternehmung das Gleichgewicht nur durch *Innovation* finden; die Innovationen beziehen sich erstens auf die laufende Revision der Austauschbedingungen der Unternehmungsleistungen mit den Ressourceninputs der Umweltgruppen (z. B. Produktinnovationen, Standortanpassungen usw.) und zweitens auf die Änderung der Umwandlungstechnologie im Hinblick auf die Hervorbringung der gewünschten Leistungen (z. B. Prozeßinnovationen)[3].

[3] Vgl. hierzu im einzelnen H. H. Hinterhuber, Innovationsdynamik und Unternehmungsführung, Wien, New York 1975, S. 33ff.

Tabelle 1.2 Beispiel für die Festlegung der Ziele und Randbedingungen in zeitlicher Profilierung (modifiziert nach Ch. W. Hofer u. D. Schendel)

Unternehmungsziel und Randbedingungen	Mögliche Maßstäbe und Dimensionen	Ziele und Randbedingungen in zeitlicher Profilierung					
		Jahr 1	Jahr 2	Jahr 3	Jahr 4	Jahr 5	Jahr n
Oberstes Unternehmungsziel: *Gewinn*	– Gewinn (GE/Jahr) – Gewinn/Umsatz (%) – ROI (%)	100 GE 10% 12%	110 GE 10% 12%	. . .	. . .	. . .	. . .
Randbedingungen: – Abnehmerbeziehungen	– Preis/Leistungs-Verhältnis – Kundendienst – Garantieleistungen	Gleich oder besser als die Konkurrenz	=	. . .	. . .	. . .	. . .
– Mitarbeiterbeziehungen	– Entgelt – Sicherheit des Arbeitsplatzes – Selbstverwirklichung	Über dem Branchenniveau	=	. . .	. . .	. . .	. . .
– Kapitalgeberbeziehungen	– Dividende (GE/Aktie) – Optionsrechte (GE/Jahr) – Effektive Rendite (%/Jahr)	0.10 GE/Aktie – 14%	0.10 GE/Aktie – 14%	. . .	. . .	. . .	. . .

– Lieferanten-beziehungen	– Langfristige Lieferverträge – Unterstützung bei Produktivitätssteigerungen – Termingerechte Zahlungen	Gleich oder besser als die Konkurrenz	=	. . .	. . .	. . .	. . .
– Gesellschaftliche Beiträge	– Steuern und Abgaben – Unterstützung örtlicher Initiativen – Freistellung von Mitarbeitern für politische Aufgaben	Gleich oder besser als die Konkurrenz	=	. . .	. . .	. . .	. . .
– Wachstum	– Umsatz (GE/Jahr) – Absatz (ME/Jahr) – Wachstumsrate des Umsatzes (%/Jahr) – Wachstumsrate des Absatzes (%/Jahr)	1000 GE 100 ME 12%/Jahr 10%/Jahr	1100 GE 105 ME 10%/Jahr 5%/Jahr	. . .	. . .	. . .	. . .
– Liquidität	– Cash-flow (GE/Jahr) – Entwicklungsrate des Cash-flow (%/Jahr)	500 GE 20%/Jahr	600 GE 20%/Jahr				
– andere Randbedingungen wie Unabhängigkeit, Kontinuität, Innovation usw.							

1.2 Der Gewinn als Maßstab der unternehmerischen Effizienz

Welche Rolle spielt der Gewinn in dieser Konzeption der gesellschaftlichen Verantwortung der Unternehmung?

Jede Unternehmung, die erfolgreich Ressourcen umwandelt, muß einen Gewinn erzielen, um weiterhin Kapital anzuziehen; will sie überleben und sich entwickeln, muß sie aber gleichfalls attraktive Arbeitsplätze anbieten, nützliche Produkte und Dienstleistungen schaffen, die einem echten Bedarf entsprechen, ein guter Kunde sein sowie die Unterstützung der Gesellschaft verdienen. Die Herausforderung, mit der die Unternehmungsleitung konfrontiert wird, besteht darin, Gewinn in einem Ausmaß zu erwirtschaften, das es erlaubt, die obigen Beziehungen zu den sechs Umweltgruppen *gleichzeitig* unter Kontrolle zu halten und dabei den Veränderungen in jedem Bereich Rechnung zu tragen.

In Form von einschränkenden Randbedingungen machen die Beziehungen zu den Abnehmern, Mitarbeitern und zur Gesellschaft sowie Wachstum, Kontinuität, Liquidität, Wahrung der Selbständigkeit, um nur einige Beispiele zu nennen, ihren Einfluß auf die Bestimmung des langfristigen Gewinnes geltend (Tab. 1.2). Das Konzept der langfristigen Gewinnmaximierung impliziert die Berücksichtigung dieser Randbedingungen und Interdependenzen. In unserem Wirtschaftssystem bildet der Gewinn den Maßstab für den effizienten Einsatz der verfügbaren Unternehmungsressourcen[4].

Bei den Einwänden gegen den Gewinn als oberste Motivation für die Unternehmungsentscheidungen läßt sich feststellen, daß es sich dabei um nicht korrekte Konzeptionen des Gewinnes oder um Konditionierungen der Unternehmungsführung handelt, die in der Vergangenheit nicht existierten. Im übrigen zeigt eine auch nur grobe Analyse der Entscheidungsmodelle, die in zunehmendem Maße heute in den Unternehmungen eingesetzt werden, daß die angeblichen Ziele, die alternativ zum Gewinn vertreten werden, nichts anderes als Bedingungen sind, die in jeder Entscheidung angenommen werden müssen oder die anzunehmen im Prozeß der Ermittlung der vorteilhaftesten produktiven Kombination zweckmäßig ist. Eine Betonung der Existenz von Zielen, die Alternativen zum Gewinn darstellen, hat nicht mehr Sinn als die Annahme, ein Bürger verfolge nicht mehr das Ziel, nach Hause zu fahren, nur weil neue Einbahnstraßen und somit früher nicht existierende Bedingungen es ihm verwehren, den Weg einzuschlagen, den er vorgezogen hätte[5].

Die Unternehmung ist eine Einrichtung, die überall und zu jeder Zeit deshalb notwendig ist, weil die Bedürfnisse des Menschen unbegrenzt, die Ressourcen jedoch begrenzt sind und auf möglichst ökonomische Weise eingesetzt werden müssen, um den Teil der Bedürfnisse des Menschen zu minimieren, der nicht befriedigt werden kann.

[4] Vgl. hierzu im einzelnen H.H. Hinterhuber, Innovationsdynamik und Unternehmungsführung, a.a.O., S. 81ff.

[5] Vgl. P. Saraceno, Il governo delle aziende, Venedig 1972, S. 91.

1.3 Begriff und Wesen der Strategie

Die folgenden Ausführungen versuchen, den Begriff und das Wesen der Strategie zu definieren. Zwei Führungsgrundsätze stehen dabei im Vordergrund:

(1) Die Befolgung der Strategie darf nie die Initiative, Kreativität und Professionalität der einzelnen Führungskräfte und Mitarbeiter unterdrücken.

(2) Der Unternehmer und/oder die obersten Führungskräfte müssen genug Mut und Einfallsreichtum aufbringen, um a) ihre „leitenden Gedanken entsprechend den stets sich ändernden Verhältnissen" (Moltke) fortzubilden, und b) ihre Direktiven für die Funktionsbereiche entsprechend den Erfordernissen der Lage zu ändern.

1.3.1 Die Strategie als Fortbildung des ursprünglich leitenden Gedankens entsprechend den stets sich ändernden Verhältnissen

Eine einwandfreie und erschöpfende Definition für Strategie gibt es nicht und wird sich auch kaum finden lassen, weil in der Praxis Strategie und Aktionspläne vielfach ineinander übergreifen und sich dauernd zwingend beeinflussen. Am kürzesten, für alle Lebensbereiche gültig und daher wohl auch für die meisten Fälle ausreichend ist die Wiedergabe von Strategie nach Moltke mit der „Fortbildung des ursprünglich leitenden Gedankens entsprechend den stets sich ändernden Verhältnissen"[6].

Moltkes Definition steht im Einklang mit den modernen *Theorien der Spezifizität der Unternehmung*, wonach die Strategie den einmaligen, spezifischen und unwiederholbaren Charakter einer jeden einzelnen Unternehmung zur Geltung bringen soll. Im Unternehmungsbereich ist der leitende Gedanke die *business idea*, das heißt ein unternehmerisches Konzept, mit dem sich die Unternehmung mit einer bestimmten Geschäftseinheit in einem Marktsegment von ihren Konkurrenten abheben und eine Position der Einzigartigkeit erreichen kann. Der leitende Gedanke im Sinne des unternehmerischen Konzeptes enthält nicht nur die Vorstellung über die Rolle, die die Unternehmung in der Umwelt einnehmen soll, sondern auch die Festlegung der Hauptschritte, damit diese Vorstellung in konkrete Maßnahmen zum Zweck der Erreichung einer führenden Wettbewerbsposition umgewandelt werden kann.

Die *Strategie* setzt sich somit aus vier Komponenten zusammen[7]:

(1) die Analyse der strategischen Ausgangsposition,

(2) die Bestimmung der zukünftigen Stellung der strategischen Geschäftseinheiten und der Unternehmung als Ganzes in der Umwelt;

[6] Vgl. zur Entwicklung des strategischen Denkens H. H. Hinterhuber, Wettbewerbsstrategie, 2. Aufl., Berlin, New York, in Vorb.

[7] Vgl. hierzu W. H. Newman, J. P. Logan u. W. H. Hegarty Strategy, Policy, and Central Management, a.a.O., S. 9ff.

(3) die Auswahl der Technologien und Entwicklung der Fähigkeiten und Ressourcen, mit denen sich die Unternehmung von der Konkurrenz abheben und die geplante Stellung in der Umwelt einnehmen kann sowie die Zuteilung der Ressourcen im Hinblick auf die Schaffung von Wettbewerbsvorteilen gegenüber den Konkurrenten und die Erzielung von Synergieeffekten in den verschiedenen Tätigkeitsbereichen der Unternehmung, und
(4) die Festlegung von Kriterien und Standards, die kommunizierbar sind und anhand deren der Erfolg der Strategien und die erwarteten Zielerfüllungsgrade gemessen werden.

Der Unternehmer und/oder die unternehmerischen Führungskräfte können nicht aus dem Nichts schaffen; sie müssen überall mit Vorhandenem rechnen und dieses in eine neue Form bringen, soweit dies geht. Die Strategie beginnt mit der *Analyse der strategischen Ausgangsposition*, d.h. der Stärken und Schwächen der Unternehmung in bezug auf die einzelnen strategischen Geschäftseinheiten, sowie der Chancen und Risiken der Umwelt.

Jede Unternehmung ist das Produkt einer historischen Entwicklung, sie ist mehr gewachsen als ausgedacht. Richtige Problemstellung und -erfassung bedeutet gute Unternehmungspolitik, Strategie, Problemlösung und Entscheidung; solange die Ist-Situation nicht vollkommen deutlich erfaßt ist und den strategischen Ausgangspunkt bildet, bleiben alle Maßnahmen, um so mehr, je mehr sie auf die angestrebte Zielposition gehen, letztlich ziellose Bewegungen.

Die *zukünftige Stellung der strategischen Geschäftseinheiten und der Unternehmung als Ganzes in der Umwelt* wird durch ihre Fähigkeit bestimmt (Abb. 1.1),

(1) die Produkte und/oder Dienstleistungen hervorzubringen bzw. bereitzustellen, die die Bedürfnisse bestimmter Abnehmergruppen in den verschiedenen Märkten wirksam und effizient erfüllen und ihnen größeren Nutzen als die Produkte und/oder Dienstleistungen der Konkurrenten bringen,
(2) den Mitarbeitern sichere und sinnvolle Arbeitsplätze bei gerechter Entlohnung anzubieten sowie ihnen Selbstentfaltung und Selbstverwirklichung zu ermöglichen,
(3) den Kapitalgebern eine angemessene oder vereinbarte Verzinsung in Aussicht zu stellen,
(4) von den Lieferanten zu gegenseitig akzeptablen Bedingungen die benötigten Rohstoffe, Halbfertigfabrikate und Komponenten zu erhalten,
(5) das Nützliche für die verbündeten Unternehmungen mit dem eigenen Interesse in einer langfristigen Perspektive zu verbinden, und
(6) die Unterstützung der Gesellschaft im weitesten Sinne zu verdienen, und dabei Produktivitätsniveaus zu erreichen, die eine anhaltende Verbesserung ihrer Gewinnperspektiven erlauben.

Bei allen sechs Schnittstellen zwischen der Unternehmung und der Umwelt treten, wie auf den Märkten, Chancen, Bedrohungen und Trends auf, die die Unternehmung nutzen kann oder abwehren muß; die Unternehmungsleitung muß deshalb mit den Umweltgruppen, deren Kooperation sie für ihre Existenz und ihre Entwicklung benötigt, gegenseitig akzeptierbare Zwei-Weg-Beziehungen einrichten und, abgesehen von kurzfristigen Geschäften oder Projekten, auf Dauer aufrechterhalten (Abb. 1.1). In einer dynamischen Gesellschaft, in der sich der Wandel selbst laufend ändert, verschieben sich die Ziele, Beweggründe und Machtverhältnisse der sechs Umweltgruppen im Zeitablauf und machen die Steuerung und Regelung dieser Beziehungen zu einer nie endenden strategischen Aufgabe der Unternehmungsleitung. Da die Unternehmung von kontinuierlichen, kooperativen Austauschbeziehungen mit jeder einzelnen Umweltgruppe abhängt und daraus Nutzen zieht, ist die Formulierung und Durchsetzung weiser Strategien, die das Nützliche für die anderen mit dem Angenehmen für sich selbst zu erreichen suchen, von vitaler Bedeutung für die Art und Richtung der Entwicklung der Unternehmung.

Die *Auswahl der Technologien*, mit denen die Unternehmung die verschiedenen Ressourcen-Inputs in *Outputs* (Arbeitsplätze, Steuerleistungen usw. genauso wie Güter und Dienstleistungen) umwandelt, die sie mit den einzelnen Umweltgruppen zu bestimmten Bedingungen vereinbart hat und die *Entwicklung der Fähigkeiten*, mit denen sich die Unternehmung von der Konkurrenz abheben kann, sind weitere Hauptelemente der Strategie. Faßt man die Unternehmung als ein System auf, das mit Hilfe der Technologie die verschiedenen Güter-, Dienstleistungs- und Geldströme umwandelt und integriert, die in die Unternehmung ein- und von ihr ausfließen, wird klar, daß die Durchführbarkeit der Gesamtheit der Abmachungen mit den Umweltgruppen von der Schaffung von Fähigkeiten und Entfaltung von Ressourcen nach Kriterien abhängt, die die Konkurrenz nicht ohne weiteres übernehmen kann.

Die *Zuteilung der Ressourcen* (Abb. 1.2) an die nach geeigneten Kriterien abgegrenzten strategischen Geschäftseinheiten der Unternehmung[8] sowie die zeitliche Festlegung der Hauptschritte, um die Unternehmung von der Ausgangsposition in die gewünschte Zielposition mit der gewünschten Geschwindigkeit zu bewegen, bilden die dritte Komponente der Strategie.

Die Komplexität und Vielzahl der externen Umwelt- und internen Produktivitätsbeziehungen machen die Auswahl einer kleinen Anzahl von Beziehungen für jede strategische Geschäftseinheit notwendig, mit denen sich die Unternehmung hervorzuheben sucht und die die Grundlage für die *Schaffung relativer Wettbewerbsvorteile* werden. Die Unternehmung kann knappe Ressourcen – dazu sind auch die Abnehmer zu zählen – anziehen, wenn sie Wettbewerbsvorteile gegenüber ihren Konkurrenten (z.B. durch die Verbesserung des Kundendienstes, die großzügige Behandlung der Mitarbeiter, die Sicherung des Zugangs zu bestimmten Rohstoffquellen, die Verbesserung der langfristigen Gewinnaussichten u. dgl. mehr) erzielt.

Die Konzentration auf wenige Bereiche, die nach außen auf die Schaffung dauerhafter Wettbewerbsvorteile gegenüber den Konkurrenten gerichtet ist, dient nach innen der *Förderung von Synergieeffekten*. In diesen Bereichen versucht die Unternehmung Ressourcenbeziehungen herzustellen, die im Vergleich

[8] Vgl. hierzu die Ausführungen im Abschnitt II.2.2.

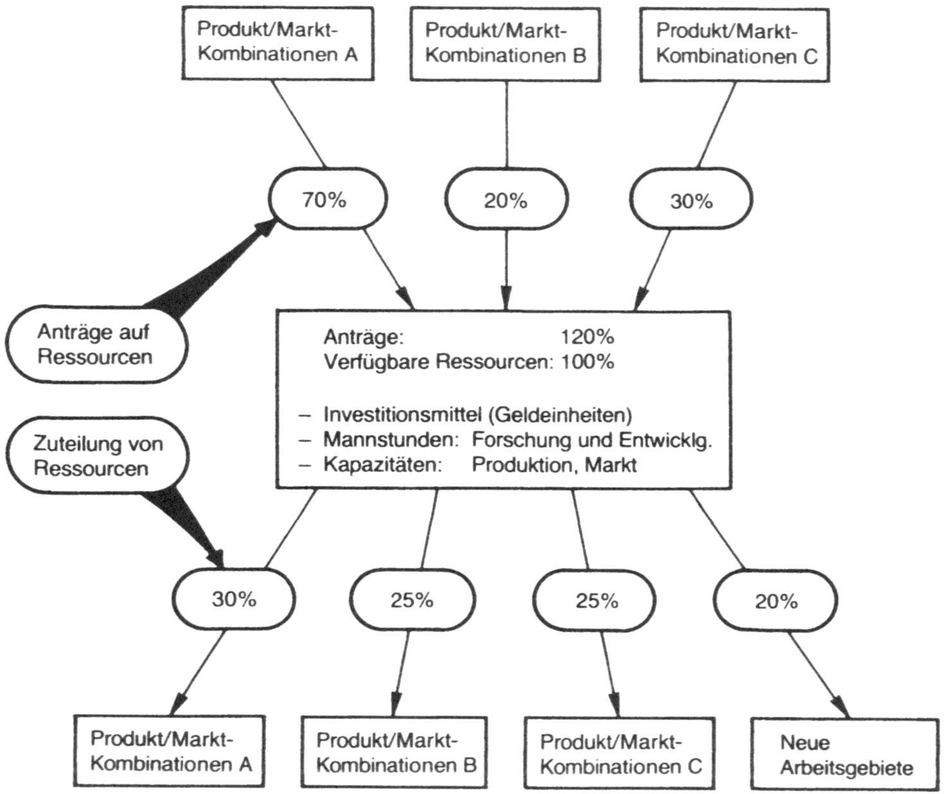

Strategie:

(1) Ermittlung der strategischen Ausgangsposition für jede strategische Geschäftseinheit und für die Unternehmung als Ganzes,

(2) Bestimmung der zukünftigen Stellung der Unternehmung und der einzelnen strategischen Geschäftseinheiten in der Umwelt,

(3) Auswahl der wesentlichen Mittel und Verfahren als Quellen von Wettbewerbsvorteilen, sowie Zuteilung der Ressourcen und Festlegung der wichtigsten Schritte, um die Unternehmung in die gewünschte Richtung zu bewegen,

(4) Festlegung von Kriterien und Standards zur finanzwirtschaftlichen Beurteilung der Strategie und Messung der Fortschritte

Abb. 1.2 Die optimale Abstimmung der verfügbaren Mittel (nach McKinsey)

zu denen der Konkurrenz als günstig zu beurteilen sind; sie kann z.B. eine neue Form der Beziehung mit einer Hauptumweltgruppe in Verbindung mit einer Verfahrensinnovation einführen, die Synergieeffekte in das Wechselwirkungsgefüge mit anderen Bereichen und Umweltgruppen einstrahlt. Ist die Unternehmungsleitung weise und hat sie Glück, wählt sie die Beziehungen aus, die sich in der Branchenentwicklung als besonders wichtige Wettbewerbsvorteile erweisen und die Flexibilität der Unternehmung in der Phase der Ausführung erhöhen.

In der Vielzahl der externen Beziehungen, die nicht als Quellen von Wettbewerbsvorteilen ausgewählt werden, muß sich die Unternehmung damit begnügen, *befriedigende Anspruchsniveaus* zu erreichen; eine Unternehmung ist oft zu klein, um mehr zu versuchen, als dem allgemeinen Branchentrend zu folgen; ihre Geschichte und Tradition, ihr Standort oder die Präferenzen der Führungskräfte lassen radikale Neuorientierungen nicht zu, der Einsatz der Unternehmungsleitung in anderen Richtungen wird als lohnender betrachtet: Diese und ähnliche Beispiele veranschaulichen Sekundärbeziehungen, die nicht vernachlässigt werden dürfen; sie sind im Gegenteil so zu gestalten, daß sie die Stoßrichtung der Strategie unterstützen oder wenigstens mit ihr vereinbar sind[9].

Die letzte Komponente der Strategie ist durch die Festsetzung von *Kriterien und Standards* gegeben, mit denen der Erfolg der Strategie gemessen und mit den erwarteten Zielerreichungsgraden verglichen werden kann.

Die dynamische Unternehmung empfängt und nutzt auf strategische Weise nicht nur die Innovationsanstrengungen, die von der Forschung und Entwicklung ausgehen, sondern generell alle Innovationsimpulse der Unternehmung und/oder der Umwelt; die dynamische Unternehmung steht in einer kontinuierlichen Wechselbeziehung mit der Umwelt und befindet sich somit in einem stetigen Wachstum, das heißt in einem Fortschreiten zu sukzessiven Gleichgewichtszuständen, welche die Möglichkeiten zu einem gewinnbringenden Austausch mit der Umwelt schaffen. Wo das Wachstum vernünftig und ökologisch durchdacht geschieht und im Dienste einer echten Bedürfnisbefriedigung steht, ist eine stetige Entwicklung der Unternehmung notwendig.

Die Strategie ist der Weg, über den die Veränderung zu einem konstruktiven, tragfähigen Konzept ausgebaut wird; sie verlangt eine Änderung des bisherigen, alten Verhaltensmusters. Ohne Änderung des alten Verhaltensmusters gibt es keine neue Strategie.

Strategische Entscheidungen sind dadurch gekennzeichnet, daß sie im Unterschied zu operativen Entscheidungen nicht auf die Erreichung eines bestimmten Zieles, sondern auf die Suche einer optimalen Ziel-Position gerichtet sind, von der aus spezifische, nach Wegfall bestimmter Unsicherheitselemente präzisierbare Ziele erreicht werden können.

Die Verfolgung einer Strategie setzt deshalb voraus, daß eine bestimmte Zielposition durch eine Folge von Entscheidungen erreicht wird, die zu Zeitpunkten getroffen werden, in denen nach Wegfall bestimmter Unsicherheitselemente die

[9] Vgl. hierzu W.H. Newman, J.P. Logan u. W.H. Hegarty, Strategy, Policy, and Central Management, a.a.O., S. 92ff.

ursprüngliche Richtung weiter präzisiert und den effektiven Entwicklungen angepaßt werden kann. Eine strategische Entscheidung muß deshalb zwei gegenläufige Anforderungen zu einer operativen Synthese verbinden: Sie muß erstens eine Kette von Entscheidungen, die zu verschiedenen Zeitpunkten und an verschiedenen Orten zu treffen sind, auf eine bestimmte Zielposition orientieren, und zweitens den Entscheidungszentren den größtmöglichen Spielraum für die Berücksichtigung der laufend neuen Elemente lassen. Die Wahl der Strategie setzt somit die *Bewertung zukünftiger Entscheidungsinhalte* und *Handlungsspielräume* voraus. Durch die Formulierung von Strategien wird in einer Welt in raschem Wandel die dringend notwendige unternehmerische Flexibilität bei gleichzeitig langfristiger Ausrichtung der Entscheidungen erhöht. Der technische Fortschritt erhöht die Bedeutung der Strategien, da er das Gewicht und die Bedeutung der Entwicklungsprogramme, Produktionssysteme und Absatzmethoden vergrößert, die mit sukzessiven Entscheidungen genutzt werden. Da alle Entscheidungen in der Unternehmung sich auf die Nutzung begrenzt vorhandener und/oder beschaffbarer Faktoren beziehen, besteht auf allen hierarchischen Ebenen eine Reihe von Strategien, an denen sich die einzelnen Entscheidungen orientieren. Die *Strategie auf Unternehmungsebene* betrifft die Entwicklungslinien der Unternehmung als Ganzes hinsichtlich der Arbeitsgebiete und geographischen Regionen[10]. Die *Strategie einer strategischen Geschäftseinheit* legt die Marktaufgabe für eine „Mikro-Unternehmung" im Rahmen der Gesamtunternehmung fest und bestimmt die relativen Wettbewerbsvorteile sowie die zeitliche Abfolge der Hauptschritte, damit die angestrebten Ziele zu den geplanten Zeiten erreicht werden können[11]. Die *divisionalen Strategien* werden von der Divisionsleitung formuliert und von der Unternehmungsleitung genehmigt; sie ergeben sich aus der Konsolidierung der Strategien der strategischen Geschäftseinheiten, in die die Division zum Zwecke der Führung gegliedert ist. Die *regionalen Strategien* werden von den Zweigniederlassungen und Tochtergesellschaften mit Unterstützung der Zentralbereiche und strategischen Geschäftseinheiten formuliert und von der Unternehmungsleitung genehmigt; sie definieren die Position, die die Unternehmung in einer bestimmten geographischen Region einnehmen soll.

Im Hinblick auf die langfristigen politischen, wirtschaftlichen und technischen Entwicklungen sowie technischen Durchführungszeiten der Hauptimplementierungsmethoden erstreckt sich der *strategische Planungshorizont* im allgemeinen auf einen Zeitraum von mindestens 5–7 Jahren und maximal 10–12 Jahren; der strategische Planungshorizont hängt von den Arbeitsgebieten und längsten technischen Durchführungszeiten oder Innovationszeiten ab und ist von jeder Unternehmung für die verschiedenen strategischen Geschäftseinheiten *situativ* festzusetzen. In Unternehmungen, die stark in Forschung und Entwicklung engagiert sind, reichen 5 Jahre nicht aus, da im Durchschnitt ein Innovationsprojekt 7 Jahre dauert. Allgemein gilt, daß der strategische Pla-

[10] Vgl. hierzu die Ausführungen im Abschnitt 4.4.

[11] Vgl. hierzu die Ausführungen im Abschnitt 4.3.

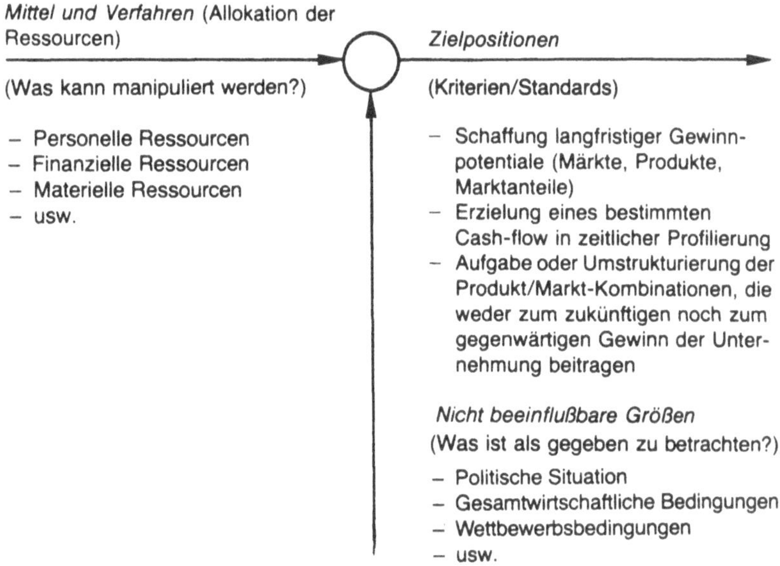

a) Die Determinanten der Strategie

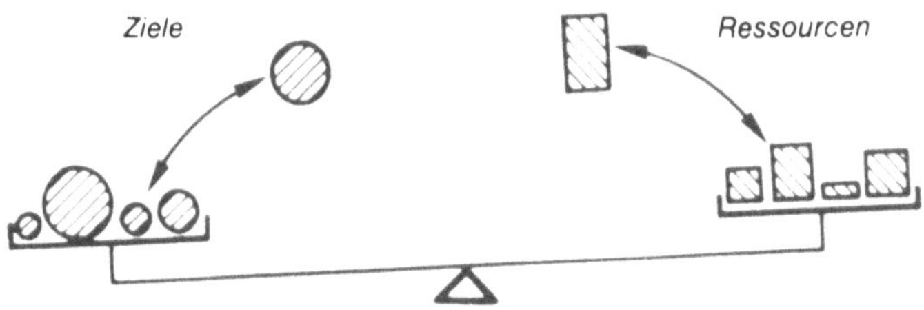

b) Die Ausbalancierung von Zielen und Ressourcen in der Strategie

Abb. 1.3 Ziele und Mittel in der Strategie

nungshorizont um so stärker eingeengt wird, je höher die Inflationsrate und die Dynamik der technischen und wirtschaftlichen Entwicklung sind.

Jede Strategie erfordert eine kritische Beurteilung der nicht beeinflußbaren Größen (Abb. 1.3). Jede Unternehmung verfügt über begrenzte Ressourcen und kann zusätzliche Ressourcen nur in begrenztem Ausmaß beschaffen; große Sorgfalt ist deshalb darauf zu legen, daß die angestrebten Ziele auch erreichbar sind und Quellen von echten Problemen werden, die die Unternehmungsleitung gelöst sehen oder zu deren Lösung sie selbst beitragen will[12]. Jede Unternehmung ist in der Wahl ihrer Arbeitsgebiete oder Geschäftsfelder, d. h. der Pro-

[12] Vgl. hierzu die Ausführungen im Abschnitt 4.3.3.

duktlinien, Marktsegmente und Absatzgebiete (Produkt/Markt-Kombinationen), relativ frei. Mit der Bestimmung der Arbeitsgebiete sind auch die potentiellen Konkurrenzunternehmungen bestimmt. Die Freiheit der Wahl des Objektes der Unternehmungstätigkeit bedeutet somit Freiheit der Wahl der eigenen Konkurrenten.

Ausgangspunkte für die Konzeption und Formulierung einer Strategie sind[13]:

(1) die Definition der Arbeitsgebiete der Unternehmung;
(2) die Bestimmung der wichtigsten Konkurrenzunternehmungen;
(3) die Ermittlung der signifikanten Unterschiede zwischen den Hauptimplementierungsmethoden der Unternehmung und denen der wichtigsten Konkurrenzunternehmungen;
(4) die Abschätzung der Veränderungen des Umfeldes der Unternehmung, die den Wettbewerbsrahmen beeinflussen;
(5) Die Festlegung der Zielpositionen der Unternehmung und die Herausarbeitung der Unterschiede zwischen diesen und jenen der wichtigsten Konkurrenzunternehmungen.

Eine *strategische Konzeption* setzt somit voraus, daß die Unternehmung

(1) eine Linie verfolgt, die sich von der der Konkurrenzunternehmungen unterscheidet, oder
(2) Initiativen ergreift, die die Konkurrenzunternehmungen nicht interessieren, oder
(3) Maßnahmen durchführt, deren Auswirkungen für die Konkurrenzunternehmungen ungünstiger sind als für die Unternehmung selbst.

Das wesentliche Element einer Strategie besteht darin, daß das angestrebte Resultat aus den *Unterschieden* gegenüber den Konkurrenzunternehmungen abgeleitet wird. Ein Unternehmungsverhalten und ein strategischer Plan, die für einen bestimmten Industriezweig *typisch* sind, müssen *a priori* als mittelmäßig qualifiziert werden.

Die Entwicklung einer Strategie besteht somit in der Konzeption der Ziele, Maßnahmen und Mittel, die geeignet sind, den Wert der Unterschiede zwischen der Unternehmung und den Konkurrenzunternehmungen zu unterstreichen und ihr Wettbewerbsvorteile zu verschaffen.

Das kritische Element bei der Entwicklung einer Strategie ist die Entwicklung einer integrierenden *Gesamtkonzeption*; es ist dies ein kreativer Prozeß, der Phantasie und Imagination erfordert und eine professionelle Vorgehensweise voraussetzt, um die verfügbaren Ressourcen auf eine integrierte Weise gezielt einzusetzen.

Allgemein gilt, daß die Zeit und der Einsatz, die erforderlich sind, damit ein

[13] Vgl. hierzu B. D. Henderson, Construction of a Business Strategy, The Boston Consulting Group, Series on Corporate Strategy, Boston 1971; vom selben Verfasser siehe auch: On Strategy, Cambridge, Mass. 1979 und The Logic of Business Strategy, Cambridge, Mass. 1984.

Wandel eintritt, eine parabolische Funktion von der Anzahl der aufeinander einwirkenden Faktoren sind, die verändert werden müssen.

1.3.2 Der Begriff des „führenden Wettbewerbers"

Ohne Strategie wird die Führung einer Unternehmung zu einem Hasardspiel. Die Strategie als Problemlösungspfad in komplexen Situationen ist, um mit Moltke zu reden, die Fortbildung des ursprünglich leitenden Gedankens entsprechend den stets sich ändernden Verhältnissen[14].

Der leitende Gedanke ist, in jedem Marktsegment, in dem die Unternehmung tätig ist oder sein will, zu den führenden Wettbewerbern zu zählen. Zählt die Unternehmung zu den führenden Wettbewerbern, besteht die Strategie darin, die Wettbewerbsvorteile auf Dauer zu halten und die führende Marktposition nachhaltig zu verteidigen. Ist die Unternehmung kein führender Wettbewerber, muß die Frage gestellt werden: Bestünde nochmals die Möglichkeit der Wahl, würde die Unternehmung heute wieder in dieses Marktsegment eindringen?

Ist die Antwort ja, müssen die Ursachen ermittelt und beseitigt werden, die dafür verantwortlich sind, daß die Unternehmung kein führender Wettbewerber ist. Ist die Antwort dagegen nein, muß die schwierige Frage beantwortet werden, welche Maßnahmen in dieser Situation zu ergreifen sind.

Die Unternehmungen, die sich heute diese Fragen nicht stellen, die also keine Strategie verfolgen, die aus verschiedenen Gründen – Tradition, emotionale Bindungen, Managementschwächen – an verlierenden Bereichen hängen, werden voraussichtlich die 90er Jahre nicht überleben[15].

Der leitende Gedanke eines oberitalienischen Unternehmers ist es, funktionstüchtige, aber den Erfordernissen des Benutzers nicht mehr entsprechende EDV-Anlagen zu kaufen und an Kunden zu verkaufen, deren Bedürfnisse durch diese Anlage gedeckt werden können; die EDV-Anlage z.B. der Filiale einer Pariser Bank in Lyon wird gekauft und an die Sparkasse von Rom weiter verkauft, wobei der Hersteller wie bisher die Wartung übernimmt.

Ein führender Wettbewerber ist eine Unternehmung, die im Wettbewerb deshalb überlebt und sich entwickelt, weil ihr eine einzigartige Kombination von Faktoren – ein besseres Produkt zu einem besseren Preis, mit einem schöneren Design, niedrigeren Wartungskosten und dgl. mehr – im Markt deutliche Wettbewerbsvorteile verleihen. Das strategische Ziel besteht weniger darin, einen *größeren* Marktanteil zu erreichen, sondern viel mehr darin, die Marktsegmente so abzugrenzen, daß die Unternehmung in diesen Marktsegmenten eine *Einzigartigkeitsposition* und somit eine monopolähnliche Stellung einnimmt.

[14] Die Ausführungen beruhen auf der vom Verfasser in Zusammenarbeit mit E. Krauthammer verfaßten Arbeit, Strategie, Genf 1989.

[15] Vgl. im einzelnen J.F. Welch, Growing Fast in a Slow-Growth Economy, Vortrag, gehalten vor Financial Community Representatives im Hotel Pierre, New York, 8.12.1981.

Dazu sind notwendig:

(1) ein kontinuierlicher Prozeß der Selbstanalyse, Marktbeobachtung und Konkurrentenanalyse, um jene Kundenbedürfnisse und Marktsegmente zu erkennen, in denen die Unternehmung sich von ihren Konkurrenten abheben und eine führende Stellung erreichen kann;

(2) die bewußte Entscheidung, sich konsequent aus jenen Bereichen zurückzuziehen, in denen es innerhalb des ökonomischen Horizontes nicht möglich oder zweckmäßig ist, die Position eines führenden Wettbewerbers zu erreichen.

Die Bedingungen für die Einnahme einer monopolähnlichen Position sind:

(1) präzise Erfassung der *Markt- und Vertriebsdaten*, damit abgeschätzt werden kann, ob ein Produkt oder eine Produktgruppe auf längere Sicht das Potential in sich tragen, zur Stellung der Unternehmung als führender Wettbewerber beizutragen;

(2) präzise Erfassung der Produktions-Stückkosten und der Kostenstruktur, damit beurteilt werden kann, ob diese Produkte oder Produktgruppen, von der Kostenseite betrachtet, in die angepeilte Konzeption passen;

(3) Aufbau und Unterhaltung eines entsprechenden Forschungs- und Entwicklungspotentials, das der Abhebung von der Konkurrenz und der besseren Erfüllung der Kundenbedürfnisse dient;

(4) Existenz von kaufbereiten Unternehmungen, für die eine Ergänzung ihres Programmes durch das Teilprogramm einer anderen Unternehmung zu Synergieeffekten führt; kann keine monopolähnliche Position eingenommen werden und gibt es keine kaufbereiten Unternehmungen, bleibt nur die Stilllegung; wenn in solchen Fällen die Produktgruppen-Bereinigung zu sozialpolitischen Konsequenzen führen würde, muß mit den betroffenen Mitarbeitern, mit den Gewerkschaften und mit dem Staat eine Lösung gefunden werden.

1.3.3 Die drei Elemente der Strategieentwicklung

Die Strategie erhält ihre Leitpunkte wie im Abschnitt 3 dargestellt, von der *Unternehmungspolitik* vorgeschrieben.

Der *leitende Gedanke*, ein führender Wettbewerber zu sein, führt zu einer Gesamtheit von Produktlinien, mit denen die Unternehmung in ihren Marktsegmenten eine Position der Einzigartigkeit aufbauen und somit auf Dauer ihre Gewinnperspektiven verbessern kann; allerdings nur unter der Voraussetzung, daß der Begriff der Strategie – Nummer 1 oder Nummer 2 im Marktsegment zu sein – von den Mitarbeitern verstanden und von drei Werten getragen wird[16]:

(1) Realitätssinn,

[16] Die Ausführungen folgen J.F. Welch, Growing Fast in a Slow-Growth Economy, a.a.O., S.3.

(2) Spitzenleistungen,
(3) Kreativität, Initiative, Professionalität und Disziplin der Mitarbeiter.

Obwohl es banal klingen mag, ist es schwer, einer Gruppe von Mitarbeitern einen *Sinn für Realität* zu vermitteln. Es zählt in der Tat zu den schwierigsten Aufgaben der Unternehmungsleitung, im Denken, Fühlen und Tun der Mitarbeiter auf allen Verantwortungsebenen die Einstellung und Atmosphäre zu verbreiten, die sie befähigt und ermutigt, die Dinge so zu sehen, wie sie sind und sie auf eine Weise in Angriff zu nehmen, die Pragmatismus und nicht Wunschdenken reflektiert.

Spitzenleistungen, oder anders ausgedrückt, Qualität und herausragende Stellung, verlangen die Schaffung einer Atmosphäre, in der jeder Mitarbeiter danach strebt, stolz auf die hervorgebrachten Produkte und/oder bereitgestellten Dienstleistungen zu sein. Spitzenleistungen sind eine permanente Herausforderung für alle Mitarbeiter, besser zu sein als sie dachten, daß sie sein können; ohne Spitzenleistungen kann keine Unternehmung ein führender Wettbewerber sein. Wenn der Vorstandsvorsitzende einer Firma privat Konkurrenzprodukte bevorzugt, darf sich der Hauptaktionär nicht wundern, wenn die Unternehmung Marktanteile verliert. Spitzenqualität, um die es in allen Bereichen geht, ist ein ethischer Grundsatz, der seine Wurzel in der Fähigkeit hat, sich ständig zu erneuern.

Kreativität, Initiative, Professionalität und Disziplin der Mitarbeiter stellen die dritte Voraussetzung für die „Fortbildung des leitenden Gedankens entsprechend den stets sich ändernden Verhältnissen“ dar; die Unternehmungsleitung muß eine Atmosphäre schaffen, in der die Mitarbeiter:

(1) ermutigt werden, neue Möglichkeiten zu suchen und es auch wagen, diese umzusetzen;
(2) bereit sind, kalkulierte Risiken einzugehen und sich in eine Position zu begeben, in der sie Professionalität, Intuition und auch Glück unterstützen;
(3) die Sicherheit haben, daß nur die Grenzen ihrer Kreativität, Initiative, Professionalität und Disziplin sowie ihrer Persönlichkeit die Karriere in der Unternehmung bestimmen.

Die Resultierende aus diesen drei Werten – Realitätssinn, Spitzenleistungen, Kreativität, Initiative, Professionalität und Disziplin der Mitarbeiter – ergibt eine Unternehmung, die nicht nur vitaler, sondern auch beweglicher und anpassungsfähiger ist als die Konkurrenten.

1.3.4 Die Wahrung der Handlungsfreiheit durch Direktiven

Ziel der Schulung der Führungskräfte in strategischem Denken ist es, sie zu weitgehender Selbständigkeit in der Erfüllung ihrer Aufgaben im Rahmen der vereinbarten Ziele zu erziehen, wenn, wie so oft, unvorhergesehene Zufälle und Ereignisse die ursprüngliche leitende Idee zu stören drohen. Im Grunde läuft alles auf eine *Individualisierung der Führung* hinaus: Der Erfolg einer jeden

Unternehmung hängt weitgehend von der Fähigkeit der Führungskräfte ab, die Handlungsfreiheit, über die sie verfügen, im Interesse der Gesamtstrategie der Unternehmung zu nutzen. Die Übereinstimmung in den strategischen Grundanschauungen spielt somit eine zentrale Rolle. Die Verbindung von Leitung und Gewährenlassen erfolgt durch *Direktiven.* Moltke versteht unter Direktiven „leitende Gesichtspunkte, die dann als Richtschnur bei den übrigens selbständig zu fassenden Entschlüssen dienen". Das heißt in die Unternehmungspraxis übersetzt: Die Unternehmungsleitung gibt Direktiven als allgemeine Richtung des Handelns der für Geschäftseinheiten und Funktionsbereiche verantwortlichen Führungskräfte für die nächsten Zwecke.

Die Kunst der Strategie scheint in der Verbindung von Leitung und Gewährenlassen in der Behandlung der Führungskräfte sowie in der Kombination des Berechenbaren mit dem Unberechenbaren zu liegen. Nur eine tiefe Einsicht in die allgemeinen Lebensbeziehungen und eine selbstlose Sachlichkeit können diese doppelte Aufgabe erfüllen. Auf diese Verbindung von Leitung und Gewährenlassen, von Berechenbarem und Unberechenbarem muß die Ausbildungsarbeit, soweit sie Schulung in strategischem Denken ist, ausgehen. Von ihr aus gewinnen Führungskräfte, um mit E. Kessel zu reden, die Überzeugung, Aufgaben stellen zu können, deren Erfüllung auf jeden Fall in die gewünschte Richtung geht, mag sie auch unter Umständen nicht ganz das treffen, was sie sich gedacht haben.

Je höher der Grad selbständigen Denkens und Handelns der Führungskräfte ist und je besser sie ihre Handlungsfreiheit im Interesse der Unternehmung nutzen, desto größer ist die Elastizität der Unternehmung, sich den praktischen Erfordernissen der jeweiligen Lage anzupassen.

1.3.5 Die „kontrollierte Dezentralisation" der Unternehmung

Die Führungsprobleme haben in allen Unternehmungen an Komplexität zugenommen durch die Erhöhung der Unternehmungsgröße, die Einrichtung von strategischen Geschäftseinheiten, die zunehmende Differenzierung und dadurch notwendige Integration der Aufgaben, die Zunahme der Fixkosten an den gesamten Produktionskosten, die Globalisierung der Absatz- und Beschaffungsmärkte, die Individualisierung der Nachfrage in bestimmten Industriezweigen, den steigenden Abhängigkeitsgrad der Unternehmungen von der Tätigkeit der öffentlichen Hand, die Ausdehnung der Macht der Gewerkschaften, die Evolution der Formen der Arbeitsorganisation und der gesellschaftlichen Beziehungen sowie durch die Intensität des technischen Fortschritts.

Wesentliche Voraussetzungen für das Überleben und Wachsen der Unternehmung in einer Umwelt in rascher und tiefgreifender Veränderung sind:

(1) eine Unternehmungsführung, die auf klaren und expliziten Strategien sowie auf der Innovationskontinuität aufbaut;

(2) eine „kontrollierte" dezentralisierte Führung der strategischen Geschäftseinheiten und Funktionsbereiche, die auf vereinbarten Zielen und operationalen Beurteilungskriterien (Standards) beruht;

(3) die Koordination und Integration der unternehmungspolitischen und operativen Belange durch die Unternehmungsleitung;
(4) ein Führungssystem, das auf effiziente Weise einen Konsens hinsichtlich der Formulierung der Strategien und der Verwirklichung der Standards herbeizuführen erlaubt, so daß alle Mitarbeiter in einem partizipativen, sinnerfüllenden Rahmen selbständig und initiativ auf eine Art tätig sind, die mit dem Unternehmungsinteresse konform geht.

Die strategische Führung einer Unternehmung beruht auf dem Prinzip der *kontrollierten Dezentralisation*: Dezentralisation durch die Aufsplittung der Unternehmung in strategische Geschäftseinheiten mit eigener Führungsverantwortung sowie durch die unternehmerische Führung der Funktionsbereiche und regionalen Tochtergesellschaften im Rahmen vereinbarter strategischer Konzepte, Kontrolle durch die Unternehmungsleitung über die Allokation der Ressourcen und die Überwachung der strategischen Pläne im Licht der Unternehmungspolitik und Gesamtstrategie der Unternehmung.

1.4 Der strategische Entscheidungsprozeß

Strategisches Denken ist Richtungsdenken; dadurch unterscheidet es sich von der langfristigen Planung und vom operativen Denken. Die *Qualität des strategischen Denkens* steigt in der Unternehmung in dem Ausmaß, in dem

(1) die Unternehmungsleitung bewußt die Art und Richtung der strategischen Geschäftseinheiten in einer mittel- bis langfristigen Perspektive bestimmt, sich selektiv auf die zentralen Faktoren konzentriert, von denen der Erfolg der Strategien abhängt und die Hauptschritte zeitlich fixiert, die notwendig sind, um die strategischen Geschäftseinheiten und die Unternehmung als Ganzes in die gewünschte Richtung mit der gewünschten Geschwindigkeit zu bewegen,
(2) die strategische Stoßrichtung den Führungskräften bekannt ist und von ihnen auch akzeptiert wird,
(3) die Strategie genügend klar definierte Kriterien und Standards enthält, die die Beurteilung der Frage erlauben, welche neuen Produkte und/oder Märkte die laufende Strategie einschließt und welche sie dagegen ausschließt,
(4) die Formulierung der Strategie dazu dient, Entscheidungen hinsichtlich zukünftiger Produkte und/oder Märkte zu treffen,
(5) die strategischen Überlegungen von der Durchführungsplanung getrennt sind und den Rahmen darstellen, innerhalb dessen die operativen oder Aktionspläne formuliert werden,
(6) die Annahmen, die aus der strategischen Wettbewerbsanalyse resultieren, für die Formulierung der Strategien benützt werden,
(7) die Strategie die strategischen Entscheidungen wie vertikale Integration, Eintritt in neue Märkte, Kapazitätserweiterungen, Rückzug aus bestimmten Bereichen und Wahl der zweckmäßigsten Organisationsstruktur bestimmt,

(8) die Unternehmungsbereiche und/oder strategischen Geschäftseinheiten klare Strategien besitzen, die in Einklang mit der Gesamtstrategie und Unternehmungskultur stehen, und
(9) die Gesamtleistung der Unternehmung und ihrer Teile sowohl nach strategischen Gesichtspunkten als auch nach operativen Wirtschaftsergebnissen beurteilt wird.

Werden, mit anderen Worten, die Entscheidungen über die neuen Produkte, die die Unternehmung anbieten oder nicht anbieten will, über die geographischen Märkte und Marktsegmente, in denen sie operieren oder nicht operieren will, über die Fähigkeiten und Ressourcen, die für diese Produkte und Märkte im Hinblick auf die Schaffung dauerhafter Wettbewerbsvorteile notwendig sind, über die Ressourcenzuteilung und Nutzung von Synergieeffekten sowie über die geforderten Wirtschaftsergebnisse im Rahmen klarer unternehmungspolitischer Grundsätze und eines strategischen Gesamtkonzeptes getroffen, ist die Art und Richtung der Unternehmung eindeutig festgelegt und unter der Kontrolle der Unternehmungsleitung.

Das strategische Gesamtkonzept hängt wesentlich von den Beweggründen, von der Kultur und von den Idealen der Unternehmungsleitung, d.h. von ihren Motivationen und Wertvorstellungen ab. Das Geheimnis strategischer Entscheidungen, die Fragen, weshalb eine Unternehmung gerade in dieser Branche und nicht in einer anderen tätig ist, diese Produkte und nicht andere anbietet oder in diesem und nicht in anderen Marktsegmenten operiert, lassen sich mit betriebswirtschaftlichen Methoden allein nicht ergründen. Ohne ein explizites Verständnis der *Beweggründe der Unternehmungsleitung* sind die Strategien entweder das Ergebnis der Extrapolation vergangener Entscheidungen oder die zufällige Summe operativer Entscheidungen. Die Beweggründe und Wertvorstellungen der Unternehmungsleitung vermitteln den Führungskräften den notwendigen Einblick in die Zukunft der Unternehmung und erleichtern dadurch die Produkt- und Marktentscheidungen. Die Konkurrenzanalyse ist ohne Beurteilung der voraussichtlichen Motivationen und Wertvorstellungen der Konkurrenten ebenfalls nicht möglich.

Der strategische Entscheidungsprozeß ist kein linearer Prozeß, sondern ein Kreisprozeß. Die Aufgabe der Unternehmungsleitung ist es, die Unternehmung als Ganzes in eine unerkennbare Zukunft zu steuern; zu diesem Zwecke muß sie potentielle Ungleichgewichte zwischen den angestrebten Zielen und den in der Zukunft erwarteten Ergebnissen rechtzeitig erkennen und korrigieren. Dieser Entscheidungszyklus baut auf Intuition, Kreativität, ganzheitlichem Denken, Realitätssinn und Professionalität auf. Der Vor- und Rückkopplungseffekt geht so weit, daß im Lichte der laufenden und der erwarteten Ergebnisse aus bereits getroffenen strategischen Entscheidungen die angestrebten Ziele kontinuierlich überprüft werden müssen.

Strategische Entscheidungen sind nicht rational i.e.S. und können nicht dem Intellekt allein zugeschrieben werden. Der Grund, der eine strategische Entscheidung einsichtig macht oder wegen dessen eine Strategie formuliert und umgesetzt wird, ist nicht berechenbar. Der Zweck, der eine Strategie sinnvoll macht, entzieht sich der betriebswirtschaftlichen Erkenntnis. Strategische Entscheidungen beruhen auf einer „Theorie" der Unternehmungsleitung, die eine unstrukturierte Realität zu interpretieren und aus ihr Nutzen für die Unternehmung – und häufig auch für sich selbst – zu ziehen versucht; sie haben häufig eine existentielle Bedeutung für die Führungskräfte, die für die strategische Entscheidung verantwortlich sind. Die strategische Entscheidung ist letztlich eine *symbolische Handlung*, die grundlegende Ideale und Wertvorstellungen einer Führungskraft verkörpert. Sie hat ihre Wurzeln in Bewußtseinsebenen, die noch wenig erforscht sind und sich einer formalen Planung entziehen[17].

Der strategische Entscheidungsprozeß ist ein *harmonischer oder organischer Entscheidungsprozeß*, der

- äußerst subtil, persönlich und von Führungskraft zu Führungskraft verschieden ist,
- auf einem partizipativen Erfahrungsaustausch mit Personen beruht, die häufig nicht der Unternehmung angehören, denen die Führungskraft vertraut und deren Autorität sie anerkennt,
- auf Wissen und Erfahrungen aufbaut, die rational getestet und intuitiv als sinnvoll empfunden werden,
- die nützlichen Informationen zu einem integrierten Gedankenmodell verarbeitet, das so lange evolviert, bis eine vernünftige Lösung gefunden ist,
- aktionsorientiert ist.[18]

Der strategische Entscheidungsprozeß ähnelt dem kreativen Prozeß von Künstlern, Wissenschaftlern, Schriftstellern und anderen Personen, die schöpferisch tätig sind. Diese Rückführung des strategischen Entscheidungsprozesses auf tiefere und letzte Gründe erklärt, warum Führungskräfte sich nicht primär auf formale Planungssysteme verlassen und einen harmonischen oder organischen Entscheidungsprozeß bevorzugen.

Die formalen Planungssysteme und der harmonische oder organische Entscheidungsprozeß sind zwei komplementäre Aspekte der strategischen Unternehmungsführung: Die formalen Planungssysteme bringen Ordnung, Methodik und Struktur in dynamische und unstrukturierte Prozesse; sie bereiten eine Vielzahl von Informationen auf und bahnen systematisch und rechtzeitig Interaktionen mit anderen Personen mit dem Ziel an, den harmonischen oder organischen Entscheidungsprozeß der Führungskräfte zu erleichtern und in seiner Qualität zu verbessern.

Die Hauptaufgabe des Planungsstabes, der in der Regel keinen Zugang zu den inneren Erfahrungen der operativen Führungskräfte hat, besteht darin, die für strategische Entscheidungen benötigten Informationen so bereitzustellen, daß die Führungskräfte ihr eigenes Urteil bilden und ihr kreatives Denken einsetzen können. Der strategische Planer ist daher eine Art Katalysator, der das kreative

[17] Vgl. hierzu B. B. Tregoe u. J. W. Zimmermann, Top Management Strategy, New York 1980, S. 37ff.

[18] Die Ausführungen folgen W.E. Halal, The New Capitalism. New York 1986, S. 226ff.

und ganzheitliche Denken, die kritische Urteilsfähigkeit und die Intuition im Bewußtsein der operativen Führungskräfte fördert und so die strategischen Entscheidungen wesentlich mitgestaltet.

Die Kunst und Wissenschaft der strategischen Führung liegt in der Verbindung von Planmäßigkeiten im Großen mit dem Wagemut des Daraufankommenlassens jenseits der Grenzen der Berechenbarkeit. Abbildung 1.4 versucht, die Zusammenhänge zwischen strategischem und operativem Denken zu veranschaulichen. Die Strategie ist eine Kombination aus Leitung und Gewährenlassen, für die es kein Rezept, sondern nur eine lebenslange Erziehung und Selbstdisziplin gibt; das schließt im Grenzfall sogar das Handeln gegen Anordnungen der Unternehmungsleitung ein.

Die Strategie ist darüber hinaus eine Kombination rationaler und irrationaler Elemente; dies setzt bei allen Führungskräften ein starkes Vertrauen in sich selbst und in ihre Fähigkeiten voraus, im konkreten Fall mit einer unerwarteten Lage im Unternehmungsinteresse fertig zu werden, die sich jenseits der Grenze der Berechenbarkeit ergeben würde; das heißt aber auch ein starkes Vertrauen der Unternehmungsleitung darauf, daß die Führungskräfte in ihrem Bereich dazu imstande sein würden.

Die Strategie ist schließlich eine Verbindung vollendeter Planmäßigkeit und Risikobereitschaft jenseits der Grenzen der Berechenbarkeit. Bei jeder strategischen Planung muß das Unberechenbare ausgespart werden. Charakter und Wissen gehören zusammen, Leitung und Gewährenlassen, Vorsicht und Wagemut.

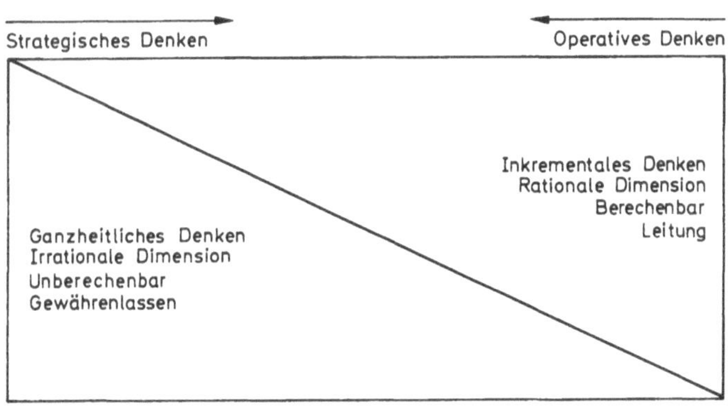

Die Strategie ist eine Kombination von:

(A) Ganzheitlichem und inkrementalem Denken
(B) Irrationalen und rationalen Elementen
(C) Unberechenbaren und berechenbaren Faktoren
(D) Gewährenlassen und Leitung

Abb. 1.4 Strategisches und operatives Denken

1.5 Die sieben Komponenten der strategischen Führung der Unternehmung

1.5.1 Die Entwicklungsstufen der strategischen Unternehmungsführung

Die Person oder die Gruppe von Personen, die die langfristige Ausrichtung einer Unternehmung bestimmt, aber auch Wirtschaftspolitiker und Vertreter von Interessenverbänden, rufen heute vermehrt nach strategischer Unternehmungsführung. Die Bedeutung der strategischen Unternehmungsführung für die Lösung vieler wirtschaftlicher und gesellschaftlicher Probleme rechtfertigt es, diese Führungskonzeption sorgfältig zu analysieren.

Überblickt man in großen Linien die Hauptprobleme der Führung einer Unternehmung und die entsprechenden Lösungsansätze (Abb. 1.5), die in den vergangenen vierzig Jahren erarbeitet worden sind, verstärkt sich nicht nur der Eindruck, daß die Beschleunigung der Veränderung ein neues Kapitel in der Geschichte des Menschen eröffnet hat, sondern es zeigt sich auch, daß sich erst jetzt die wichtigsten Auswirkungen dieser Entwicklung auf die Führung abzuzeichnen beginnen.

In der Phase des Wiederaufbaus nach dem 2. Weltkrieg stehen die Rationalisierung und Organisation der Produktion im Vordergrund. Der in der Folge auftretende Mangel an Kostenübersicht ist der Grund, weshalb in den 50er Jahren vermehrte Aufmerksamkeit der Kostenrechnung/Betriebswirtschaft gewidmet wird. Die Führung einer Unternehmung verlangt jedoch nicht nur Übersicht über die Kosten, sondern auch Kontrolle der Produktivität und geeignete Steuerungsmechanismen, damit rechtzeitig die notwendigen Entscheidungen getroffen und in ihren Auswirkungen erfaßt werden können. Diesen beiden Herausforderungen tragen das Controlling und die Unternehmungsplanung Rechnung; die Mitte der 50er Jahre sich rasch ausbreitende Unternehmungsplanung ist im wesentlichen eine in die Zukunft fortgeschriebene Gewinn- und Verlustrechnung. Der Mangel an Nachfrage führt zur Betonung der Marktorientierung der Unternehmung in den 60er Jahren. Eine auch kurzfristig zunehmend unsichere Zukunft, Entscheidungen, die sich auf eine entferntere Zukunft erstrecken und Produktionsstrukturen, die sich nur mit Schwierigkeit dem Wandel anpassen lassen, führen in den 70er Jahren zur Einführung von Strategie und strategischer Planung; damit soll die Unternehmung vor dem Risiko geschützt werden, daß Ziele verfolgt werden, die lediglich durch Trendextrapolationen der Vergangenheit und nicht durch die Formulierung von Szenarios ermittelt werden. Die strategische Unternehmungsführung der 80er Jahre ist die Antwort auf die ungenügende Umsetzung vieler Strategien und strategischer Pläne in der Praxis[19]. Mit der strategischen Unternehmungsführung vollzieht sich ein „Quantensprung" in der Gesamtheit der Kenntnisse und Instrumente, die in der Führung komplexer Organismen eingesetzt werden.

[19] Vgl. K. Baumgartner, Personal-Management, Praxis-Brief 610, Sindelfingen 1987.

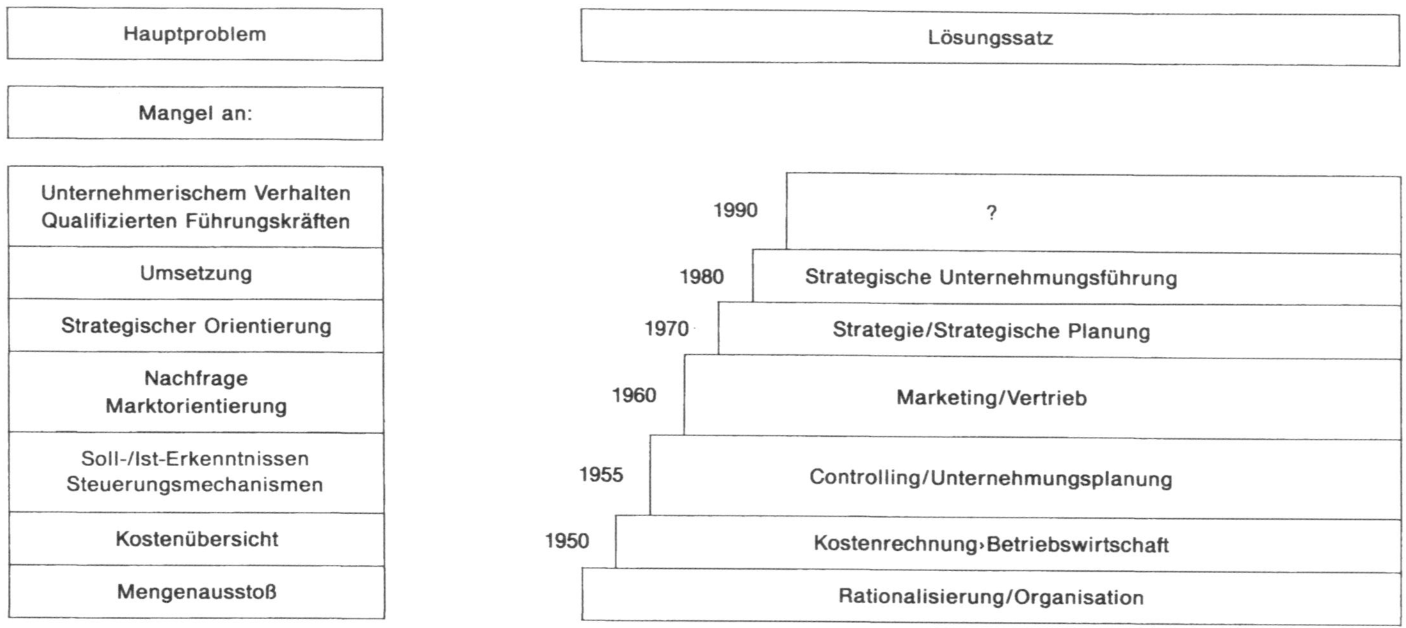

Abb. 1.5 Die Entwicklungsstufen der strategischen Unternehmungsführung (Quelle: K. Baumgartner, Baumgartner und Partner, Sindelfingen)

Die Art des industriellen Fortschritts scheint es nicht mehr zu erlauben, bestimmte Lösungsansätze bestimmten Hauptproblemen unserer Zeit zuzuordnen. Die Unternehmungen bewegen sich heute auf ganz anderen Linien als in der Vergangenheit. Die Globalisierung der Märkte, der Verdrängungswettbewerb, der heute viele Branchen kennzeichnet, die Verzerrung der Wettbewerbsbedingungen durch staatliche Eingriffe in die Wirtschaft, die Beschleunigung des technischen Fortschritts und der Wertewandel in unserer Gesellschaft sind alles Faktoren, die zur Erhöhung der Komplexität der Führung einer Unternehmung beigetragen haben.

Die Jahrzehnte, die seit dem Ende des 2. Weltkrieges vergangen sind, müssen als eine bewegte Übergangsperiode von der Phase des Wiederaufbaues zum technisch-wissenschaftlichen Zeitalter angesehen werden; im Laufe dieser Übergangsperiode wurden Forschungslinien und Technologien entwickelt sowie Führungssysteme und Lösungsansätze erarbeitet, deren gemeinsame Anwendung heute auf eine beeindruckende Weise alle ihre Auswirkungen zeigt. Wenn man die Ideen und Lösungsansätze dieser Übergangsperiode jedoch mit den Problemen vergleicht, die wir heute zu erfassen beginnen, dann wird klar, daß der Engpaßfaktor der 90er Jahre voraussichtlich in einem Mangel an unternehmerischem Verhalten und qualifizierten Führungskräften liegen wird. Es erscheint sinnvoll, darüber nachzudenken, welcher Lösungsansatz in Zukunft diesem menschlichen Faktor entsprechen wird[20].

1.5.2 Die Gesamtkonzeption der strategischen Unternehmungsführung

In Abb. 1.6 ist ein integrierendes Gesamtkonzept für die strategische Führung einer Unternehmung dargestellt, nach dem auch dieses Lehrbuch gegliedert ist; es besteht aus sieben Komponenten, die durch Rückkoppelungsmechanismen verbunden sind. Im folgenden werden die sieben Komponenten der strategischen Führung kurz beschrieben.

1.5.2.1 Die unternehmerische Vision

Am Anfang einer jeden unternehmerischen Tätigkeit steht wie bei jeder schöpferischen Tätigkeit eine *Vision*[21]. Die Vision ist das Bewußtwerden eines Wunschtraumes einer Änderung.

[20] Vgl. hierzu Ch. Scholz, Strategisches Management – Auf zu neuen Ufern? in: „DBW“, Jg. 46 (1986), S. 625–637; siehe auch F. R. David, Fundamentals of Strategic Management, Columbus, OH 1986; D. Hahn u. B. Taylor (Hrsg.), Strategische Unternehmungsplanung, 4. Aufl., Würzburg, Wien 1986; W. E., Halal, The New Capitalism, a. a. O.; W. Kirsch u. P. Roventa, Bausteine eines strategischen Managements – Dialoge zwischen Wissenschaft und Praxis, Berlin, New York 1983; E. Kreilkamp, Strategisches Management und Marketing, Berlin, New York 1987; W. H. Newman, J. P. Logan u. W. Hegarty, Strategy, Policy, and Central Management, a. a. O.; J. B. Quinn, H. Mintzberg u. R. M. James, The Strategy Process, Englewood Cliffs, N. J. 1988.

[21] Vgl. hierzu die Ausführungen im Abschnitt 2.

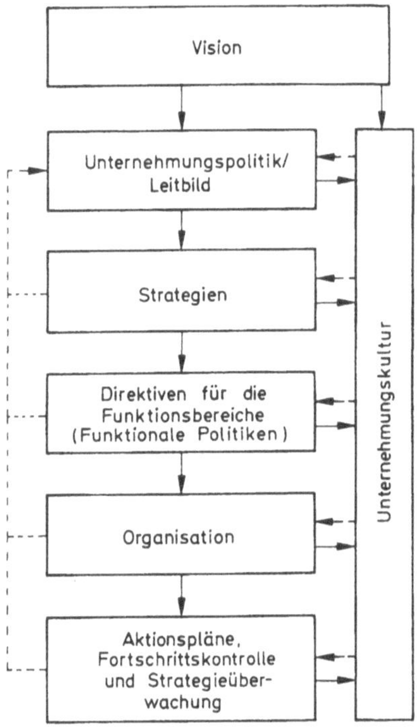

Abb. 1.6 Die sieben Komponenten der strategischen Unternehmungsführung

Den Erfindern des PC schwebte als Vision die „Demokratisierung des Computers" vor. Ein austrokanadischer Unternehmer, der als Zulieferer der Automobilindustrie tätig ist, definiert seine Vision wie folgt: „Jeder in den Vereinigten Staaten und in Kanada erzeugte PKW soll Komponenten, die in meinen Betrieben hergestellt werden, im Wert von mindestens 1000 US $ enthalten".

Der Rektor einer Technischen Universität sieht seine Vision darin, die Bedingungen zu schaffen, die es einem Mitglied des Lehrkörpers erlauben, den Nobelpreis zu gewinnen. Ein süditalienischer Unternehmer, der in der Lombardei zu großem Wohlstand gelangt ist, verwirklicht seinen Jugendtraum, indem er in seinem Heimatdorf Fertigungsbetriebe ansiedelt, die die Jugendarbeitslosigkeit beseitigen. Thomas A. Edison träumte von einer elektrischen Lampe; auch nach mehr als 10000 fehlgeschlagenen Experimenten hielt er an seinem großen Traum fest, bis dieser Wirklichkeit geworden war.

Das Wesen der unternehmerischen Vision liegt mehr in den Richtungen, die sie weist, und weniger in den Grenzen, die sie setzt; mehr in dem, was sie ins Leben ruft, und weniger in dem, was sie abschließt; mehr in den Fragen, die sie aufwirft, und weniger in den Antworten, die sie für diese findet. Die Ergebnisse, zu denen die Vision gelangt, sind zeitlich und vergänglich; wie die Richtungen unendlich sind, die eine Vision weist, so ist sie selbst jedoch zeitlos[22].

[22] Die Ausführungen basieren auf den Gedanken des Grafen H. v. Keyserling; siehe seine Hauptwerke, Südamerikanische Meditationen, Stuttgart, Berlin 1932 und Das Reisetage-

1.5.2.2 Die Unternehmungspolitik

Aufgabe der Unternehmungspolitik ist es, die Vision des Unternehmers oder der obersten Führungskräfte so auszudrücken, daß alle Mitarbeiter „an einem Strick" und „gemeinsam in eine Richtung ziehen"[23]. Die *Unternehmungspolitik* ist die Gesamtheit von Unternehmungsgrundsätzen, die in einem Leitbild festgehalten, oft aber auch mündlich weitergegeben werden. Sie regeln das Verhalten innerhalb der Unternehmung und geben an, welcher unternehmerischen Vision, welchen Werten, Normen und Idealen die Unternehmung verpflichtet ist. Mit der Unternehmungspolitik versucht die Unternehmungsleitung, die Unternehmung als Ganzes ordnend zu gestalten und verbindliche Verhaltensregeln und -grundsätze festzulegen. Die Erhaltung der natürlichen Umwelt, der Ausschluß bestimmter Produktionen, das Nicht-Operieren in bestimmten Märkten sind Beispiele für Bereiche, die die Unternehmungspolitik zu regeln hat.

Die Unternehmungspolitik darf kein starres System von Unternehmungsgrundsätzen sein. Sie muß zu einer *Denkmethode* werden, mit deren Hilfe man unternehmungsexterne und -interne Entwicklungen erfassen, ihrer Bedeutung für Motivation und Engagement der Mitarbeiter nach ordnen und entsprechend die Strategie festlegen und überprüfen kann. Die irrationalen Elemente, die in der Unternehmungspolitik eine erhebliche Rolle spielen, müssen rational betrachtet werden, wenn ihr Primat über die Strategien allgemein verbindlich sein soll.

1.5.2.3 Die Formulierung der Strategien

Die Formulierung der Strategien erfolgt auf zwei Ebenen[24]:
a) auf der Ebene der strategischen Geschäftseinheiten, und
b) auf Unternehmungsebene.

Auf der Ebene der *strategischen Geschäftseinheiten* ist der leitende Gedanke, in jedem Marktsegment, in dem die Unternehmung mit einer Geschäftseinheit tätig ist oder sein will, auf Dauer haltbare Wettbewerbsvorteile aufzubauen und dadurch zu den führenden Wettbewerbern zu zählen (Abb. 1.7). Das folgende Beispiel zeigt, worum es geht:

Anzahl der strategischen Geschäftseinheiten:	Wettbewerbsposition der strategischen Geschäftseinheiten:	Anteil am Gesamtumsatz der Unternehmung:
5	Nr. 1	51 %
5	Nr. 2	21 %
5	Nr. 3	9 %
		81 %

buch eines Philosophen, Darmstadt 1922; siehe auch vom gleichen Autor: Reise durch die Zeit, Vaduz 1948, drei Bände, und Schöpferische Erkenntnis, Darmstadt 1922.

[23] Siehe hierzu die Ausführungen im Abschnitt 3.

[24] Vgl. hierzu die Ausführungen im Abschnitt 4.

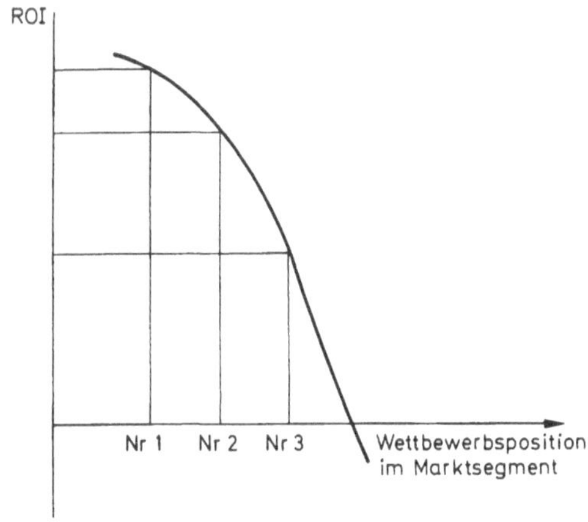

Abb. 1.7 Der leitende Gedanke der Strategie ist, in jedem Marktsegment ein führender Wettbewerber zu sein oder zu werden (in Anlehnung an PIMS)

Die restlichen 15 strategischen Geschäftseinheiten, die in dieser Unternehmung als Zentren für integrierte Maßnahmen eingerichtet sind und keine führende Marktposition einnehmen, erwirtschaften lediglich 19% des Umsatzes.

Auf *Unternehmungsebene* werden die Strategien der Geschäftseinheiten so koordiniert und integriert, daß Synergieeffekte erzielt, untragbare Risikosituationen abgebaut und eine ausgewogene *Cash-flow*-Entwicklung erzielt werden.

Das Ziel der Strategie ist es, die von der *Unternehmungspolitik* gesetzten Aufgaben unter bestmöglicher Verwendung der verfügbaren Ressourcen zu erreichen. Die Strategie ist ein Mittel, die Festlegung der Ziele, die hiermit erreicht werden sollen, Aufgabe der Unternehmungspolitik, die wesentlich eine Frage der „Philosophie" und Weltanschauung der Unternehmungsleitung und/oder obersten Führungskräfte ist. Das Schicksal einer jeden Unternehmung wie auch eines jeden Menschen wird, um mit A. Beaufre zu reden, bestimmt von der Weltanschauung, für die man sich entscheidet, und von den Strategien, mit denen man dieser Geltung verschafft.

Die strategische Planung ist der Prozeß, durch den über die Fortbildung einer oder mehrerer unternehmerischer Ideen die langfristigen Zielpositionen fixiert und die zu deren Erreichung notwendigen Ressourcen, Mittel und Verfahren bestimmt werden; dieser Prozeß beruht auf der systematischen Erfassung und Beurteilung der externen Risiken und Chancen, der internen Stärken und Schwächen sowie der gesellschaftlichen Verpflichtungen der Unternehmung unter Berücksichtigung der Wertvorstellungen der obersten Führungskräfte. Wesentliche Anforderungen an die strategische Planung sind Flexibilität und Anpassung der Strategien an Änderungen in der Umweltsituation und im Unternehmungspotential. Da viele Entscheidungen irreversible langfristige Auswirkungen haben, müssen die im strategischen Plan dargestellten Strategien und funktionalen Politiken nicht nur laufend überwacht, sondern auch durch Wenn/Dann-Pläne ergänzt werden.

Die strategische Unternehmungsplanung[25] ist ein Teil der strategischen Führung der Unternehmung (Tab. 1.3); letztere setzt voraus, daß die Unternehmungsleitung erstens sich auf Leitbilder, Ziele, Strategien und Schlüsselprobleme konzentriert und Prioritäten setzt, zweitens die zahlreichen Abhängigkeiten im Unternehmungssystem steuert oder steuern läßt, die Integration der funktionalen Tätigkeiten zu einem organischen Ganzen vornimmt oder vornehmen läßt und in ausgewogene strategiegerechte Aktionsprogramme umsetzt oder umsetzen läßt und schließlich drittens jede Aufgabe einem Mitarbeiter überträgt oder übertragen läßt, der die Verantwortung dafür übernimmt. Die strategische Unternehmungsführung betrifft die Entwicklung umfassender Planungs-

Tabelle 1.3 „Planung" – „Operative Unternehmungsplanung" – „Strategische Unternehmungsplanung" – und „Strategische Unternehmungsführung"

Planung	Ziele und Pläne sowie Motivation der Mitarbeiter
Operative Unternehmungsplanung (Durchführungsplanung)	Integration und Koordination aller Funktionen
Strategische Unternehmungsplanung	– Bestimmung der Produkt/Markt-Kombination und somit der strategischen Geschäftseinheiten – Ermittlung der strategischen Ausgangsposition – Bestimmung der strategischen Zielposition – Zuteilung der Ressourcen und Festlegung der Hauptschritte, um die Unternehmung in die gewünschte Richtung zu bewegen – Festsetzung von Kriterien und Standards zur Messung der Fortschritte in der Verwirklichung der Strategien
Strategische Unternehmungsführung	Entwicklung einer unternehmerischen Vision – Konzeption der Unternehmungspolitik – Formulierung der Strategien – Ausarbeitung von funktionalen Pokitiken in Übereinstimmung mit den Strategien – Strategiegerechte Gestaltung der Organisation – Durchführung der Strategien – Beeinflussung der Unternehmungskultur im Sinne der Strategien für – die Schaffung, langfristige Sicherung und Nutzung von Gewinnpotentialen – rasche Reaktionen auf strategische Überraschungen – die Aufgabe der Geschäftseinheiten, mit denen die Unternahmung keine führenden Wettbewerbspositionen erreichen kann.

[25] Vgl. hierzu H.I. Ansoff, R.P. Declerck, R.L. Hayes (Hrsg.), From Strategic Planning to Strategic Management, London, New York, Sidney, Toronto 1976, S. 1ff., sowie die Ausführungen im Abschnitt 4.

systeme mit langfristiger Ausrichtung und die Integration dieser Planungssysteme in das Führungssystem der Unternehmung.

Die Unternehmungsleitung muß, mit anderen Worten

(1) der Unternehmung nicht nur eine Richtung weisen, meßbare Ziele setzen und entsprechende Strategien formulieren, sondern ihr auch Zusammenhang und Einheit in einer sich dynamisch ändernden Umwelt verleihen[26];
(2) ein Spektrum von Interaktionen mit verschiedenen Umweltgruppen vereinbaren, ein Umwandlungssystem verwirklichen, das die verfügbaren Ressourcen in Einklang mit den gewählten Strategien mit höchster Effizienz und im berechtigten Interesse aller Umweltgruppen einzusetzen gestattet, die dabei auftretenden Konflikte (z. B. Automatisierung bestimmter Arbeitsvorgänge – Erhöhung der Umweltbelastung, Verbesserung der Produkteigenschaften – Gestaltung der Arbeitsorganisation usw.) lösen und schließlich diese vielen interdependenten Unternehmungstätigkeiten in einem *ausgeglichenen, praktikablen Aktionsplan* integrieren;
(3) auf allen hierarchischen Ebenen einen geplanten Lernprozeß verwirklichen, der es den Führungskräften erlaubt, den strategischen Prozeß in allen seinen operativen Auswirkungen zu erfassen, zu seiner Verwirklichung konstruktiv beizutragen und mit ihrem Subsystem im Interesse der Unternehmung rechtzeitig auf Überraschungen der Umwelt zu regieren.

1.5.2.4 Die funktionalen Politiken oder Direktiven für die Funktionsbereiche

Die funktionalen Richtlinien sind *Direktiven*, d. h. leitende Gesichtspunkte, die den Leitern der Funktionsbereiche – Marketing, Forschung und Entwicklung, Produktion usw. – als Richtschnur für selbständig zu treffende Entscheidungen im Interesse der Strategien dienen. Eine Unternehmung ist um so erfolgreicher, je besser und initiativer die Funktionsbereichsleiter die Handlungsfreiheit, über die sie verfügen, im Sinne der Strategien der Geschäftseinheiten und der Gesamtstrategie der Unternehmung nutzen[27].

Die Strategie bildet Schwerpunkte im Hinblick auf die Erzielung von auf Dauer haltbaren Wettbewerbsvorteilen und setzt Hauptziele für unternehmeri-

[26] Die einfache Angabe der Richtung der Unternehmungsentwicklung stellt noch kein Ziel dar: Der Polarstern kann für die Orientierung des Schiffes nützlich sein, ist aber nicht das Ziel der Reise. Die per se wünschenswerten Dinge sind zahlreich, es ist aber kein Zeichen von Weisheit, zuviele Ziele gleichzeitig verfolgen zu wollen, weil man damit wenig erreicht. Im Hinblick auf eine konzertierte einheitliche Aktion sind deshalb nur wenige Ziele auszuwählen und Pläne für ihre Erreichung zu formulieren; die Ergebnisse sind im allgemeinen um so besser, je klarer die Ziele von den Mitarbeitern auf allen Ebenen akzeptiert werden. Jedes Unternehmungsziel ist eine zweidimensionale Größe wie ein Rechteck: Erhöhung (oder Senkung) einer Kennziffer und die für ihre Verwirklichung notwendige Zeit. Für die konkreten Möglichkeiten der Unternehmungsführung wichtig ist der Inhalt des Rechteckes: Ein bescheidenes Ziel kann in einem oder in wenigen Jahren verwirklicht werden, ein bedeutendes Ziel erfordert mehrere Jahre.

[27] Vgl. hierzu die Ausführungen im Abschnitt II.1.

sches Handeln in den verschiedenen Funktionsbereichen. Ihr Wert liegt in der *selektiven Konzentration auf Schwerpunkte*. Eine Investitions- und Wachstumsstrategie z.B. hat als Schwerpunkt die Abhebung von der Konkurrenz durch innovative Produkteigenschaften – ein besseres Preis/Leistungs-Verhältnis, ein verändertes Design, geringere Wartungskosten; eine Defensivstrategie z.B. hat als Schwerpunkt ein bestimmtes Werbekonzept. Bei der Setzung von Schwerpunkten in einer Gesamtunternehmungsperspektive müssen zwangsläufig bestimmte Bereiche zurückgestellt und „später" im Detail berücksichtigt werden. Die funktionalen Richtlinien regeln die Bereiche, die vorläufig zurückgestellt werden und „später" zu berücksichtigen sind. Es ist Aufgabe der Leiter der Funktionsbereiche, die Strategien im Detail auszuarbeiten, integrierende und/oder Korrekturmaßnahmen vorzuschlagen und sich für die Umsetzung möglichst viele Möglichkeiten offenzulassen, dabei jedoch das Ziel der Strategie klar und entschlossen zu verfolgen.

1.5.2.5 Die Organisation

Jede Änderung in den Strategien der Unternehmung und in den Schwerpunkten ihrer Funktionsbereiche verlangt eine entsprechende Anpassung der Organisation. Alle auf Dauer erfolgreichen Unternehmungen haben ein Merkmal gemeinsam: Die Organisation stimmt sowohl mit den Strategien als auch mit den Bedürfnissen, Wünschen und Vorstellungen der Mitarbeiter überein. Je besser diese Übereinstimmung ist, die eine nie endende Arbeit an der Organisation voraussetzt, desto nachhaltiger kann eine Unternehmung ihre langfristigen Gewinnaussichten verbessern und desto kleiner ist das mit jeder unternehmerischen Tätigkeit verbundene Risiko[28].

Die Bezugspunkte der organisatorischen Tätigkeit sind:

(1) die Qualität der verfügbaren Mitarbeiter,
(2) die strategischen Geschäftseinheiten, in die die Unternehmung gegliedert ist,
(3) die Art der Produktions- und Vertriebsprozesse, die in der Unternehmung ablaufen,
(4) die Unternehmungsgröße, und
(5) das Erbe der Vergangenheit.

Die organisatorische Tätigkeit beginnt in der Tat beim Menschen; sie erschöpft sich nicht in der Bestimmung eines abstrakten Systems von Aufgaben, Verantwortlichkeiten und Befugnissen. Stellenbeschreibungen und leistungsorientierte Entgeltsysteme sind wichtig, die Ablauforganisation muß den Strategien Rechnung tragen, alle organisatorischen Maßnahmen nützen jedoch nichts, wenn nicht die *Personen* verfügbar sind, die bereit und fähig sind, die vorgesehenen Rollen einzunehmen. Sind keine Mitarbeiter verfügbar, um bestimmte Rollen

[28] Vgl. hierzu die Ausführungen im Abschnitt II.2.

(Führung einer Geschäftseinheit, eines Funktionsbereiches oder einer regionalen Tochtergesellschaft) zu übernehmen, müssen

(1) die Aufgaben so in neue Rollen aufgeteilt werden, daß sie auch von den verfügbaren Personen übernommen werden können, oder
(2) die Unternehmungstätigkeit so abgeändert werden, daß auch ohne diese Rollen ausgekommen werden kann.

Alle Reorganisationsprozesse von Unternehmungen in Krisensituationen zeigen, daß gleichzeitige Maßnahmen in drei Richtungen erforderlich sind:

(1) Ersatz von Mitarbeitern
(2) Änderung der Organisation, und
(3) Neuformulierung der Strategien und Aktionspläne.

1.5.2.6 Die Aktionspläne, Fortschrittskontrolle und Strategieüberwachung

Die Umsetzung der Strategien unterscheidet sich wesentlich von ihrer Formulierung. Die Formulierung der Strategien ist eine unternehmerische, ihre Umsetzung mehr eine administrative Angelegenheit. Bei der *Formulierung* der Strategien ist ein „kreatives Chaos" häufig förderlich, für ihre *Umsetzung* sind jedoch Disziplin, Planung, Fortschrittskontrolle und Strategieüberwachung entscheidend. Die Umsetzung der Strategien verlangt in der Regel viel mehr Energie und Zeit als ihre Formulierung[29].

Es sind vor allem vier Aufgaben, die von der Unternehmungsleitung zu erfüllen sind, um den Erfolg der Strategien sicherzustellen:

(1) die Mitarbeiter auf allen Verantwortungsebenen dazu bewegen, engagiert ihren Beitrag für die Umsetzung der Strategien zu leisten,
(2) ein einfaches, aber wirkungsvolles operatives Planungssystem einrichten, und
(3) darauf aufbauend, ein Kontrollsystem entwickeln, das konstruktiv hilft, integrierende und/oder Korrekturmaßnahmen rechtzeitig einzuleiten, wenn Abweichungen zwischen den Zielen und erreichten Ergebnissen sichtbar werden; es handelt sich darum, die Fortschritte in der Ausführung der Strategien zu überwachen und auch zu überprüfen, ob die Strategien selbst noch zweckmäßig sind.
(4) Es wäre naiv anzunehmen, eine Strategie ließe sich ohne Berücksichtigung unternehmungsinterner „politischer" Erwägungen wirksam umsetzen. Es zählt zu den Aufgaben der Unternehmungsleitung, die wichtigsten Entscheidungszentren in der Organisation für die Umsetzung der Strategien zu gewinnen. Zu diesem Zweck muß sie vorausschauend den Widerstand seitens derjenigen Führungskräfte überwinden, deren Verantwortungsbereiche durch die Ausführung der Aktionspläne eingeengt oder umstrukturiert werden.

[29] Vgl. hierzu die Ausführungen im Abschnitt II.3.

Die Durchführung umfaßt somit die kurz-, mittel- und langfristige Durchführungsplanung, die Kommunikation und Motivation sowie ein auf das operative Planungssystem abgestimmtes Kontrollsystem. Im Gegensatz zur strategischen wird die operative Durchführungsplanung in einem systematischen, formalisierten Prozeß erarbeitet, an dem nach Maßgabe der Führung durch Zielvereinbarung und Delegation alle Bereiche und hierarchischen Stufen aktiv im Sinne eines Regelkreises beteiligt sind.

Die Erfahrungen, die die Unternehmungsleitung in dieser Phase hinsichtlich der Umweltdynamik und des Unternehmungspotentials sammelt, sind wertvoll für die Planung neuer strategischer Zyklen.

1.5.2.7. Die Unternehmungskultur

Viele gut konzipierte Strategien und Aktionspläne scheitern in der Praxis, weil sie nicht mit der in der Unternehmung vorherrschenden Unternehmungskultur übereinstimmen. In jeder Unternehmung gibt es viele Individuen, die fähig und bereit wären, im Sinne der Strategien innovativ zu wirken, um die Organisation zwar nicht im Ganzen, aber an Ort und Stelle in kleinen Schritten zu verbessern. Wenn die Organisation aber so geschlossen ist, daß sich an Ort und Stelle nichts verändern läßt, sehen viele Mitarbeiter nur die Möglichkeit, das Gesamtsystem zu kritisieren, zu resignieren, auszusteigen, in die innere Emigration zu gehen oder sich außerhalb der Unternehmung zu engagieren.

Die *Unternehmungskultur* ist die Gesamtheit der in der Unternehmung vorherrschenden Wertvorstellungen, Traditionen, Überlieferungen, Mythen, Normen und Denkhaltungen, die den Mitarbeitern auf allen Verantwortungsebenen Sinn und Richtlinien für ihr Verhalten vermitteln[30]. Die Unternehmungskultur ist etwas in der Zeit Gewachsenes, das in einem langen Zeitraum aufgebaut, in kurzer Zeit jedoch zerstört werden kann; sie ist ganz wesentlich durch die Vision und durch das Vorbild der Unternehmungsleitung geprägt.

Jede Unternehmung hat nicht eine, sondern verkörpert mehrere Kulturen: Offensivstrategien verlangen eine andere Unternehmungskultur als Defensivstrategien und letztere wiederum eine andere als Desinvestitionsstrategien.

Die Ergebnisse, die sich mit einer bestimmten Unternehmungskultur erzielen lassen, sind, zusammenfassend, in der Regel um so günstiger, je besser es der Unternehmungsleitung gelingt, a) die Strategien im Einklang mit der Unternehmungskultur zu formulieren, oder b) die Unternehmungskultur den Strategien anzupassen. Im günstigsten Fall, wenn sich Strategie und Unternehmungskultur gegenseitig stützen und ergänzen, entsteht ein führender Wettbewerber.

[30] Vgl. hierzu die Ausführungen im Abschnitt II.4.

1.5.3 Gegenseitige Beeinflussung der Phasen des Führungsmodells

In einer funktionierenden Unternehmung beeinflußt jede Phase die anderen Phasen. Die Strategie z. B. bestimmt wohl die Organisation, sie wird aber ihrerseits stark durch organisatorische Gegebenheiten beeinflußt; die bestehenden divisionalen und/oder funktionalen Politiken, das Berichtssystem usw. tragen zu den Stärken und Schwächen der gegenwärtigen Unternehmungsstruktur bei, von denen die Formulierung der Strategie wesentliche Impulse erhält (Abb. 1.8).

Das System „Unternehmerische Vision – Konzeption der Unternehmungspolitik – Formulierung der Strategien – Ausarbeitung der funktionalen Politiken – Gestaltung der Organisation – Durchführung der Strategien – Beeinflussung der Unternehmungskultur" muß den Änderungen in der Umwelt angepaßt werden; die Erfolge oder Mißerfolge der Unternehmung erfordern ebenfalls eine Revision der Strategien. Aus diesen Gründen muß der strategische Prozeß laufend wiederholt und neu durchdacht werden. Die beiden Probleme – die Interaktionen der diversen Phasen des strategischen Prozesses und die Notwendigkeit sukzessiver Revisionen – unterstreichen die Zweckmäßigkeit eines analytischen Denkschemas und systematischen Vorgehens für die strategische Führung der Unternehmung.

Der Prozeß der Formulierung und Durchführung der Strategien ist ein kontinuierlicher Prozeß. In einer Welt tiefgreifender und rascher Wandlungen ändern sich die Annahmen, die den Strategien zugrundeliegen. Will die Unternehmung nicht die Gefangene ihrer Erfolge der Vergangenheit sein, müssen die Strategien

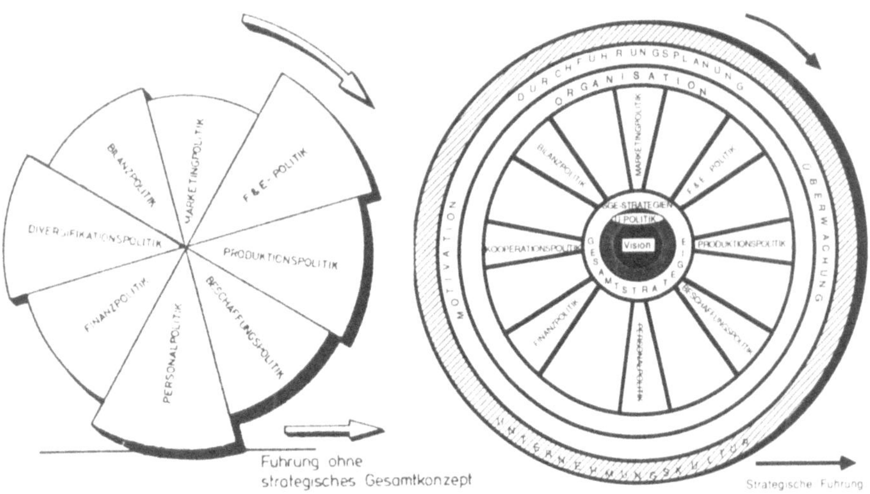

Abb. 1.8 Die Bedeutung und der Nutzen der Strategie
Wie bei einem Rad müssen die Speichen (funktionale Politiken) von der Nabe (Vision, Unternehmungspolitik und Strategie) ausgehen und miteinander harmonisch verbunden sein (Organisation, Durchführungsplanung, Motivation und Überwachung sowie Unternehmungskultur) (modifiziert nach C. W. Hofer).

einem iterativen Prozeß von Ideen, Analysen, Verifizierungen, neuen Theorien, neuen Analysen und neuen Bewertungen unterzogen werden. Jede Strategie ist in Evolution.

Die Revision der Strategien und der funktionalen Politiken muß explizit sein und die Diskussionsgrundlage für die zuständigen Entscheidungszentren darstellen. Nur so können ein Konsens und eine sukzessive Verbesserung der Strategien erzielt werden.

Aus diesen Gründen ist strategische Unternehmungsführung eher als „Kunst" denn als Wissenschaft zu bezeichnen, und es gibt auch keine optimalen Vorgehensweisen, die für jede Unternehmung Gültigkeit haben. Es gibt jedoch Anforderungen, denen die Führung in jedem Fall genügen muß, sowie Bedingungen, die bei der Formulierung und Durchführung der Strategien beachtet werden müssen. „Was heute nottut, sind integrierende *Gesamtkonzepte für die Führung eines Unternehmens*, welche das Instrumentarium zusammenhängend darstellen, ohne einzelne Elemente allein in den Vordergrund zu schieben"[31].

Das dargestellte Führungsmodell kann dazu beitragen,

(1) die Komplexität und Dynamik der Führung einer industriellen Unternehmung in einen ganzheitlichen und systematischen Rahmen einzufügen, und
(2) die allgemeine Reflexion über die gesamtheitliche Betrachtung der laufenden und geplanten Strategien und Aktionspläne, vorhandenen Organisationsstrukturen und Realisationssysteme der Strategien und Aktionspläne zu fördern.

Das Führungsmodell muß den spezifischen Situationen angepaßt werden, in denen die Unternehmung mit ihren strategischen Geschäftseinheiten operiert.

1.6 Die strategisch geführte Unternehmung als Konföderation von Unternehmern

Die großen Unternehmungen sind heute fast ohne Ausnahmen in *strategische Geschäftseinheiten* gegliedert; auch viele mittlere Unternehmungen haben ihre verschiedenen Produktlinien in strategischen Geschäftseinheiten zusammengefaßt. So besteht z.B. eine mittelständische Maschinenbauunternehmung aus drei strategischen Geschäftseinheiten: Seilförderanlagen, Pistenpräparierer und Umweltschutzanlagen. Strategische Geschäftseinheiten sind nichts anderes als Zentren für integrierte Maßnahmen, die eine bestimmte Produktlinie oder ein bestimmtes Arbeitsgebiet betreffen; sie sind gleichsam „Mikrounternehmungen" in der Unternehmung mit eigener Führungsverantwortung, die auf spezifi-

[31] H. Ulrich, Führungsgrundsätze statt Führungsmodelle? „Neue Zürcher Zeitung", Nr. 180, 5. August 1976, S. 5. Vom selben Verfasser siehe auch: Unternehmungspolitik, Bern, Stuttgart 1978, S. 49ff.

schen Märkten operieren, die Bedürfnisse bestimmter Kundengruppen erfüllen und mit genau identifizierbaren Konkurrenten im Wettbewerb stehen. Eine Division oder eine Tochtergesellschaft in einer Holding kann z. B. eine strategische Geschäftseinheit sein; in der Regel umfaßt jedoch eine Division oder eine Tochtergesellschaft mehrere strategische Geschäftseinheiten, so daß die bevorzugte Organisationsform die Matrix-Organisation (vgl. Bd. 2, Abb. 2.8) ist; die Koordination der strategischen Geschäftseinheiten kann jedoch auch über eine Strategiekommission (vgl. Bd. 2, Abb. 6.5) erfolgen.

Die Führungskraft, die für eine strategische Geschäftseinheit verantwortlich ist, operiert wie ein *Unternehmer*, der die Ressourcen der Unternehmung (Vertriebskanäle, Forschung und Entwicklung, Fertigungskapazitäten usw., aber auch intangible Faktoren wie Image, Beziehungen der Unternehmung zu bestimmten Interessengruppen) dazu benutzt, um eine Position der Einzigartigkeit in seinem Marktsegment aufzubauen und auf Dauer zu halten. Der Leiter einer strategischen Geschäftseinheit vereinbart die Strategie mit der Unternehmungsleitung, erhält von dieser die notwendigen Ressourcen sowie die Unterstützung der Funktionsbereiche, ist verpflichtet, Synergien mit anderen Geschäftseinheiten zu nutzen und trägt die Ergebnisverantwortung.

Die strategisch geführte Unternehmung, die in strategische Geschäftseinheiten mit eigener Führungsverantwortung gegliedert ist, kann somit als „*Konföderation von Unternehmern*" bezeichnet werden[32]. Die großen Unternehmungen, deren strategische Geschäftseinheiten auf die Stärken und auf das Know-how einer oft weltweiten Organisation zurückgreifen können und von unternehmerischen Führungskräften geführt werden, verlieren dadurch weitgehend ihre bürokratische Struktur und erlangen die Flexibilität und Stoßkraft der kleineren Einheiten; sie werden zu gefährlichen Konkurrenten für kleine und mittlere Unternehmungen, die keine Synergieeffekte nutzen und auch nicht die Ressourcen einer großen Organisation einsetzen können. Im Wettbewerb zählt nicht die Größe einer Unternehmung, sondern die Art und Weise, wie es der Unternehmungsleitung gelungen ist, ein Gleichgewicht einzurichten zwischen

(a) der vollen Nutzung von Individuen, die die Macht und die Pflicht haben, in ihren Geschäftseinheiten bestimmte Arten von Entscheidungen zu treffen, und
(b) der Koordination dieser Individuen im Hinblick auf ein Gesamtergebnis, das größer sein soll als die Summe der Teilergebnisse.

Wenn man davon ausgeht, daß in Zukunft die strategisch geführte Unternehmung eine „Konföderation von Unternehmern" sein wird, dann wird in der Tat *die Auswahl, der Einsatz* und *die Entwicklung von Führungskräften* mit unternehmerischen Fähigkeiten zur wichtigsten Aufgabe der Unternehmungsleitung. Diese Entwicklung ist bereits im Gange, und Unternehmungen wie z. B. General Electric, IBM, Hewlett Packard, Texas Instruments, Magna International, Sie-

[32] Vgl. hierzu W. E. Halal, The New Capitalism, a. a. O., S. 135 ff. und die dort angegebene Literatur.

mens und Montedison befinden sich auf dem Wege zu flexiblen, dezentralisierten Systemen, die aus einer Vielzahl von strategischen Geschäftseinheiten mit eigener Führungsverantwortung bestehen. Diese Evolution fortschrittlicher Unternehmungen in Richtung organischer Netzwerke von relativ autonomen strategischen Geschäftseinheiten ist eine Entwicklung, über die nachzudenken sich auch für kleine und mittlere Unternehmungen lohnen dürfte.

1.7 Ist strategische Unternehmungsführung eine Kunst oder eine Wissenschaft?

Die strategische Unternehmungsführung beruht auf der Anwendung einiger weniger Grundsätze:

(1) die ganzheitliche Betrachtung der Unternehmung und ihrer Umwelt,
(2) die Strategie als Richtschnur des unternehmerischen, initiativen Handelns in allen strategischen Geschäftseinheiten, Funktionsbereichen und regionalen Tochtergesellschaften der Unternehmung,
(3) die einheitliche Erziehung aller Führungskräfte zu individueller Selbständigkeit der Entscheidungen im Rahmen der vereinbarten Strategien.

Strategie, strategische Planung und strategische Unternehmungsführung können von großem Nutzen sein, wenn es sich darum handelt, knappe Ressourcen auf eine möglichst wirtschaftliche Weise zuzuteilen, wenn verschiedene Alternativen existieren und wenn große Unsicherheit über die Zukunft herrscht. Wir brauchten keine Strategie, wenn das Problem der Ressourcenallokation nicht besteht, wenn die Zukunft ähnlich der Vergangenheit sein wird und wenn in der Vergangenheit befriedigende Wirtschaftsergebnisse erzielt worden sind. Unter diesen Voraussetzungen genügt es, den Erfolg der Vergangenheit zu wiederholen. In einer Zeit tiefgreifenden Wandels in allen Lebensbereichen brauchen wir jedoch eine Strategie, um dank einer guten Ökonomie der Kräfte unseren Handlungsspielraum zu wahren und unsere großen Ziele zu erreichen. Ohne Strategie wird heute und voraussichtlich auch in der Zukunft jede unternehmerische Tätigkeit zu einem Hasardspiel. Die Strategie sichert den Vorsprung an Initiativen und damit den Erfolg.

Die Grundsätze der strategischen Unternehmungsführung sind einfach und auch dem Laien einleuchtend, ihre Anwendung unter den erschwerenden Bedingungen des Wettbewerbs stellt jedoch an Wissen und Können wie auch insbesondere an das Sein der Führungskräfte die höchsten Anforderungen. So kommt es, daß strategische Unternehmungsführung in ihrer Ausübung sich weniger als eine Wissenschaft und mehr als eine Kunst darstellt, deren Meister die Industriegeschichte nicht viele aufweist.

Strategische Unternehmungsführung – wie jede Kunst – erlernt sich nicht, um im Sinne Moltkes zu sprechen, auf rationalistischem, sondern nur auf empirischem Wege. Die Wissenschaft gibt keine Grundregel und keine Formel, die über alle Schwierigkeiten hinweghelfen. „Es kommt darauf an", wir folgen Moltke, „in lauter Spezialfällen die in den Nebel der Ungewißheit gehüllte Sachlage zu durchschauen, das Gegebene richtig zu würdigen, das Unbekannte zu erraten, einen Entschluß schnell zu fassen und dann kräftig und unbeirrt durchzuführen". So wird die Unternehmungsführung zu einer Kunst, der viele Wissenschaften dienen. Die Kunst aber ist der höchste Ausdruck des Lebens. Strategische Unternehmungsführung ist nur in dem Sinne Wissenschaft, wie dies jede Kunst ist: als Meisterschaft der Vision, Strategie, Beherrschung der Technik, Kommunikation und Kenntnis der Menschen. Strategische Unternehmungsführung ist deshalb Führung mit Herz und Verstand (Abb. 1.9).

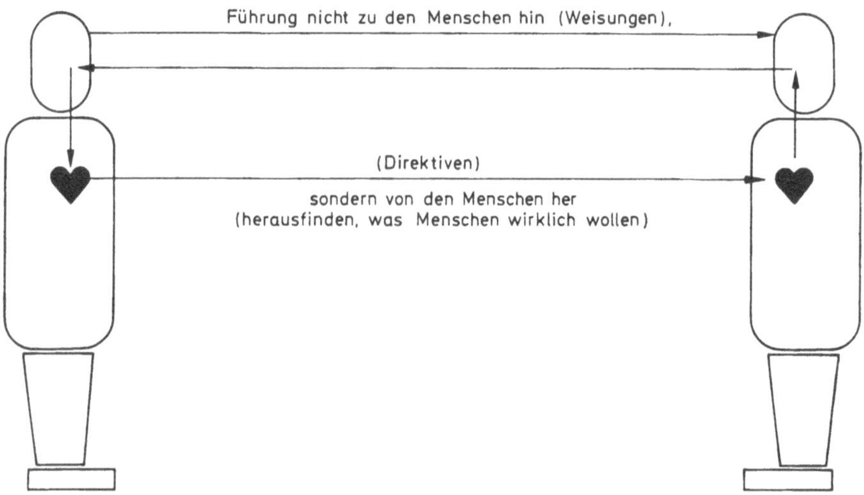

Abb. 1.9 Führung mit Herz und Verstand (in Anlehnung an K. Baumgartner)

Der Unternehmer als Verkörperung der ihn treibenden Vision kann seine Führungsaufgabe auf der Grundlage angesammelten und organisierten Führungswissens wirksamer bewältigen. Wissenschaft und Kunst sind keine Gegensätze, sondern ergänzen sich, wenn der Führung als der Anwendung des gesunden Menschenverstandes (Kunst) eine gute Theorie (Wissenschaft) zugrunde liegt.

Strategische Unternehmungsführung ist kein Handeln nach dem Schema, nach der Regel, sondern immer nach den gegebenen Verhältnissen des konkreten Augenblicks, wobei man sich das Ziel bei jedem Schritt vor Augen halten muß.

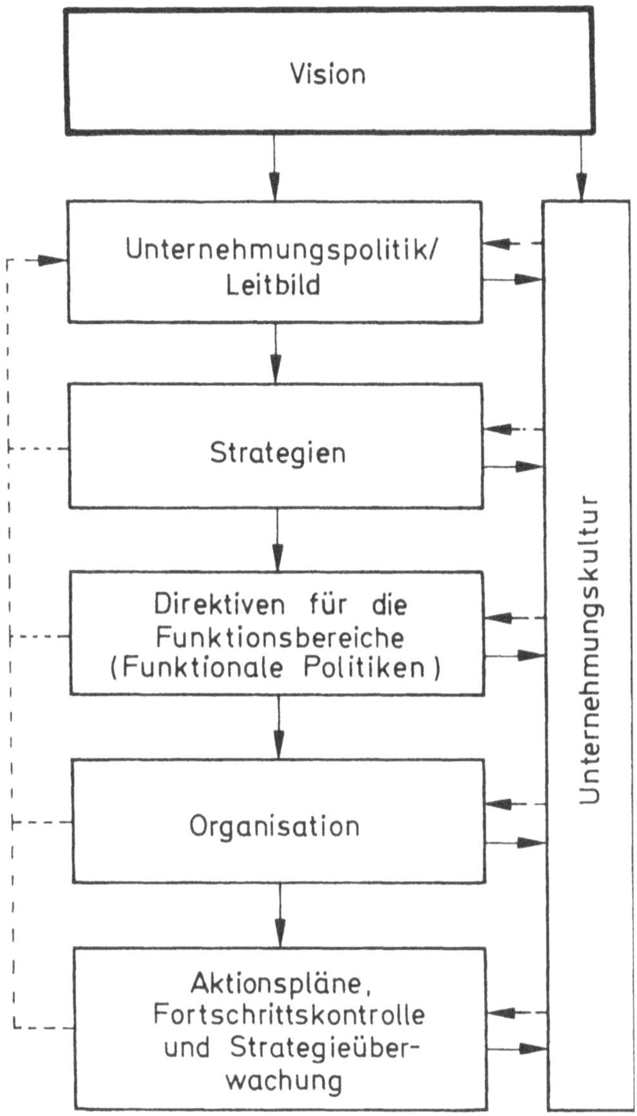

Begriff und Wesen der Vision
Die drei Komponenten der Vision
Wie kommt man zu einer Vision?
Die gezielte Koordination der maßgebenden Leute
Der Unternehmer als Träumer und Macher
Die ethische Dimension der Vision.
Die Energetik der Vision.

2. Die unternehmerische Vision

Man sieht nur mit dem Herzen gut.
Das Wesentliche ist für die Augen unsichtbar.

A. de Saint-Exupéry

2.1 Begriff und Wesen der Vision

In einem rauher gewordenen wirtschaftlichen Klima lassen sich dauerhafte Wettbewerbsvorteile nur durch Visionskraft und Initiative erzielen.

Das Wesen einer Vision liegt in den *Richtungen*, die sie weist, nicht in den Grenzen, die sie setzt; sie liegt in dem, was sie ins Leben ruft, nicht in dem, was sie abschließt, in den Fragen, die sie aufwirft, nicht in den Antworten, die sie für diese findet[1]. Richtungen sind ihrem Wesen nach unbegrenzt und münden ins Unendliche. Jede wirkliche Vision weist offene Richtungen und schließt nichts innerhalb ab; sie ist unberührt und unbeengt durch materielle Gesichtspunkte. Deshalb vermag sie überall konkrete Gestalt zu gewinnen.

Jeder, dem eine unternehmerische Rolle zu spielen aufgegeben ist, hat das Gefühl einer *Sendung*. Dieses Gefühl mag nicht von vornherein vorhanden sein, es ist jedoch immer erwacht, bevor es durch Tatsachen gerechtfertigt erschien.

Unternehmer und/oder oberste Führungskräfte sind Störenfriede, denn sie ordnen sich nicht in das Bestehende ein; sie sind die entscheidenden Innovatoren oder Anreger zu Neuem in unserer Gesellschaft. Alle echten Unternehmer und/oder Führungskräfte wollen Bestehendes zerstören, um von innen heraus erneuern zu können. In ihrem Wesenskern spielt der Destruktionstrieb eine wichtige Rolle, dem sie jedoch über ein gewisses, von ihrer Vision diktiertes Maß nicht freie Hand lassen; sie bleiben Herren ihrer Störungs- und Zerstörungstriebe und leiten sie von höheren Werten im Geiste einer Vision. Nun trägt meistens die Vision einen endlichen Charakter; ist sie erreicht, dann stehen die Unternehmer und/oder obersten Führungskräfte, wenn sie nicht noch anderes als Innovatoren sind, ohne weitere Aufgabe da. Deshalb muß auch die Vision „entsprechend den stets sich ändernden Verhältnissen" fortgebildet werden.

Die Vision ist ein wichtiges Führungsinstrument, um neue Werte in die Unternehmungspolitik und -kultur zu bringen[2]. Sie erschließt neue Horizonte, die die strategische Ausrichtung der Unternehmung als Ganzes oder einzelner

[1] Vgl. die Ausführungen im Abschnitt 1.5.2.1.

[2] Vgl. hierzu The Boston Consulting Group (Hrsg.), Vision und Strategie, Die 34. Kronberger Konferenz, München 1988.

Geschäftseinheiten verändern können. „Die Vision ist ein konkretes Zukunftsbild, nahe genug, daß wir die Realisierbarkeit noch sehen können, aber schon fern genug, um die Begeisterung der Organisation für eine neue Wirklichkeit zu wecken"[3].

In jeder Unternehmung, gleich welcher Größe, werden die unternehmungspolitischen Grundsätze und die strategische Ausrichtung von einer Person oder einer kleinen Gruppe von Personen bestimmt. Diese Person oder Gruppe von Personen ist die Verkörperung der sie treibenden Vision. Auf die Dauer kommt es deshalb immer auf Individuen an, die mit ihrer Vision ihrer Zeit voraus sind. Deshalb bedeutet richtige Vision gute Unternehmungspolitik und -kultur, und die gewonnene volle Klarheit gute Strategie.

Das Leitbild (*„mission"*)[4] drückt dagegen den Zweck der Unternehmung aus: Warum existiert die Unternehmung überhaupt? Welchen Beitrag leistet sie zur gesellschaftlichen Entwicklung? Wäre die Gemeinde, die Region, der Staat oder die Menschheit ärmer, wenn es die Unternehmung nicht gäbe? Unternehmungen, die eine klare Vision verfolgen und ein überzeugendes Leitbild besitzen, verfügen über einen wesentlichen Wettbewerbsvorteil: Sie ziehen motivierte und engagierte Mitarbeiter an.

„Wenn du ein Schiff bauen willst, so trommle nicht die Männer zusammen, um Holz zu beschaffen, Werkzeuge vorzubereiten und Aufgaben zu vergeben, sondern lehre die Männer die Sehnsucht nach dem endlosen Meer". Dieser berühmte Ausspruch A. de Saint-Exupèry's enthält zwei, für die Führung einer jeden Unternehmung wichtige Aussagen[5]:

(1) Die Vision ist das Bewußtwerden des Wunschtraumes einer Umweltveränderung. Am Anfang einer jeden unternehmerischen Tätigkeit steht eine Vision – auch wenn sie der Unternehmer oft nicht in Worte zu kleiden vermag.
(2) Bei der Formulierung und Umsetzung der Vision kommt es auf die gezielte Koordinierung der maßgeblichen Leute in der Unternehmung an.

Die Vision ist dem *Polarstern* vergleichbar. Die wegsuchende Karawane in der Wüste, deren Landschaftsbild sich in Sandstürmen dauernd ändert, richtet ihre Reise an den Leitbildern des Sternenhimmels aus. Die Sterne sind nicht das Ziel der Reise; sie sind aber eine sichere Orientierung für den Weg in die Oase, gleich aus welcher Richtung die Karawane diese anstrebt, mit welcher Reiseausstattung sie versehen und wie unwegsam das Gelände ist[6].

Auch in der Unternehmung brauchen die Mitarbeiter eine Vision, der sie wie dem Polarstern folgen können. Der Stern ist nicht das Ziel, gibt jedoch die Richtung an, in die sie ihr Denken, Handeln und Fühlen lenken können.

[3] The Boston Consulting Group (Hrsg.), Vision und Strategie, a. a. O., S. 7.

[4] Vgl. hierzu die Ausführungen im Abschnitt 3.

[5] Die Ausführungen folgen der vom Verfasser in Zusammenarbeit mit E. Krauthammer publizierten Arbeit Visionen finden. In: „IO Management Zeitschrift" 58, Nr. 6 (1989), S. 27–30.

[6] Vgl. hierzu W. Goerke, Organisationsentwicklung als ganzheitliche Innovationsstrategie. Berlin, New York 1981, S. 159.

Gottlieb *Duttweiler* schwebte die Vision einer Verbesserung der Situation der Konsumenten vor; am Anfang seiner unternehmerischen Tätigkeit stand die Vision, die überkommenen Handelsstrukturen im Interesse der ärmeren Bevölkerungsschichten aufzubrechen.

Steve *Jobs* und Stephen *Wozniak* hatten die Vision der „Demokratisierung des Computers"; ihre Gründung – Apple Computers – hat zu einem neuen Industriezweig – dem Personal Computer – geführt.

Gottlieb *Daimler* hatte als Vision die Konstruktion eines Fahrzeugmotors, der die Pferde zu ersetzen imstande war. Diese Vision führte zur Gründung der Daimler-Motoren-Gesellschaft.

Der Rektor einer Technischen Universität hat die Vision, zur Schaffung der Bedingungen beizutragen, die es einem Mitglied des Lehrkörpers erlauben, den Nobelpreis zu gewinnen.

Napoleons Vision war ein Vereinigtes Europa unter französischer Vorherrschaft; seine Vision stellte sich bald als Illusion heraus.

Carlo de Benedetti's Vision einer europäischen Holding, die er durch den Erwerb der Aktienmehrheit der „Societè Generale de Belgique" zu verwirklichen suchte, muß sich erst als solche erweisen.

Diese und ähnliche Beispiele zeigen, daß am Anfang einer jeden unternehmerischen Tätigkeit wie auch eines jeden neuen Lebensabschnittes eine Vision steht oder stehen sollte. Die Vision ist eine organisatorische, kanalisierende Kraft: Sie organisiert und kanalisiert die Energien der Mitarbeiter in eine bestimmte Richtung, indem sie ihr Herz und ihren Verstand gleichermaßen anspricht.

2.2 Die drei Komponenten der Vision

Die Vision ist die Resultierende aus drei Komponenten (Abb. 2.1): Offenheit, Spontaneität und Realitätssinn. *Offenheit* ist nach außen gerichtet, *Spontaneität* nach innen. Vision gelingt nur durch die auf *Realitätssinn* beruhende Synthese von Offenheit und Spontaneität.

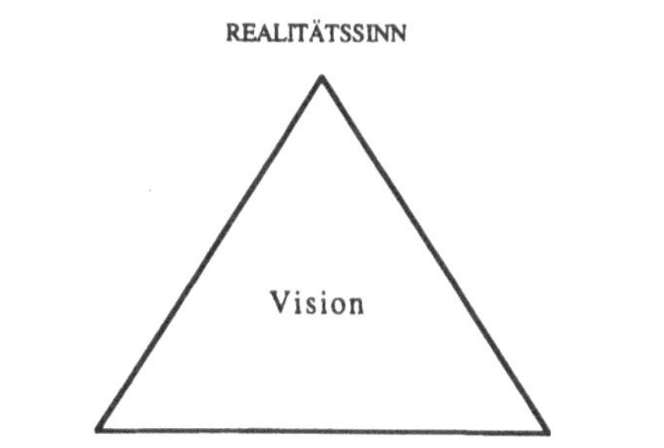

Abb. 2.1 Die drei Komponenten der Vision

Offenheit heißt Aufgeschlossenheit gegenüber dem Zeitgeist und den echten Bedürfnissen der Menschen. Duttweiler hat wie viele seiner Zeitgenossen die Problematik der traditionellen Handelsstrukturen erkannt; im Unterschied zu seinen Zeitgenossen war er jedoch interessiert – aus welchen Gründen auch immer –, die bestehende Situation zu verändern. Offenheit, *das Erkennen der Möglichkeit einer Umweltveränderung, das Gefühl des Unbehagens*, muß deshalb auf ein wie immer gelegenes Interesse des visionären Individuums stoßen. Offenheit bedeutet in der täglichen Praxis:

- das Suchen und Verstehen anderer Meinungen,
- sich in die Lage des anderen versetzen,
- aktives Zuhören im Kontakt mit Kunden, Mitarbeitern und Dritten,
- Lesen von Büchern und Zeitschriften auch außerhalb des eigenen Fachgebietes,
- Seminarbesuche und, ganz allgemein
- Pflegen von Beziehungen zu kreativen Menschen.

Spontaneität ist die Fähigkeit, verschiedene Blickpunkte einzunehmen, von denen aus die Dinge betrachtet werden. Steve und Wozniak haben den Personal Computer nicht aus den bestehenden Rechenanlagen weiterentwickelt, sondern selbstherrlich, spontan, *neue Voraussetzungen gesetzt und die Spielregeln verändert.* Spontaneität ist das Fortbilden der Vision, das sich bewußte Zurückziehen und die Überlegung des Realitätssinnes der Vision – das *Rendezvous mit sich selbst*[7].

Realitätssinn heißt, die Dinge so zu sehen, wie sie sind und nicht, wie sie in den Vorstellungen und Wünschen sein sollten. Einfälle allein machen noch keine Vision aus; damit sie zu einer Vision werden, müssen sie: 1) einem echten Bedürfnis der Menschen entsprechen und 2) so glaubhaft verkörpert werden, daß die Mitarbeiter bereit sind, sich dafür engagiert und motiviert einzusetzen. Viele Unternehmungen sind durch „Visionäre" in den Abgrund geführt worden, weil ihnen entweder der Sinn für die Realität gefehlt hat oder sie nicht in der Lage waren, ihre Vision dem Verständnis der Mitarbeiter zuzuführen. Das „Karawanenbeispiel" besagt, daß die Richtung in die Oase der Karawane zwar von den Sternen gewiesen wird; um sicher in die Oase zu gelangen, müssen aber alle Beduinen 1) „mit einem Auge am Boden" bleiben, denn sonst gerät die Karawane in Treibsand, und 2) von den Orientierungsfähigkeiten des Karawanenführers überzeugt sein. Realitätssinn ist die Umwandlung der Vision in eine konkrete Aufgabe; erst dadurch wird sie zu einer *aktiven Vision.* Die aktive Vision ist die Verbindung zur materiellen Umwelt.

[7] Vgl. H.R. Merz, Die außergewöhnliche Führungspersönlichkeit, Grüsch 1987, S. 21ff.

2.3 Wie kommt man zu einer Vision?

Je besser es einer Unternehmung in einer mittel- bis langfristigen Perspektive geht, desto weniger glaubt sie, eine Vision zu brauchen oder meint, keine notwendig zu haben. Das Problem der Visionsfindung stellt sich in der Tat am dringlichsten am Anfang der unternehmerischen Tätigkeit und vor jeder strategischen Neuorientierung der Unternehmung. Jedoch auch wenn es einem gut geht, und erst recht dann, muß man Visionen entwickeln, sonst ist es plötzlich zu spät und man hat den Anschluß verpaßt. Auch gutgehende Unternehmungen brauchen deshalb Visionen, und darüber hinaus praktische Unternehmungsgrundsätze, eine Unternehmungskultur, die mit den Strategien übereinstimmt, wirksame Organisationsstrukturen und ein konstruktives Überwachungssystem.

Es gibt kein Schema, wie man zu einer Vision kommen kann. Es gibt jedoch Leitsätze, die helfen können, eine Vision zu finden; wir untergliedern diese praktischen Leitsätze in positive und negative.

Positive Leitsätze der Visionsfindung sind:

(1) *Beobachte offenen Sinnes!* Zwinge dich zur Beobachtung, auch wo du wenig Neigung dazu verspürst.

(2) *Denke in Alternativen!* Stelle bestehende Zustände in Frage. Analysiere dein Gefühl des Unbehagens.

(3) *Sammle Erfahrungen!* Sei dankbar für jede Erfahrung und jeden Eindruck, die deine Hirngespinste zerreißen.

(4) *Denke positiv!* Jeder Stock hat zwei Enden – ein gutes und ein schlechtes. Sieh auch in Rückschlägen die positive Seite!

(5) *Sei aufmerksam!* Konzentration ist der Weg zur Visionsfähigkeit.

(6) *Versetze dich in die Lage der anderen!* Interessiere dich für die Probleme und Bedürfnisse deiner Mitmenschen.

(7) *Sei Herr deines Vorstellungsverlaufes!* Wenn du heute bei Null beginnen würdest, wie würdest du deine Lebensaufgabe definieren? Die Vision soll eine Herausforderung darstellen, besser zu sein, als man denkt, daß man ist.

(8) *Beschäftige dich mit der Frage, was zurückblickend im Alter dein ganz persönliches Werk sein könnte!* Um was wäre die Welt ärmer, wenn es dich oder deine Unternehmung nicht gegeben hätte?

(9) *Strebe eine Vision an, die deinen Möglichkeiten entspricht!* Lieber seiner eigenen, noch so niedrigen Vision folgen, als der noch so hohen eines anderen.

(10) *Habe Sinn für Humor!* Wer Sinn für Humor hat, ist in einem gewissen Sinne frei und steht über den Dingen.

Negative Leitsätze der Visionsfindung sind:

(1) *Vermeide negative Emotionen!* Wir vergeuden einen Großteil unserer Energie durch Selbstmitleid, Eitelkeit, Angst vor Ereignissen, die voraussichtlich

niemals eintreten werden und mit völlig überflüssigen Prestigevorstellungen.

(2) *Identifiziere dich nicht mit den Dingen!* Je mehr wir uns mit dem Beruf, der Unternehmung und der Gemeinschaft identifizieren, desto weniger gewinnen wir Distanz zu den Dingen. Wir müssen unsere Aufgaben professionell und effizient erfüllen, sie aber gleichsam aus einer Helikopterperspektive überschauen.

(3) *Vermeide Projektionen!* Wir reagieren auf nichts direkt, sondern immer nur auf unsere Interpretation darauf. Wir reagieren nicht auf bestimmte Strategien der Konkurrenten, sondern darauf, wie wir sie interpretieren.

Wie unterscheidet man nun ein visionäres Individuum von einem Phantasten? Diese zentrale Frage läßt sich nur beantworten, indem man sein oder ihr Leben rekonstruiert:

- Was hat er oder sie aus seinem oder ihrem Leben gemacht?
- Konnte er oder sie andere Menschen in Bewegung setzen und so koordinieren, daß Visionen gefunden und realisiert wurden?

Letztlich erkennt man ein visionäres Individuum nur daran:

- *welche Vision* ihm am Beginn eines jeden Berufs- oder Lebensabschnittes vorschwebte,
- *wie* er diese entsprechend den stets sich ändernden Verhältnissen fortbildete oder fortbilden ließ, und
- *in welchem Ausmaß* er sie *unter welchen Bedingungen* verwirklichte oder verwirklichen ließ.

Dabei ist allerdings zu berücksichtigen, daß Visionsfähigkeit *situationsabhängig* sein kann. Ein Erdölgeologe, dessen geniale Visionen im Mittleren Orient zur Erschließung großer Lagerstätten geführt haben, versagt im Golf von Mexico, *Goethe* verstand nichts von der physikalischen Optik, und *Newton* war ein mittelmäßiger Deuter der Apokalypse. Selbst begabteste Unternehmer, Dichter und Wissenschaftler finden sich nicht überall zurecht. Eine Vision kommt eben nicht zustande, wenn Offenheit, Spontaneität und Realitätssinn sich nicht wahrhaft ergänzen. Die Vision ist eine heuristische Anlage, die sich naturgemäß erst in der Zukunft als realistisch oder illusionistisch erweisen kann.

2.4 Die gezielte Koordination der maßgeblichen Leute

Vision ist, so glauben wir, im Prinzip jedermann zugänglich, nur in mehr oder weniger tiefem Sinn. Unwillkürlich denkt man in diesem Zusammenhang an *Kants* gutmütige Bemerkung, daß es eben nicht nötig sei, daß ein jeder sich mit philosophischen Fragen befasse. Für die Führung einer Unternehmung heißt das, daß es darauf ankommt, die maßgeblichen Leute so zu koordinieren, daß sie ihre *Einfälle frei zur Diskussion stellen* können. Maßgebliche Leute finden sich auf allen Verantwortungsebenen und in allen Funktionsbereichen der Unternehmung. Die Unternehmungsleitung kann die Voraussetzungen und ein Gesprächsklima schaffen, die Mitarbeiter mit Offenheit, Spontaneität und Realitätssinn, aber auch Außenstehende ermutigen, ihre Vision einem größerem Kreis darzulegen. So lassen sich Einfälle kritisch klären, um die Spreu vom Weizen, die Illusion von der Vision zu unterscheiden.

Das Instrument, um kreative Mitarbeiter aus allen Funktionsbereichen und Verantwortungsebenen an einen Tisch zu bringen, ist das *Visionsteam* (Abb. 2.2). Das Visionsteam ist für die Entwicklung und Weiterbildung von Visionen zuständig. Mit der Einrichtung eines Visionsteams, das sich aus kreativen Mitarbeitern aus allen Verantwortungsebenen zusammensetzt und Außenstehende mit einschließen kann, wird die Suche nach und Diskussion von Visionen *institutionalisiert*. Es scheint ein allgemeiner Zug der menschlichen Psyche zu sein, nur das zu bemerken, woran man Interesse hat. Man neigt, mit anderen Worten, dazu, das zu bemerken, was einem persönlichen Nutzen verspricht. Es kann sich dabei um einen materiellen Vorteil handeln, aber auch um Prestige,

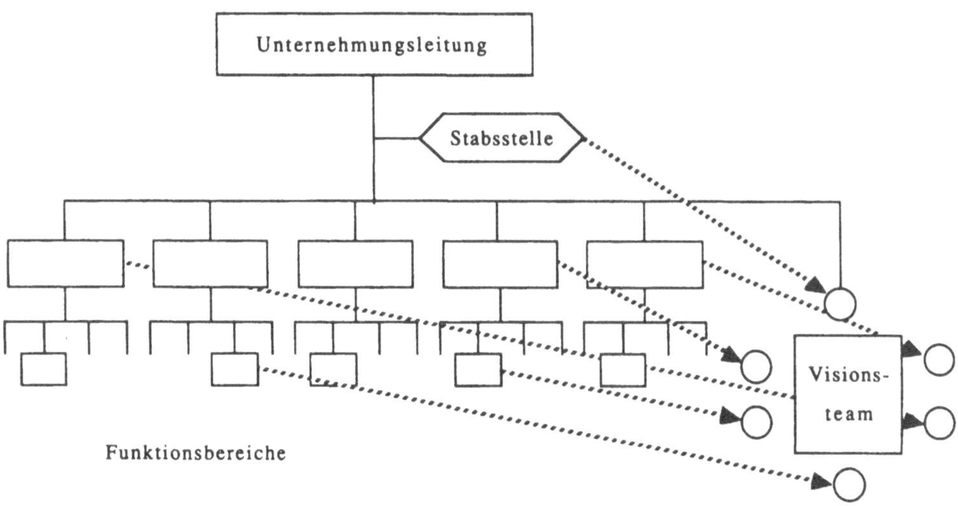

Abb. 2.2 Das Visionsteam in der Organisationsstruktur der Unternehmung (Beispiel)

Macht, Eitelkeit oder um ideelle Werte, wie z. B. einem Mitmenschen zu helfen[8]. Hinter jeder Vision stehen ein oder mehrere *Beweggründe*. Zwei Menschen gehen durch dieselbe Straße; beide nehmen Notiz von einer Vielzahl von unterschiedlichen Eindrücken, und was von einem bemerkt wird, nimmt der andere nicht zur Kenntnis.

Gelegenheit für Visionsfähigkeit bieten sich in allen Unternehmungen überall dort an, wo Möglichkeiten für einen Mitarbeiter bestehen, über konstruktive Beiträge seine Position zu verbessern. Die Verbesserung der eigenen Position kann viele Formen annehmen: z. B. die Aufmerksamkeit für eine Beförderung in der Unternehmung oder für den Übertritt in eine andere Unternehmung auf sich lenken; es kann sich aber auch darum handeln, durch die Schaffung neuer Arbeitsplätze und/oder die Erhaltung bestehender Arbeitsplätze die eigene Position zu festigen.

2.5 Der Unternehmer als Träumer und Macher

Der Unternehmer, der sowohl Träumer als auch Macher ist, kann am besten mit einem Künstler verglichen werden. Auch der Künstler hat eine Vision und einen Auftrag; wie der Unternehmer, sieht auch er sich als Übermittler dieser Vision. Was der Künstler und der Unternehmer im Leben lernen, dient ausschließlich dem Zweck, die Vision konkrete Gestalt annehmen zu lassen.

Der Unternehmer unterscheidet sich dagegen sehr stark von einer Führungskraft oder einem konventionellen Geschäftsmann. Während Führungskräfte und Geschäftsleute vor allem bestrebt sind, herauszufinden, was der Markt will, und dann die entsprechenden Güter und Dienstleistungen anbieten, bringt der Unternehmer die Produkte hervor oder stellt die Dienstleistungen bereit, von denen er annimmt, daß der Markt sie wünscht. Er ist innerlich überzeugt, daß der Markt für seine Produkte oder Dienstleistungen reif ist. Führungskräfte und Geschäftsleute sind im wesentlichen von außen bestimmt, während Unternehmer in ihrem Streben nach Erfolg vor allem von innen bestimmt sind[9].

Während Führungskräfte und Geschäftsleute zwar nicht ängstlich auf das Risiko blicken, es aber genau kalkulieren, an alle Möglichkeiten denken und alle möglichen Alternativen sehr sorgfältig studieren, akzeptiert der Unternehmer mit Gelassenheit, daß alle neuen Ideen ein gewisses Risiko beinhalten; er ist allerdings nicht daran interessiert, ein hohes Risiko einzugehen[10].

[8] Vgl. hierzu I. M. Kirzner, The Primacy of Entrepreneurial Discovery, in: A. Seldon (Hrsg.), The Prime Mover of Progress, Westminster 1980, S. 3–30.

[9] Vgl. H. H. Hinterhuber, Mut zum Selbstsein, Freiburg 1984 (ital. stark erweiterte Übertragung, La strategia dello sviluppo interiore, Rom 1988) und die dort angegebene Literatur.

[10] Vgl. hierzu H. Albach, Zur Wiederentdeckung des Unternehmers in der wirtschaftspolitischen Diskussion, in: „Zeitschrift für die gesamte Staatswissenschaft", 135 (1979), Heft 4, S. 533–552.

Unternehmer sind in der Regel gute Führungskräfte und Geschäftsleute, solange ihre Unternehmung klein ist. Sie strahlen ein Charisma aus und brauchen für die Umsetzung ihrer Ideen eine Art von Loyalität ihrer Mitarbeiter, die häufig befremdlich wirkt. Sie dulden in der Regel keinen Widerspruch und akzeptieren auch nicht, daß ihre Entscheidungen in Frage gestellt werden; ja sie würden es als illoyal ansehen, wenn Mitarbeiter andere Ideen vorbringen oder die eigenen Ideen nicht zur Gänze akzeptieren würden. Unternehmer bauen deshalb um sich herum eine Organisation auf, die letzten Endes ohne sie nicht funktionstüchtig ist. Mit zunehmender Unternehmungsgröße wird jedoch ein entsprechendes, rationaleres Führungssystem erforderlich. Unternehmer scheinen häufig nicht in der Lage zu sein, ein solches zu übernehmen, womit ihre Vision in vielen Fällen Schiffbruch erleidet; lieber als sich in den Details der Führung zu verlieren, folgen sie einer neuen Vision und sind häufig auch nicht unglücklich, die alte aufzugeben[11]. Die überschaubare Unternehmungsgröße für einen Unternehmer scheint je nach Unternehmung bei 50 bis 100 Mitarbeitern zu liegen. Das soll nicht heißen, daß größere Gebilde von einem Unternehmer allein nicht geführt werden können, aber im Durchschnitt ist diese mittlere Größe dem individuell verschiedenen, aber im Durchschnitt doch begrenzten Auffassungs- und Führungsvermögen einer Person angepaßt[12].

2.6 Die ethische Dimension der Vision

Wer, wie der Theoretiker und Promotor der Wasserstoffexplosion, seinen Namen ins Buch der Weltgeschichte eingetragen hat – ob auf der Soll- oder Habenseite, wird die Zukunft lehren, – war vielleicht weniger weise als klug. Durch die Klugheit vieler tatkräftiger Visionäre ist die Menschheit in eine fast verzweifelte Lage gekommen[13].

Jede Vision hat eine ethische Dimension; diese zu erfassen und zu berücksichtigen, ist Aufgabe der Weisheit. Vor zweieinhalb Jahrtausenden hat z.B. der chinesische Weise Dschuang Dsi schon vor den Gefahren visionärer Entwicklungen gewarnt[14]:

„Als Dsi Gung durch die Gegend nördlich des Han-Flusses kam, sah er einen alten Mann, der in seinem Gemüsegarten beschäftigt war. Er hatte Gräben gezogen zur Bewässerung. Er stieg selbst in den Brunnen hinunter und brachte in seinen Armen ein Gefäß voll Wasser herauf, das er ausgoß. Er mühte sich aufs äußerste ab und brachte doch wenig zustande.

[11] Vgl. G.E. Germane (Hrsg.), The Executive Cource, Reading, Mass. 1986, Einleitung.

[12] Vgl. hierzu D. Andersen, Vision Management, in: „European Management Journal", 5 (1987), Nr. 1, S. 24–28.

[13] Vgl. hierzu W. Heisenberg, Das Naturbild der heutigen Physik und die Wandlungen des Denkens, in: Ausblick auf die Zukunft, Gütersloh 1968, S. 30–41.

[14] Dschuang Dsi, Das wahre Buch vom südlichen Blütenland, aus dem Chinesischen übertragen u. erläutert v. R. Wilhelm, Düsseldorf, Köln 1972, S. 135–137.

Dsi Gung sprach: Da gibt es eine Einrichtung mit der man an einem Tag hundert Gräben bewässern kann. Mit wenig Mühe wird viel erreicht. Möchtet ihr das nicht anwenden? Der Gärtner richtete sich auf, sah ihn an und sprach: Und was wäre das?

Dsi Gung sprach: Man nimmt einen hölzernen Hebelarm, der hinten beschwert und vorne leicht ist. Auf diese Weise kann man das Wasser schöpfen, daß es nur so sprudelt. Man nennt das einen Ziehbrunnen. Da stieg dem Alten der Ärger ins Gesicht, und er sagte lachend: Ich habe meinen Lehrer sagen hören: Wenn einer Maschinen benutzt, so betreibt er alle seine Geschäfte maschinenmäßig; wer seine Geschäfte maschinenmäßig betreibt, der bekommt ein Maschinenherz. Wenn einer aber ein Maschinenherz in der Brust hat, dem geht die reine Einfalt verloren. Bei wem die reine Einfalt hin ist, der wird ungewiß in den Regungen seines Geistes. Ungewißheit in den Regungen des Geistes ist etwas, das sich mit dem wahren Sinn nicht verträgt. Nicht daß ich solche Dinge nicht kenne, ich schäme mich, sie anzuwenden."

Daß diese alte Erzählung einen erheblichen Teil der Wahrheit enthält, wird jeder von uns empfinden; denn „Ungewißheit in den Regungen des Geistes" ist vielleicht eine der treffendsten Beschreibungen, die wir dem Zustand des Menschen in der heutigen Zeit des Überganges geben können. Trotzdem: Technische Innovationen haben sich in einem Ausmaß über die Welt ausgebreitet, von der jener chinesischer Weise nichts ahnen konnte, und doch sind auch zweitausend Jahre später noch die schönsten Kunstwerke auf der Erde entstanden, und die „reine Einfalt", von der der Weise spricht, ist nie ganz verloren gegangen, sondern im Laufe der Jahrhunderte bald schwächer, bald stärker in Erscheinung getreten und immer wieder fruchtbar geworden[15].

2.7 Die Energetik der Vision

In einer Zeit einer zunehmend größeren Unsicherheit, in der keine Prognosen über die nächsten Jahre hinaus möglich sind, muß die Unternehmung *immer vorbereitet sein.* Sie muß im vornhinein die Ressourcen (Mitarbeiter, Technologien, Allianzen und Beziehungen) schaffen, die sie rechtzeitig mobilisieren kann, wenn sie neue, nicht vorhergesehene Möglichkeiten rascher nutzen und/oder plötzlich auftretende Gefahren wirksamer abwenden will als es die Konkurrenten in der Lage sind zu tun. Dazu müssen die Unternehmer und/oder obersten Führungskräfte die Richtung kennen, in die sich die Unternehmung als Ganzes und die einzelnen strategischen Geschäftseinheiten bewegen sollen. Der Wind ist, um mit *Seneca* zu reden, nur für den günstig, der weiß, wohin er will. Je erfolgreicher Unternehmer und/oder Führungskräfte nach Visionen suchen,

[15] Vgl. hierzu die Ausführungen im Abschnitt 4.1.3 und 4.1.4; zur ethischen Dimension der Strategie siehe auch H.H. Hinterhuber, Wettbewerbsstrategie, a.a.O.

desto fähiger wird die Unternehmung, schneller als die Konkurrenz Nutzen aus dem Unerwarteten und Unvorhergesehenen zu ziehen[16].

In den Unternehmungen, die die Kunst beherrschen, immer vorbereitet zu sein, ist die *Visionsfähigkeit gleichsam institutionalisiert.* Unternehmer und/oder Führungskräfte suchen den Dialog mit kreativen Mitarbeitern auf allen Verantwortungsebenen und mit Dritten, diskutieren *Einfälle mit Personen, die oft außerhalb der Unternehmung stehen*, jedoch ihr Vertrauen genießen, bringen neue Ideen in das Visionsteam und bilden so eine Vision fort, bis sie und ihre Mitarbeiter von ihr überzeugt sind. Ein Visionsteam einrichten, heißt die Unternehmung gleichsam *von außen, vom Markt her führen!*

Vision schafft Sicherheit. Wenn die Beschleunigung der Veränderung eine Konstante unserer Zeit ist, dann ist jeder strategische Plan bereits bei seiner Verabschiedung überholt. Aushilfen sind notwendig, und die Mitarbeiter auf allen Verantwortungsebenen sind gezwungen, oft ohne Rücksprache mit der Zentrale, selbständig und initiativ Entscheidungen im Interesse der Unternehmung zu treffen. Die Sicherheit dazu aber gewinnen sie nur, wenn sie auf der Grundlage einer von ihnen als richtig und *sinnvoll empfundenen Vision handeln können, in deren Erarbeitung sie involviert waren.*

Die langfristigen Erfolgsaussichten der Unternehmung steigen in dem Ausmaß, in dem gleichzeitig und systematisch nicht nur die Visionsfähigkeiten der Mitarbeiter geschärft, sondern auch eine entsprechende Unternehmungspolitik und -kultur erarbeitet, wirksame Strategien formuliert, herausragende Mitarbeiter angezogen sowie ein Organisationssystem eingerichtet werden, das selbständiges und initiatives Handeln fördert.

Ohne mit offenen Augen und Ohren durch die Welt zu gehen, ohne Sinn für Perspektiven und Proportionen finden sich keine Visionen und ist die erfolgreiche Führung einer Unternehmung nicht möglich.

Alle großen Dinge brauchen Zeit und werden in harter, täglicher Arbeit Schritt um Schritt verwirklicht. Wer eine Vision hat, kann Geduld haben, Fehler machen, Umwege in Kauf nehmen und Abweichungen korrigieren, weil er die Richtung kennt, in die er sich vorgenommen hat zu gehen.

Die Energetik der Vision zeigt sich darin, daß sie das Wesentliche über das Unwesentliche stellt, das Selbstvertrauen der Mitarbeiter auf allen Verantwortungsebenen stärkt, die richtige Selbsteinschätzung im Verhältnis zur Umwelt und zu den Aufgaben und Plänen der Unternehmung fördert und dadurch alle Energien und Kräfte der Unternehmung in Richtungen kanalisiert, die häufig neue strategische Handlungsspielräume erschließen. Die unternehmerische Aufgabe wird leichter, wenn eine Vision immer wieder mit neuen frischen Impulsen die Initiative und Kreativität der Mitarbeiter belebt.

[16] Vgl. hierzu Ph. de Woot, Les entreprises de haut technologie et l'Europe. Paris 1988, S. 122ff.

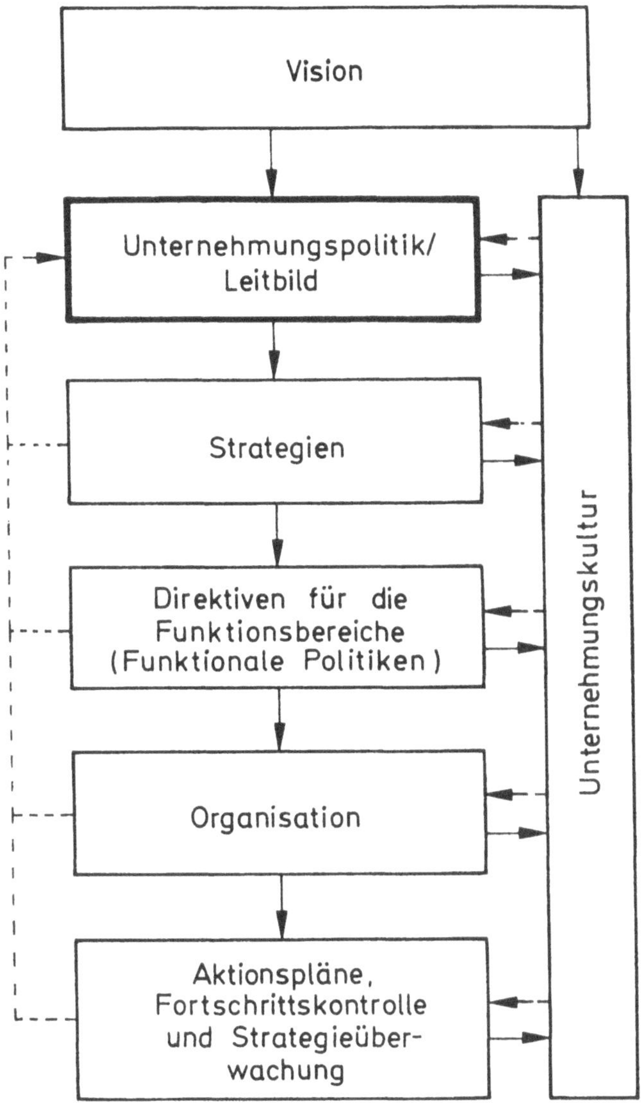

Die Unternehmungspolitik als weltanschauliche Grundlage der strategischen Führung.
Begriff und Wesen der Unternehmungspolitik.
Was ist Sache der Unternehmungspolitik?
Die Bestimmung der Unternehmungspolitik und ihr Ausdruck im Leitbild.
Die Überprüfung der Unternehmungspolitik.
Die Kommunikation der Unternehmungspolitik.
Die unternehmungspolitische Kontrolle der Strategien.

3. Die Konzeption der Unternehmungspolitik

Wenn über das Grundsätzliche keine Einigkeit besteht, ist es sinnlos, miteinander Pläne zu schmieden.

Konfuzius

3.1 Die Unternehmungspolitik als weltanschauliche Grundlage der strategischen Führung

Eine Unternehmungspolitik zu haben bedeutet, daß die Unternehmungsleitung den Führungsanspruch wahrnimmt und sich der Verpflichtung der Führung bewußt ist. Es wird eine einfache und leicht nachvollziehbare Methode vorgestellt, mit der die Unternehmungspolitik festgelegt werden kann. Die dadurch mögliche Besinnung auf Führungsanspruch und -pflicht kann dazu beitragen, daß die Unternehmung ein führender Wettbewerber in allen Marktsegmenten wird, in denen sie tätig ist, oder ihre führende Marktposition weiter ausbaut[1].

Die vorliegenden Ausführungen wollen dem Unternehmer und/oder den obersten Führungskräften helfen, die Unternehmungspolitik so zu formulieren, daß alle Mitarbeiter am gleichen Strick und in die gleiche Richtung ziehen. Denn daran besteht kein Zweifel: die Zukunft der Unternehmungen hängt davon ab, ob und in welchem Ausmaße motivierte und engagierte Mitarbeiter bessere Produkte und/oder Dienstleistungen zu einem besseren Preis anzubieten in der Lage sind als die Konkurrenten. Die Vernachlässigung der Unternehmungspolitik bedeutet Demotivation und Desengagement; will eine Unternehmung ein führender Wettbewerber sein oder will sie in dieser Richtung Fortschritte erzielen, braucht sie eine entsprechende Unternehmungspolitik[2].

Die Unternehmungspolitik ist die innere Einstellung des Unternehmers und/oder der obersten Führungskräfte zu sämtlichen unternehmerischen Tätigkeiten; sie ist die weltanschauliche Grundlage der strategischen Führung und findet ihren synthetischen Ausdruck im Leitbild der Unternehmung.

[1] Die Ausführungen folgen der vom Verfasser in Zusammenarbeit mit E. Krauthammer publizierten Arbeit Unternehmungspolitik, Genf 1988.

[2] Vgl. hierzu W. Dobrow, Unternehmungspolitik, Stuttgart 1985; E. Rühli, Unternehmungsführung und Unternehmungspolitik, 2 Bände, Bern, Stuttgart 1983 und vom selben Verfasser: Unternehmungspolitik als Problem der entscheidungsorientierten Betriebswirtschaftslehre, in: L. Pack u. D. Börner (Hrsg.), Betriebswirtschaftliche Entscheidungen bei Stagnation, Wiesbaden 1986, S. 21–36; siehe auch H. Ulrich: Unternehmungspolitik, a.a.O.

3.2 Begriff und Wesen der Unternehmungspolitik

Ein Unternehmungsberater sagt vor den Mitgliedern des Vorstandes einer großen Unternehmung: „Sie verfügen über hervorragend ausgebildete Führungskräfte und qualifizierte Mitarbeiter. Die technische Ausstattung Ihrer Unternehmung ist beeindruckend. Ihr strategisches Planungssystem ist vorbildlich. Vergleicht man jedoch die Wirtschaftsergebnisse Ihrer Unternehmung mit denen Ihrer Hauptkonkurrenten, zeigt sich, daß Sie Ihre Wettbewerbsvorteile auf vielen Märkten nicht ausspielen. Auf vielen Märkten sind Sie die Nr. 3 oder 4 oder liegen sogar noch weiter zurück, obwohl Sie aufgrund Ihrer Technologien, Ihrer personellen Ressourcen und Ihrer Marketingfähigkeiten zu den führenden Wettbewerbern zählen müßten. Viele Ihrer Konkurrenten sind Ihnen überlegen, weil deren Mitarbeiter etwas ganz Wichtiges haben: den Traum, für eine wunderbare Aufgabe zu arbeiten. Ihre Führungskräfte und Mitarbeiter machen ihre Aufgabe und tun ihre Pflicht. Was fehlt, ist das Engagement für etwas, das über die Umsetzung der Strategien und Aktionspläne hinausgeht."

Dieses Etwas, dieses Gefühl zu vermitteln, an einer sinnvollen Aufgabe mitzuarbeiten, auch wenn man an untergeordneter Stelle tätig ist, ist Sache der Unternehmungspolitik. Die Mitarbeiter schleppen viele falsche Vorstellungen mit sich herum, zum Beispiel, daß die Verbesserung der langfristigen Gewinnaussichten der Unternehmung auf ihre Kosten erfolgt. Das hängt von der Situation ab. Es gibt Krisensituationen, in denen das Überleben der Unternehmung davon abhängt, inwieweit die Zahl der Mitarbeiter abgebaut bzw. diese bewogen werden können, auf erworbene Rechte zu verzichten; hier bedarf es einer großzügigen Unternehmungspolitik. Im Normalfall lassen sich die Gewinnaussichten der Unternehmung aber nur verbessern, wenn die erste Priorität der Unternehmungsleitung motivierte und engagierte Mitarbeiter sind, die sich von falschen Konditionierungen befreit haben, kreativ an einer als sinnvoll erkannten Aufgabe mitwirken und dabei das Nützliche für die anderen mit dem Angenehmen für sich selbst verbinden.

3.3 Was ist Sache der Unternehmungspolitik?

Die Führung einer Unternehmung verlangt sowohl das *unternehmungspolitische* als auch das *strategische* Handeln; diese Verzahnung ist so tief, daß keine Strategie ohne Berücksichtigung der unternehmungspolitischen Erfordernisse und keine Unternehmungspolitik ohne Kenntnis des strategischen Instrumentariums denkbar ist. Diese enge Verflechtung ist allmählich gewachsen und wird in Zukunft noch stärker in Erscheinung treten.

Ein mittelständischer Unternehmer will 50% seines Umsatzes im Ausland erzielen, wobei er aus ideologischen Gründen bestimmte Staaten ausschließt; dies ist ein praktischer Grundsatz der Unternehmungspolitik. Für die Umsetzung dieses Grundsatzes muß der Unternehmer spezifische Strategien formulieren; er darf dieses unternehmungspolitische Ziel niemals aus den Augen verlieren, wenn er seine strategischen Pläne den Wettbewerbsverhältnissen entsprechend abwandelt.

Die *Unternehmungspolitik* ist eine Gesamtheit von Unternehmungsgrundsätzen oder Leitmaximen, die zum Teil in einem Leitbild festgehalten, zum Teil auch mündlich weitergegeben werden (Abb. 3.1). Sie regeln das Verhalten innerhalb der Unternehmung und geben an, welchen Werten, Normen und Idealen die Unternehmung verpflichtet ist. Sie sind der Ausdruck der ethischen, moralischen und psychologischen Werthaltungen des Unternehmers und/oder der obersten Führungskräfte.

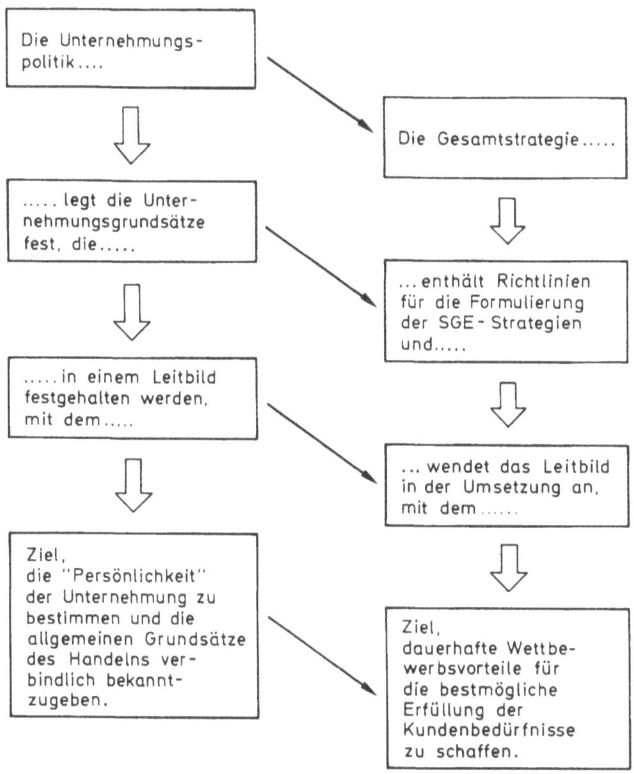

Abb. 3.1 Der Zusammenhang zwischen Unternehmungspolitik und Strategie

Die Unternehmungsgrundsätze betreffen:

(1) die Festlegung des Zweckes und der Tätigkeitsbereiche der Unternehmung (Auf welchen Märkten wollen wir überhaupt und aus welchen Gründen tätig sein?),

(2) die Definition der Verantwortung der Unternehmung gegenüber: a) den Mitarbeitern, b) den Abnehmern, c) den Kapitalgebern, d) den Lieferanten, e) den verbündeten Unternehmungen und f) der Gesellschaft (Was will die Unternehmung für diese sechs Gruppen von Interessenträgern sein?),
(3) die Verwertung der Ergebnisse der Strategien, und
(4) das Eingehen strategischer Allianzen.

Dieses System von Unternehmungsgrundsätzen oder Leitmaximen, das, wie in Abschnitt 3.5 dargestellt, noch durch einige weitere Grundhaltungen, Werte und Kompetenzansprüche der Unternehmungsleitung ergänzt werden kann, wird als *Leitbild* („*mission*") bezeichnet. Es sind praktische Leitsätze, nicht abstrakte Prinzipien, denn in der Unternehmungspolitik ist nur das Praktische brauchbar[3].

Bei der *Festlegung der Tätigkeitsbereiche* geht es darum, allen Mitarbeitern bewußt zu machen,
- in welchen Bereichen (Elektronik zum Beispiel) die Unternehmung überhaupt tätig sein will,
- welche Staaten für ein unternehmerisches Engagement in Frage kommen (EG zum Beispiel),
- in welchem Verhältnis der Inlandsumsatz zum Auslandsumsatz tendenziell stehen sollte (z.B. 20% zu 80%), und
- warum die obigen Prinzipien in der Unternehmung zu beachten sind.

Für den praktischen Gebrauch kann man diese Prinzipien in kurze Leitsätze pressen. Die Unternehmungspolitik gibt z.B. die angestrebte Verteilung des Umsatzes in Europa, den USA und Fernost an.

Ein austrokanadischer Unternehmer hat die *Verantwortung seiner Unternehmung gegenüber a) den Mitarbeitern, b) den Abnehmern, c) den Kapitalgebern, d) den Lieferanten und e) der Gesellschaft* wie folgt definiert und bekanntgegeben:
- 10% des Gewinnes vor Steuern geht an die Mitarbeiter und 6% an das Management,
- 20% des Reingewinnes wird an die Aktionäre ausbezahlt,
- 2% des Gewinnes vor Steuern wird für soziale Zwecke verwendet,
- 7% des Gewinnes vor Steuern sind für Forschung und Entwicklung vorgesehen, wobei qualifizierte Lieferanten in gemeinsame Projekte eingebunden werden,
- der Rest wird reinvestiert, damit auch in Zukunft Produkte von solcher Qualität hergestellt werden können, daß die Abnehmer damit einen höheren Nutzen erzielen als durch vergleichbare Konkurrenzprodukte.

Die *Verwertung der Ergebnisse der Strategien* bedeutet, daß der unternehmungspolitische Zustand nach der Verwirklichung bestimmter Strategien bes-

[3] R.E. Freeman, Strategic Management: A Stakeholder Approach, Boston 1984, S. 49ff.

ser ist als vorher. Erfolge in diesem Sinne sind nur dann möglich, wenn:

(1) die *Cash-flow*-Überschüsse der Defensiv- und Desinvestitionsstrategien rechtzeitig für die Initiierung von Offensivstrategien und/oder die Finanzierung von Investitions- und Wachstumsstrategien bereitgestellt,
(2) Synergieeffekte zwischen den verschiedenen Strategien genutzt, und
(3) untragbare Risikosituationen ausgeschaltet werden.

Dadurch kann die Unabhängigkeit der Unternehmung gewahrt werden – häufig ein wesentlicher Grundsatz der Unternehmungspolitik.

Es ist oft klüger, das Risiko *strategischer Allianzen* zur Verbesserung der langfristigen Gewinnaussichten der Unternehmung einzugehen als das Risiko von Offensivstrategien, um auf jeden Fall erfolgreich zu bleiben. Hartnäckigkeit ist im Wettbewerb nur dann gerechtfertigt, wenn auch hinreichend Chancen für ein erfolgreiches Ende bestehen. Mancher Unternehmer wäre dem erstrebten Gewinnziel näher gekommen, hätte er seine Energie für Kooperationsverhandlungen benutzt, anstatt den Aufbau von Wettbewerbsvorteilen allein fortzusetzen.

Die Unternehmungspolitik ist, zusammenfassend, die Summe aller Maßnahmen, mit denen die Unternehmungsleitung konsequent und zielbewußt die Unternehmung als Ganzes ordnend zu gestalten versucht. Von Unternehmungspolitik spricht man nur, wenn dieses konsequente und zielbewußte Handeln allen Mitarbeitern verbindlich bekanntgegeben wird. Dabei ist ein schlecht formuliertes, aber unternehmungsintern erarbeitetes Leitbild einem noch so guten Leitbild vorzuziehen, das aber von einer anderen Unternehmung stammt oder von einem Berater vorgelegt wird und somit nicht authentisch ist.

3.4 Die Bestimmung der Unternehmungspolitik und ihr Ausdruck im Leitbild

Jeder Unternehmer und jede Führungskraft ist auf seine Weise „Philosoph"; wenn der Unternehmer und/oder die obersten Führungskräfte nicht wissen, *warum* sie auf der Welt sind und *warum* die Unternehmung überhaupt existiert, und sich bemühen, es zu erfahren, so umschreibt das ungefähr die Aufgabe der Unternehmungsphilosophie. Die Unternehmungsphilosophie kann mit einer Wolke verglichen werden, welche die nächste Morgensonne in ihr Nichts auflöst. Das Bleibende der Unternehmungsphilosophie ist die Unternehmungspolitik (Abb. 3.2).

Ein Unternehmer liquidiert eine unrentable Geschäftseinheit erst dann, wenn die freizusetzenden Mitarbeiter ein neues Aufgabenfeld in einer Offensivstrategie gefunden haben und die entsprechenden Umschulungsmaßnahmen abgeschlossen sind. Die Unternehmungspolitik wirkt somit auf den Anfang und auf das Ende der Strategien ein; sie kann ihre Ansprüche während des Vollzugs der Strategien allerdings steigern (z. B. zusätzliche neue Arbeitsplätze schaffen) oder

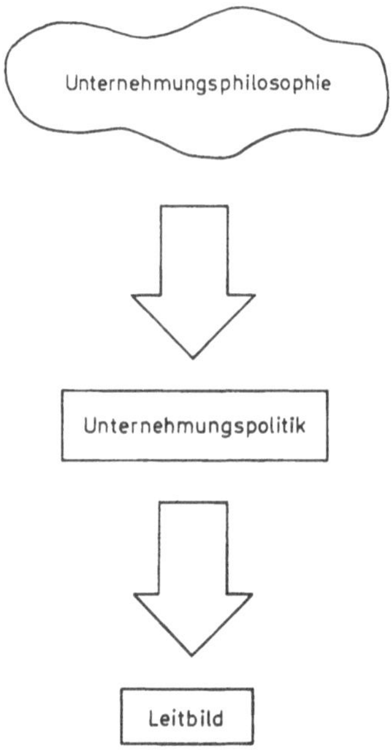

Abb. 3.2 Unternehmungsphilosophie, Unternehmungspolitik und Leitbild

sich mit einem kleineren Erfolg begnügen (z.B. einem kleineren Gewinn als erwartet).

Um Strategien wirksam zu formulieren und zu den vorgesehenen Zielen zu führen, gehört eine gute Einsicht in die Unternehmungspolitik. Strategie und Unternehmungspolitik fallen in kleinen und mittleren Unternehmungen zusammen, und der Unternehmer ist zugleich Stratege und „Politiker"; er darf aber nicht aufhören, das erstere zu sein: er umfaßt mit seinem Blick auf der einen Seite alle unternehmungspolitischen Bedingungen, auf der anderen Seite ist er sich ganz bewußt, was er mit den Ressourcen leisten kann, die in seiner Hand liegen[4].

In den großen Unternehmungen fallen Strategie und Unternehmungspolitik dagegen in der Regel nicht zusammen. Die Unternehmungspolitik ist eher Aufgabe des Aufsichtsrates, in dem die Eigentümer (Anteilseigner) vertreten sind, als des Vorstandes oder der Geschäftsführung, denen die Rolle von Strategen zukommt. Der Vorstand bzw. die Geschäftsführung hat jedoch die Aufgabe, etwaige Konflikte zwischen der Unternehmungspolitik und den Strategien im Interesse der Unternehmung und zum Wohle aller Beteiligten auszugleichen.

Aufgabe der Unternehmungspolitik ist es, *Leitsätze oder Unternehmungsgrundsätze* aufzustellen, die in wenigen Worten die wesentlichsten Grundgedanken des Unternehmers und/oder der obersten Führungskräfte enthalten:

[4] W. Bennis u. B. Nanus, Leaders, New York 1985, S. 115ff; R.P. Declerck, J.P. Debourse u. C.N. Navarre, Méthode de direction générale, Boulogne, Billancourt 1983, S. 72ff.

(1) *Stelle sicher, daß die Unternehmung einen Zweck verfolgt, der auf die Lösung gesellschaftlich relevanter Probleme gerichtet ist.* Am Anfang jeder unternehmerischen Weisheit steht die Vision, mit der Unternehmung der Gesellschaft zu dienen. Was ist der Sinn und Zweck der Unternehmung? Warum existiert sie überhaupt? Sinn und Zweck der Unternehmung muß allen Mitarbeitern bekannt sein, eine Herausforderung darstellen und von allen akzeptiert sein. Alle Mitarbeiter müssen das Gefühl haben, im selben Boot zu sein, und zwar in einem wunderbaren Boot.

(2) *Stimme die Tätigkeitsbereiche der Unternehmung auf die zur Verfügung stehenden personellen, finanziellen und materiellen Ressourcen ab.* „Wir wollen ein führender Wettbewerber in allen Märkten sein, in denen wir unser technisches Know-how, unsere Dienstleistungen, unsere Marketingerfahrungen und unsere Kernstrukturen gewinnbringend zum Nutzen der Gesellschaft einsetzen können."

(3) *Nutze die traditionellen Werte der Unternehmung.* Versuche dich in das geschichtliche Erbe der Unternehmungsgründer hineinzudenken, und überlege, welche Werte für die Zukunft von sinngebender Bedeutung sein können. Der Leitsatz des Gründers einer führenden Unternehmung war: „Erfolg ist auf Dauer nur möglich, wenn man sich ganz hinter die Qualität seiner Produkte stellen kann". Dieser Grundsatz bestimmte das unternehmerische Handeln vom ersten Tag an, und alle Mitarbeiter fühlen sich ihm heute mehr denn je verpflichtet.

(4) *Mache jeden Mitarbeiter zum besten Mann für seine Position.* Unterstütze die persönliche Entfaltung der Mitarbeiter, lebe Zuversicht und Vertrauen vor, die das scheinbar Unmögliche möglich machen, wenn der Wettbewerb es verlangt. Die Verantwortung gegenüber den Mitarbeitern beinhaltet auch, daß der Eigentümer/Unternehmer das Nachfolgeproblem gelöst und Vorsorge für sein Ausscheiden getroffen hat.

(5) *Verliere das Ziel, den Kunden den größten Nutzen zu bieten, niemals aus den Augen.* Halte dir die Bedürfnisse der Kunden bei jeder Entscheidung, die du triffst, vor Augen. Formuliere eine „einzigartige, verkaufswirksame Aussage" (*Unique Selling Proposition*), warum der Kunde gerade dieses Produkt kaufen soll.

(6) *Versetze dich in die Position der Kapitalgeber.* Biete eine Verzinsung des eingesetzten Kapitals, die sie auch weiterhin bewegt, ihr Schicksal mit dem der Unternehmung zu verbinden. (Abschreckende Beispiele finden sich in der amerikanischen Industrie, in der häufig kurzfristige Gewinnziele vor der Verbesserung der langfristigen Gewinnaussichten der Unternehmung stehen.)

(7) *Verbinde das Interesse der Lieferanten mit dem Interesse der Unternehmung.* Sei dir bewußt, daß dauerhafte Wettbewerbsvorteile in zunehmendem Maße durch engagierte, in die Strategien der Unternehmung eingebundene Lieferanten geschaffen werden können.

(8) *Stelle sicher, daß sowohl deine Strategien als auch deine Aktionspläne dazu beitragen, daß die Unternehmung die Anerkennung und Wertschät-*

zung der Gesellschaft verdient. Nenne Gründe für Selbstbewußtsein („Worauf wir stolz sein können") und für unternehmerischen Optimismus („Wir schaffen neue Geschäftseinheiten, deren Wachstum nur durch unsere eigenen Fähigkeiten und nicht durch die Wechselfälle der Weltwirtschaft begrenzt ist").

(9) *Wähle bei der Festlegung des Beginns, des Abbruchs oder der Änderung einer Strategie Zeitpunkte und Wege, die die Konkurrenten am wenigsten erwarten.* Verwerte die Ergebnisse der Strategien so, daß sie zu einer ausgewogenen *Cash-flow*-Entwicklung beitragen, zu einer insgesamt tragbaren Risikosituation führen und Verflechtungen zwischen den Geschäftseinheiten im Interesse der Gesamtunternehmung nutzen.

(10) *Nutze die Richtung des geringsten Widerstandes aus*, gehe Allianzen und/oder Kooperationen ein, tätige Akquisitionen, sofern sie Wege zu beschleunigtem Wachstum sind und den Kapitaleinsatz und das Risiko von Offensivstrategien senken.

(11) *Trage die Vision der Unternehmung mit Verstand und Herz nach außen.* Werbung, PR, Schulung, öffentliche Auftritte und Publikationen der Führungskräfte sind Instrumente, um die Unternehmungspolitik den Zielgruppen zu vermitteln, deren Einstellung den Erfolg der Strategien beeinflussen kann. Die Führungskräfte werden zu Symbolen, aber auch zu Geiseln für die Ernsthaftigkeit und Wahrhaftigkeit der Unternehmungspolitik[5].

(12) *Sei offen in der Beurteilung neuer Ideen und Möglichkeiten*; informiere deine Mitarbeiter; fördere initiatives und selbständiges Handeln im Rahmen vereinbarter Strategien; unterstütze ressortübergreifendes Handeln. Der Informationsstil bei grundlegenden Veränderungen in der Unternehmung soll derart sein, daß keine Hilflosigkeit gegenüber den Ereignissen auftritt. Bei Umstrukturierungen kommt diese Hilflosigkeit in der bangen Frage zum Ausdruck: „Was wird geschehen?" Wir müssen uns stattdessen die schöpferische Frage stellen: „Was müssen wir tun?"

(13) *Stelle sicher, daß Frauen in der Unternehmungsführung die gleichen Chancen wie Männern geboten werden.* Wer diesen Punkt ausklammert, ist nicht in der Lage, das Schicksal der Unternehmung zu bestimmen. Die Ehrlichkeit und Glaubwürdigkeit der Unternehmungspolitik hängen wesentlich von der Grundhaltung der Unternehmungsleitung in bezug auf die Frauenarbeit ab.

(14) *Gib die Bereiche bekannt, in denen die Unternehmung aufgrund ihres Know-hows und ihrer Ressourcen ihre Führungsposition nachhaltig verteidigen will.* („Wir sind führend in ...").

Diese Leitsätze oder Unternehmungsgrundsätze werden in einem *Leitbild* zusammengefaßt[6].

[5] Vgl. hierzu die Ausführungen über *Corporate Identity* im Abschnitt II.4.

[6] Vgl. hierzu R. Antonoff, Leitbild, in: „Blick durch die Wirtschaft", S. 1, 11.3.1987; siehe auch E. Gabele und H. Kretschmer, Unternehmungsgrundsätze, Zürich 1987, S. 180ff.

3.5 Von der Ist- zur Soll-Unternehmungspolitik

In Abb. 3.3 ist ein mit Hilfe der oben erläuterten Bewertungsgesichtspunkte und eines Punkteschemas konstruiertes Bewertungsprofil für die Bestimmung der *Ist-Unternehmungspolitik* dargestellt. Es entspricht einem halbquantitativen Verfahren und wurde in ähnlicher Form mehrfach vorgeschlagen. Im *Bewertungsprofil* wird die jeweilige Interessenlage des Unternehmers und/oder der obersten Führungskräfte ihren Niederschlag finden; eine Abwandlung der Bewertungskriterien für verschiedene Wettbewerbssituationen, Wertsysteme und Führungsbedingungen ist ohne weiteres möglich.

Mit zunehmenden und genaueren Informationen sowie unter kritischer Selbsteinschätzung und Würdigung des Unternehmungszweckes wird man in der Lage sein, die *Soll-Unternehmungspolitik* zu ermitteln. Auch in Erwägung

Unternehmungsgrundsätze	Gewichtung: 3: sehr wichtig 1: unwichtig	Ist-Unternehmungspolitik (Grad der Verwirklichung in der Unternehmung)							Gewichtete Punktezahlen	Bemerkungen
		1	2	3	4	5	6	7		
Zweck der Unternehmung	3	●							3	
Tätigkeitsbereiche der Unternehmung	3							●	21	
Traditionelle Werte der Unternehmung	2		●						4	
Verantwortung gegenüber: *Mitarbeitern	3			●					9	
*Abnehmern	3				●				12	
*Kapitalgebern	3							●	21	
*Lieferanten	1	●							1	
*Gesellschaft	3	●							3	
Verwertung der Ergebnisse der Strategien	3						●		18	
Allianzen und/oder Kooperationen	1	●							1	
Grundhaltung in bezug auf Kommunikation nach außen	3					●			15	
Grundhaltung in bezug auf Kommunikation nach innen	2					●			10	
Grundhaltung in bezug auf Frauenarbeit	2	●							2	
Kompetenzanspruch der Unternehmung	3			●					9	

1: ungenügend definiert und / oder verwirklicht
7: sehr gut definiert und / oder verwirklicht

Abb. 3.3 Die Ermittlung der Ist-Unternehmungspolitik (Beispiel)

Unternehmungsgrundsätze	Gewichtung: 3: sehr wichtig 1: unwichtig	Soll-Unternehmungspolitik Wichtigkeit f. d. Unternehmer u. /o. die obersten Führungskräfte							Gewichtete Punktezahlen	Bemerkungen
		1	2	3	4	5	6	7		
Zweck der Unternehmung	3						□		18	
Tätigkeitsbereiche der Unternehmung	3						□		18	
Traditionelle Werte der Unternehmung	2							□	14	
Verantwortung gegenüber: *Mitarbeitern	3							□	21	
*Abnehmern	3							□	21	
*Kapitalgebern	3							□	21	
*Lieferanten	1						□		6	
*Gesellschaft	3							□	21	
Verwertung der Ergebnisse der Strategien	3							□	21	
Allianzen und/oder Kooperationen	1					□			5	
Grundhaltung in bezug auf Kommunikation nach außen	3				□				12	
Grundhaltung in bezug auf Kommunikation nach innen	2							□	14	
Grundhaltung in bezug auf Frauenarbeit	2							□	14	
Kompetenzanspruch der Unternehmung	3							□	21	

1: Definition des Unternehmungsgrundsatzes unwichtig
7: Definition des Unternehmungsgrundsatzes sehr wichtig

Abb. 3.4 Die Ermittlung der Soll-Unternehmungspolitik (Beispiel)

gezogene alternative Strategien, wie z. B. Eintritt in einen neuen Markt oder Aufgeben von nicht wettbewerbsfähigen Produktlinien, führen zu verschiedenen Bewertungsprofilen.

Die in Abb. 3.4 dargestellte *Soll-Unternehmungspolitik* basiert auf Überlegungen, die der Leiter einer Tochtergesellschaft einer mittelständischen Unternehmung zum Gründungszeitpunkt erstellte.

Die *Lenkungsfunktion* des dargestellten Instrumentariums wird offenkundig, wenn man die Ist- mit der Soll-Unternehmungspolitik vergleicht (Abb. 3.5). Aus den Differenzen (Soll – Ist) läßt sich die Prioritätsordnung der durchzuführenden Maßnahmen ableiten. Das Beispiel in Abb. 3.5 macht klar, daß höchste Priorität der Definition des Beitrages zukommt, den die Unternehmung zur gesellschaftlichen Entwicklung leisten will.

Um die Gestaltung der Unternehmungspolitik, d. h. vor allem die neu zu treffenden Entscheidungen über Aufnehmen, Fallenlassen, Erweitern, Ein-

Unternehmungsgrundsätze	Gewichtung: 3: sehr wichtig 1: unwichtig	Gewichtete Differenzen (Soll-Ist)	Aktionspläne
Zweck der Unternehmung	3	15	Zweite Priorität: Sinn der Unternehmung definieren!
Tätigkeitsbereiche der Unternehmung	3	(3)	Keine Maßnahmen notwendig
Traditionelle Werte der Unternehmung	2	10	Vierte Priorität: Worauf können wir stolz sein? Sich auf die traditionellen Werte der Unternehmung besinnen und diese neu definieren!
Verantwortung gegenüber: • Mitarbeitern	3	12	Dritte Priorität: Was will die Unternehmung für die Mitarbeiter sein? Personalpolitik auf die Bedürfnisse der Mitarbeiter und Anforderungen der Strategien ausrichten!
• Abnehmern	3	9	Nutzen für Abnehmer überdenken
• Kapitalgebern	3	(3)	Keine Maßnahmen notwendig
• Lieferanten	1	6	Was will die Unternehmung für die Lieferanten sein? Beziehungen zu den Lieferanten neu definieren!
• Gesellschaft	3	18	Erste Priorität: Wie kann die Unternehmung einen Beitrag zur gesellschaftlichen Entwicklung leisten? Beziehungen zur Gesellschaft neu definieren! Rolle der Unternehmung in der Region überdenken!
Verwertung der Ergebnisse der Strategien	3	3	Zeitliche Abstimmung der verschiedenen Strategien überdenken! Ergebnisse der Strategien unternehmungspolitisch verwerten!
Allianzen und/oder Kooperationen	1	4	Die Unternehmung in strategische Netzwerke einbinden
Grundhaltung in bezug auf Kommunikation nach außen	3	(3)	Keine Maßnahmen notwendig
Grundhaltung in bezug auf Kommunikation nach innen	2	4	Kommunikation nach innen verbessern!
Grundhaltung in bezug auf Frauenarbeit	2	12	Dritte Priorität: Was will die Unternehmung für die Mitarbeiterinnen sein? Grundhaltung in bezug auf Frauenarbeit festlegen!
Kompetenzanspruch der Unternehmung	3	12	Dritte Priorität: Wir sind führend in...Kompetenzanspruch der Unternehmung bekanntgeben!

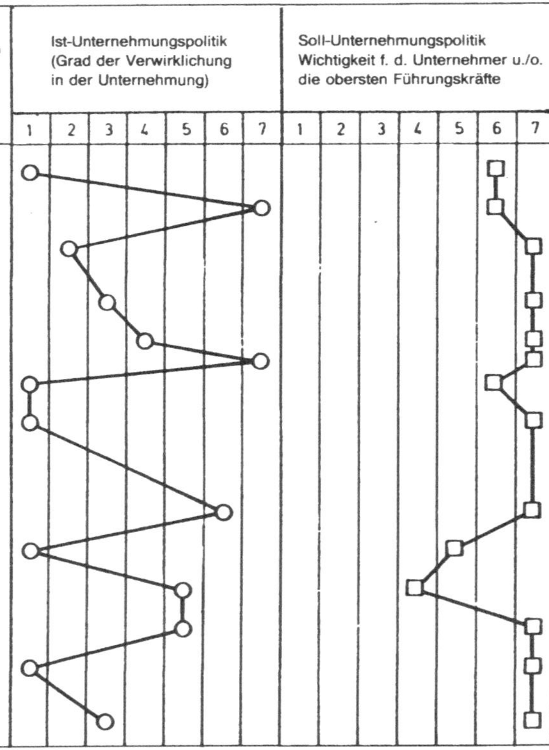

1: ungenügend verwirklicht 7: sehr gut verwirklicht

1: Definition unwichtig 7: Definition sehr wichtig

1: Unterste Priorität 18: Erste Priorität

( ): Überrealisierung

Abb. 3.5 Der Vergleich zwischen der Soll- und Ist-Unternehmungspolitik und daraus abgeleitete Aktionspläne (Beispiel)

schränken oder sonstiges Ändern von Unternehmungsgrundsätzen von solchen Bewertungsergebnissen abhängig zu machen, sind *organisatorische Sicherungen* notwendig. Sie haben zu gewährleisten, daß die Bewertungen durchgeführt, die hierfür notwendigen Überlegungen von der Unternehmungsspitze angestellt und die strategischen Entscheidungen dann auch maßgeblich hierauf gestützt werden.

3.6 Die Überprüfung der Unternehmungspolitik

Unternehmungsgrundsätze funktionieren, insofern sie realistisch und wahrhaftig sind. Ein Unternehmer liest bei der Vorstellung der Bilanz das neue Unternehmungsleitbild als Ausdruck der neu formulierten Unternehmungspolitik vor. Wenn seine Aussagen, wie z.B.: „Der Mitarbeiter steht bei uns immer im Mittelpunkt", „Erst dienen, dann verdienen", oder „Höchste Produktqualität war seit jeher unsere vornehmste Errungenschaft", auf allgemeine Heiterkeit seitens der Mitarbeiter stoßen, heißt dies, daß

- ein offensichtlicher Widerspruch zwischen dem Unternehmungsgrundsatz und der Realität besteht,
- die Unternehmungsleitung nicht gemäß dem Leitbild handelt,
- nicht klar ist, was überhaupt in ein Leitbild hineingehört und welchen Zweck es erfüllen soll,
- die Unternehmungsgrundsätze nicht allgemein geteilt werden.

Die *Brauchbarkeit* der Unternehmungspolitik läßt sich anhand der folgenden Fragen überprüfen:

(1) *Ist das Leitbild von der Führungsmannschaft selbst erarbeitet worden?*
Unternehmungsgrundsätze sind nur dann von Wert, wenn sie von den Führungskräften selbst erarbeitet worden sind. Die unternehmungsinterne Erarbeitung des Unternehmungsleitbildes ist ein Prozeß, der oft ein Jahr dauern kann.

(2) *Wird das Leitbild von den Mitarbeitern akzeptiert und verteidigt?*
Werden die Mitarbeiter nicht in den Entstehungsprozeß des Leitbildes einbezogen, wird das Leitbild mit Indifferenz zur Seite gelegt.

(3) *Ist das Leitbild konkret?*
Das Leitbild soll nachvollziehbare Aussagen enthalten, wie z.B.: „Unser Ziel sind Wachstumsmärkte", „Neue Kunden werden nicht durch Preissenkungen gewonnen", „Wir wollen uns im Bereich X innerhalb von Y Jahren von der Rüstungsproduktion auf zivile Produkte umstellen", oder „Unsere Produkte müssen neue Qualitätsstandards setzen". Die Realisierbarkeit des Leitbildes muß gegeben sein.

(4) *Ist das Leitbild allgemeingültig?*
Das Leitbild soll
   - grundsätzliche Belange betreffen und
   - nicht nur für bestimmte Einzelfälle gültig sein.

Das Leitbild ähnelt unter diesem Aspekt einem Gesetzestext. Ein Unternehmer schreibt z. B. Akquisitionen, Allianzen oder Kooperationen mit Mitbewerbern vor, wenn die eigenen Ressourcen nicht ausreichen, um in einem für die Unternehmung interessanten Wachstumsmarkt eine führende Wettbewerbsposition zu erreichen.

(5) *Bezieht sich das Leitbild auf einen langen Zeithorizont?*
Die Unternehmungspolitik muß langfristig ausgerichtet sein; häufige Änderungen verunsichern die Mitarbeiter. Die Gewinnverteilung definiert das Verhalten der Unternehmung auf lange Sicht.

(6) *Findet das Leitbild seinen Niederschlag im Verhalten des Unternehmers und/oder der obersten Führungskräfte?*
Die im Leitbild enthaltenen Unternehmungsgrundsätze müssen vorgelebt werden und die Absichten und Werte der Unternehmungsspitze reflektieren.

(7) *Lassen sich die Unternehmungsgrundsätze unternehmungsinternen und -externen Veränderungen anpassen?*
Der Sinn eines Leitbildes geht verloren, wenn es nicht entsprechend den sich ändernden Verhältnissen fortgebildet werden kann. Die Unternehmungsgrundsätze müssen der kulturellen Entwicklung angepaßt werden; sie veralten mit der Zeit und können sich schließlich als völlig untauglich herausstellen.

(8) *Läßt sich die Einhaltung der Unternehmungsgrundsätze überprüfen?*
Schlecht sind die Unternehmungsgrundsätze, bei denen keine Möglichkeit besteht, ihre Einhaltung zu kontrollieren.

3.7 Die Kommunikation der Unternehmungspolitik

Die Formulierung der Unternehmungspolitik ist Aufgabe der Unternehmungsspitze. In den Prozeß der Erarbeitung der Unternehmungspolitik sind allerdings die Mitarbeiter einzubeziehen. Die Unternehmungspolitik kann nicht von einem Berater erstellt oder von anderen Unternehmungen übernommen werden. Erfolgreiche Unternehmungen zeichnen sich dadurch aus, daß die Unternehmungspolitik allen Mitarbeitern und interessierten Dritten bekannt ist und von der Unternehmungsleitung sichtbar und glaubwürdig vorgelebt wird. Die Unternehmungsleitung, verkörpert durch den Unternehmer und/oder die obersten Führungskräfte, kann allerdings niemals Vorbild, nur *Sinnbild* sein. Jeder Mitarbeiter hat das Recht, sein eigenes Leben zu führen, für das das Verhalten der Unternehmungsleitung Sinn geben kann und auch soll. Die Unternehmungspolitik erfüllt erst dann ihre Aufgabe, wenn sie von allen Mitarbeitern getragen („internalisiert") ist, so daß alle am gleichen Strick in die gleiche Richtung ziehen (Abb. 3.6).

Wenn ein japanischer Arbeitnehmer gefragt wird, welche Arbeit er macht, wird er in der Regel antworten: „Ich arbeite für XY" und nicht wie sein westlicher Arbeitskollege: „Ich bin Maschinenbauingenieur".

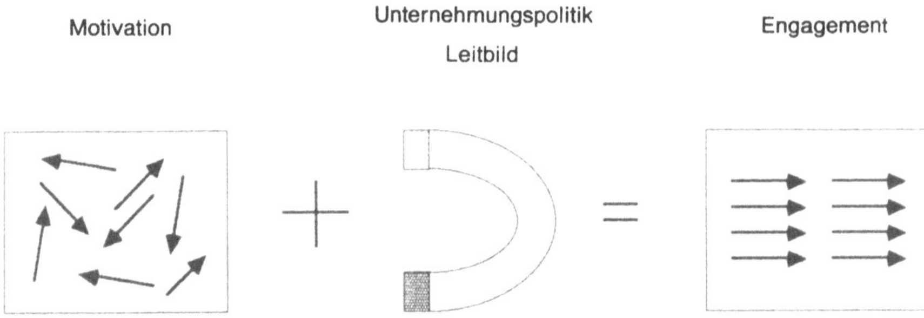

Abb. 3.6 Engagement ist Motivation + Unternehmungspolitik/Leitbild (nach E. Krauthammer)

Es ist Aufgabe einer wirksamen Personalpolitik, die Unternehmungsgrundsätze in der Unternehmung zu verbreiten und dafür zu sorgen, daß Kritik und Änderungswünsche vorgebracht werden und, falls berechtigt, in das Leitbild einfließen können.

3.8 Die unternehmungspolitische Kontrolle der Strategien

Die unternehmungspolitische Kontrolle der Strategien ist die wiederholte *Beurteilung der Strategien* anhand der Unternehmungsgrundsätze. Dabei kann man zwei Funktionen unterscheiden:

(1) Eine *Ausscheidungsfunktion* zur Elimination der strategischen Alternativen, die bestimmten Unternehmungsgrundsätzen nicht entsprechen. Wenn ein Unternehmer aus persönlicher politischer Überzeugung bestimmte Staaten als Geschäftspartner ausschließt oder bestimmte Produktionen ablehnt, die einen direkten oder indirekten Bezug zur Rüstungsindustrie aufweisen, so hat dies unmittelbare Konsequenzen für die strategische Ausrichtung der Unternehmung; strategische Alternativen, auch wenn sie noch so erfolgversprechend sind, werden von vornherein ausgeschlossen, wenn sie mit dem Leitbild der Unternehmung nicht in Einklang zu bringen sind;

(2) Eine *Lenkungsfunktion* zur Verbesserung a) der unternehmungspolitischen und/oder b) der strategischen Ziele. So läßt sich z. B. die Gewinnverteilung, wie sie in den Unternehmungsgrundsätzen vorgesehen ist, oft wirtschaftlicher verwirklichen, wenn bestimmte Offensiv- und/oder Investitionsstrategien zeitlich verschoben und wirksam aufeinander abgestimmt werden. Es lassen sich aber oft auch die strategischen Ziele besser verwirklichen, wenn bei der Entscheidung für eine bestimmte Alternative Rücksicht z.B. auf die Interessen der Gemeinde oder der Mitarbeiter genommen wird; durch eine gezielte Öffentlichkeitsarbeit, in der der Beitrag der Unternehmung zur ge-

sellschaftlichen Entwicklung hervorgehoben wurde, hat eine Unternehmung, die in einer existenzgefährdenden Krise stand, eine Situation geschaffen und ausgenutzt, die bei den politischen Entscheidungsträgern eine so starke Wirkung hervorgerufen hat, daß die gestellten Finanzierungsbedingungen angenommen wurden.

Die unternehmungspolitische Kontrolle der Strategien kann durch die Führungskräfte erfolgen, die für strategische Geschäftseinheiten verantwortlich sind, wenn sie selbst aktiv am Entstehungsprozeß der Unternehmungsgrundsätze mitgearbeitet haben.

Je engagierter die Mitarbeiter am Entstehen der Unternehmungsgrundsätze mitgewirkt haben, desto höher wird deren Qualität sein, und desto leichter läßt sich die Übereinstimmung der Strategien mit der Unternehmungspolitik herbeiführen.

Die Unternehmungspolitik, die unter anderem den Charakter des Wettbewerbs – Kooperation oder Konflikt – bestimmt, schließt die Kosten für die Strategien und die Vorstellung dessen, was möglich oder angemessen ist, in sich ein. Gleichzeitig beeinflußt die Unternehmungspolitik die Anstrengungen der Konkurrenten, und das Maß dieser Anstrengungen beeinflußt wiederum die Strategien der Unternehmung. Die Unternehmungspolitik bedient sich zusammenfassend der Strategien als eines *Mittels*.

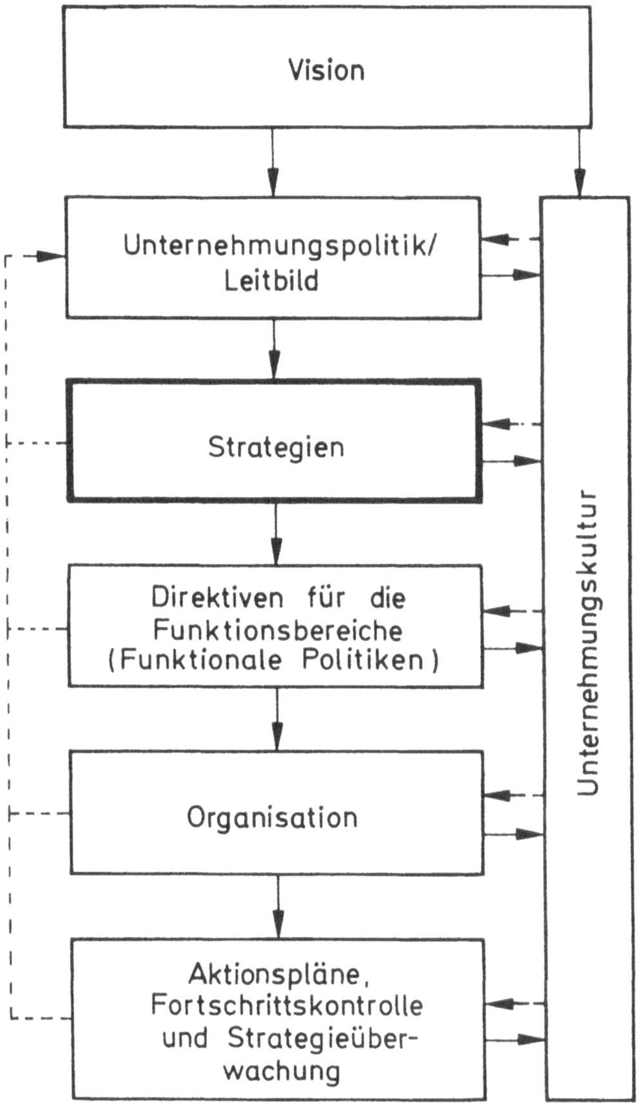

Die Analyse der strategischen Ausgangsposition.
Strategie und strategische Planung.
Die Strategieentwicklung auf der Ebene der strategischen
Geschäftseinheiten.
Die Strategieentwicklung auf Unternehmungsebene.
Die Strategieentwicklung in der multidivisionalen Unternehmung.
Die Fragmentierung der unternehmerischen Tätigkeit.

4. Die Formulierung der Strategien

Die Strategie ist ein System von Aushilfen.
Moltke

4.1 Die Analyse der strategischen Ausgangsposition

Ein klares Verständnis der *Ausgangsposition* der Unternehmung, d.h. ihres gegenwärtigen Zustandes, ihrer Identität, ihres Stils und ihrer bestehenden Strategien, ist erforderlich, wenn zu einem späteren Zeitpunkt der Vergleich mit neuen alternativen Strategien durchgeführt und das Ausmaß der Neuorientierung der Unternehmung bestimmt werden soll. Die Analyse der Strategien, die zur Zeit verfolgt werden und in den Richtlinien für die funktionalen Bereiche ausgearbeitet sind, stellt die Basis des strategischen Prozesses dar. Für die Gewinnung einer dynamischen Perspektive, in die die gegenwärtigen Strategien einzuordnen sind, ist es zweckmäßig, die Entwicklung der vergangenen 4 bis 5 Jahre und der zukünftigen 4 bis 5 Jahre explizit herauszustellen; die folgenden Fragestellungen hinsichtlich der strategischen Geschäftseinheiten[1] und der zu ihrer Gestion erforderlichen Mittel und Verfahren erleichtern die Analyse der gegenwärtigen Strategien in diesem Zeitraum von 8 bis 10 Jahren:

(1) *Produkt/Markt-Kombinationen (strategische Geschäftseinheiten):*

1.1 Welche Funktionen erfüllen die gegenwärtigen Produktfamilien? (Art und Bedeutung der Funktion, Abnehmergruppen und angewandten Technologien, Kostenverhältnisse und Beziehungen der Funktion zu anderen Funktionen, Substitutionsprodukte)

1.2 Dimension des *Weltmarktes* (in Geld- und Mengeneinheiten)

1.3 *Marktanteil* der Unternehmung und der wichtigsten Konkurrenten sowie kritische Masse und Mindestgröße

1.4 *Umsatz und Wirtschaftsresultate* der Unternehmung

1.5 *Kosten- und Preisentwicklung*, unter besonderer Berücksichtigung der Rohstoff-, Energie- und Arbeitskosten

1.6 Welche Veränderungen sind in den vergangenen 4 bis 5 Jahren *im Umfang* und *in der Tiefe* der Produktfamilien eingetreten und welche Änderungen werden in den nächsten 4 bis 5 Jahren erwartet?

[1] Ein strategisches Geschäftsfeld ist ein homogener Tätigkeitsbereich, in dem eine strategische Geschäftseinheit die Stärken der Unternehmung ausspielen kann. Die beiden Begriffe „strategisches Geschäftsfeld" und „strategische Geschäftseinheit" werden synonym verwendet, aus der Sicht der Führungslehre wird allerdings letzterem der Vorzug gegeben. Vgl. hierzu die Ausführungen im Abschnitt II.2.

1.7 Welche *geographische Verteilung* weist der Gesamtumsatz auf? Wie hoch ist der Marktanteil der Unternehmung in den verschiedenen Staaten (in % des Gesamtmarktes der einzelnen Staaten)? Welcher *Cash-flow* wurde in den einzelnen Staaten erzielt?
1.8 Wie hoch ist die Wertschöpfung für die Unternehmung? Für die Abnehmer?

(2) *Mittel und Verfahren* (Leistungspotentiale sowie Versorgungs- und Vollzugsprozesse):
2.1 *Art der Produktentwicklung:* Welche Maßnahmen sind in den Programmen der letzten 4 bis 5 und nächsten 4 bis 5 Jahre vorgesehen hinsichtlich:
- Forschung,
- Entwicklung,
- *Know-how*-Verträge mit Dritten usw.

mit dem Ziel, die Hauptproduktlinien zu unterstützen.
2.2 *Produktionsstruktur:*
- Auf wieviele Fertigungsbetriebe ist die Hervorbringung der betrachteten Produktfamilien im Untersuchungszeitraum von 8 bis 10 Jahren aufgeteilt? Wie flexibel ist die Fertigung?
- Steht dies in Einklang mit den Erfordernissen der Erfahrungskurven?
- Welche Richtlinien bestehen oder sind vorgesehen hinsichtlich Eigenfertigung oder Fremdbezug? Welche Änderungen wurden durchgeführt oder stehen hinsichtlich Eigenfertigung oder Fremdbezug bevor? Idem hinsichtlich der vertikalen Integration und der Rohstoff- und Energieversorgung der Unternehmung?
- Nach welchen Kriterien wurden die Standorte der Produktionseinheiten ausgewählt? Welche Verschiebungen in der relativen Bedeutung dieser Kriterien sind in der Zwischenzeit eingetreten?
- u. a. m.

2.3 *Marketing:*
- Welche Absatzkanäle sind für den Vertrieb der betrachteten Produktfamilien am wichtigsten?
- Welche akzessorischen Leistungen (Kundendienst, technische Assistenz usw.) wurden von der Unternehmung selbst und welche von Dritten angeboten? Sind in diesem Zusammenhang Änderungen vorgesehen? Welcher Trend zeichnet sich in der Anzahl der Service-Zentren ab?
- Ist die Erscheinungsform der Produkte noch adäquat?
- u. a. m.

2.4 *Finanzstruktur:*
- Welche Produktlinien sind durch eine positive *Cash-flow*-Bilanz, welche durch eine negative gekennzeichnet? Welcher Trend liegt vor?

- Werden bestimmten Bereichen Einschränkungen auferlegt, um andere zu fördern?
- Beruht die Zuteilung von Ressourcen auf der Portfolio-Methodik?
- u. a. m.

2.5 *Personalstruktur:*
- Nach welchen Kriterien erfolgt die Kaderentwicklung?
- Bestehen Pläne zur Arbeitszeitflexibilisierung?
- Welches Ausmaß an Spezialisierung liegt vor?
- Wie verhalten sich die direkt produktiven zu den indirekt produktiven Arbeitskräften?
- Wieviele Personen sind in den verschiedenen funktionalen Bereichen tätig?
- Wie ist die Altersstruktur der Mitarbeiter?
- Wie werden innovative Mitarbeiter gefördert?
- u. a. m.

2.6 *Organisation:*
- Welche organisatorischen Regelungen sind eingeführt, um die Lagerhaltungskosten zu senken? Welche Änderungen haben im Untersuchungszeitraum im Organigramm stattgefunden, welche sind vorgesehen?
- Besteht ein Konzept zur Stärkung der Innovationsfähigkeit und zur Verbesserung des „Organisationsklimas"? Welches ist die optimale Struktur der Unternehmung für die Welt von morgen?
- Nach welchen Kriterien sind die strategischen Geschäftseinheiten abgegrenzt?
- u. a. m.

Mit Bezug auf die gegenwärtigen Strategien auf der Ebene der strategischen Geschäftseinheiten und auf Unternehmungsebene wird der *Ausblick* für die Unternehmung über einen Zeitraum von in der Regel mindestens 5 bis 7 und maximal 10 bis 12 Jahren analysiert. Die Analyse des strategischen Handlungsspielraums in bezug auf jede einzelne strategische Geschäftseinheit erfolgt in sechs Schritten und betrifft (Abb. 4.1):

(1) Die Umweltanalyse und -prognose (externe Möglichkeiten und Risiken, Gewinnpotentiale und kritische Erfolgsfaktoren),
(2) die Unternehmungsanalyse und -prognose (relative Stärken und Schwächen der Unternehmung),
(3) die Identifizierung von Marktnischen mit günstigen Gewinnperspektiven (Übereinstimmung zwischen kritischen Erfolgsfaktoren, Unternehmungspotential und Gewinnperspektiven),
(4) die kulturellen Wertmaßstäbe und Ideale der Unternehmungsleitung sowie die strategische Profilierung der Unternehmung,
(5) die Verpflichtungen der Unternehmung gegenüber der Gesellschaft und
(6) das Festlegen des strategischen Handlungsspielraums.

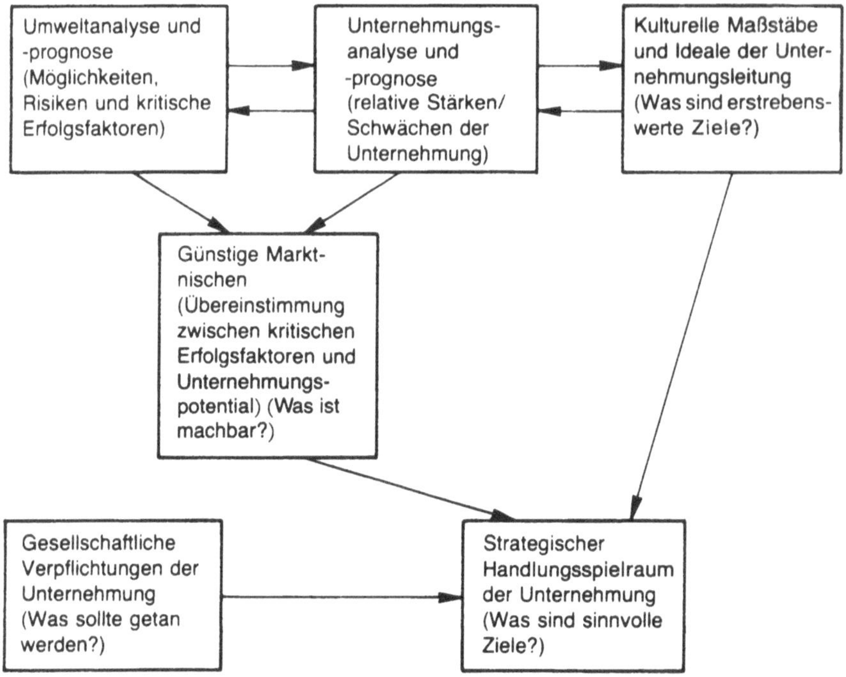

Abb. 4.1 Die Bestimmung des strategischen Handlungsspielraumes der Unternehmung

4.1.1 Die Umweltanalyse und -prognose

Der eigentliche strategische Planungsprozeß beginnt mit der Analyse und Prognose der Umweltbedingungen und -trends, d.h. der externen Möglichkeiten und Gefahren für jede einzelne strategische Geschäftseinheit und für die Unternehmung als Ganzes. Hierbei sind vier Grundsätze zu beachten:

(1) Schlußfolgerungen und Urteile können um so leichter gezogen werden, je mehr Daten, Phänomene und Beziehungen in ihrer Evolution untersucht werden;
(2) die Analyse darf sich nicht auf eine Aufzählung der Daten und Informationen beschränken, sondern muß zu ihrer Interpretation und kritischen Beurteilung im Lichte spezifischer Unternehmungsaspekte führen;
(3) die Durcharbeitung der drei externen Analysefelder – Analyse der politischen, gesellschaftlichen, wirtschaftlichen und technischen Entwicklung, Analyse des Industriesektors (Branchenanalyse), Stellung der Unternehmung im Industriesektor – muß systematisch erfolgen;
(4) die den Prognosen zugrundeliegenden Annahmen müssen explizit dargestellt und auf ihre Glaubwürdigkeit geprüft werden.

Wesentliches Element einer jeden Strategie ist ein Plan für die Anpassung der Unternehmung an ihre Umwelt. Der technische Fortschritt, die Evolution der gesellschaftlichen Strukturen, die Verschiebung der Nachfrage nach bestimmten Produkten, die Energie- und Rohstoffversorgung und dgl. mehr schaffen Probleme und Möglichkeiten für die Unternehmung, die deshalb sowohl größere Veränderungen als auch deren Auswirkungen auf ihre Arbeitsgebiete rechtzeitig vorhersehen muß.

Keine Unternehmung ist aber in der Lage, systematisch alle variablen Faktoren ihrer Umwelt unter Kontrolle zu halten. Die für die Umweltanalyse verantwortlichen Unternehmungsinstanzen müssen sich deshalb darauf beschränken,

(1) kritische Aspekte der Umweltdynamik zu identifizieren,
(2) geeignete Indikatoren der Prognosemethoden festzulegen und ausreichend häufige Prognosen dieser kritischen Aspekte durchführen zu lassen, und
(3) Maßnahmen durchzusetzen, daß die Prognosen von den zuständigen Linienstellen als Planungsprämissen effektiv in den Planungsprozeß einbezogen werden.

Welches Maß an Information für die Umweltanalyse im einzelnen Fall notwendig ist – diese Frage läßt sich nur unter Berücksichtigung aller sachlichen und persönlichen Umstände des konkreten Falles entscheiden. Ein praktikabler Weg, um die dynamischen Umweltveränderungen mit den Arbeitsgebieten der Unternehmung in Beziehung zu setzen, besteht darin, ausgehend von der allgemeinen Umwelt, eine Analyse des Industriesektors durchzuführen und in der Folge die spezifische Position der Unternehmung in diesem Industriesektor zu bestimmen. Somit ergibt sich folgende Methodik der *Umweltanalyse und -prognose* (Abb. 4.2)[2].

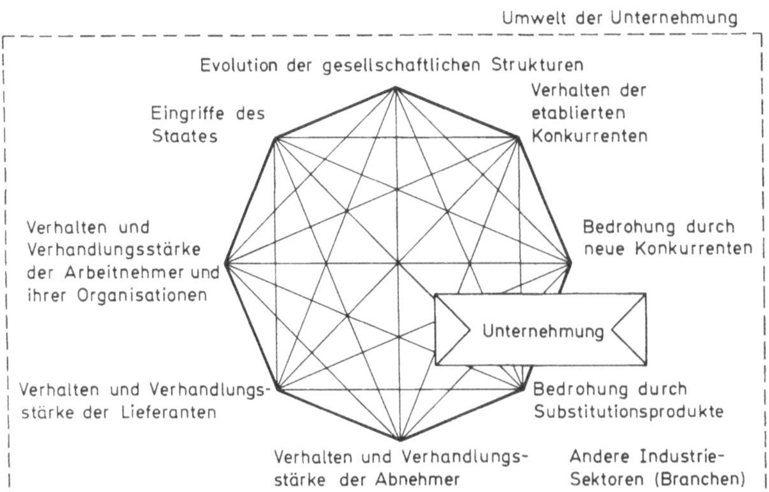

Abb. 4.2 Die Stellung der Unternehmung in der Umwelt

[2] Vgl. hierzu im einzelnen W. H. Newman, J. P. Logan u. W. H. Hegarty: Strategy, Policy, and Central Management, a. a. O., S. 29 ff.

Tabelle 4.1 Gliederungsschema der Umweltanalyse und -prognose

1. *Analyse der politischen, gesellschaftlichen, wirtschaftlichen und technischen Entwicklung*
   - 1.1 Internationale Wirtschaftsordnung und nationale Wirtschaftsstrukturen und -politiken
   - 1.2 Staatliche Eingriffe in die Wirtschaft
   - 1.3 Sich abzeichnende politische und gesellschaftliche Entwicklungen (Umweltschutz, Bevölkerungswachstum, Arbeitskräfte usw.)
   - 1.4 Wirtschaftliche Entwicklungen (BIP, Verfügbares Pro-Kopf-Einkommen, Einkommensverteilung, Inflationstendenzen, Gehaltsdynamik, Wirtschaftszyklen usw.)
   - 1.5 Allgemeine technische Entwicklungslinien (insofern sie einen Einfluß auf die gegenwärtigen oder zukünftigen Arbeitsgebiete der Unternehmung haben)
2. *Analyse des Industriesektors* (Branchenanalyse)
   - 2.1 *Nachfrage* nach Produkten oder Dienstleistungen
     - Produktfunktionen und -verwendungen, Markterfordernisse, *social needs*
     - Stabilität der Nachfrage (Substituierbarkeit, Komplementarität, Dauerhaftigkeit usw.)
     - Stellung im Markt-Lebenszyklus (Entstehungs-, Wachstums-, Reife- und Sättigungsphase)
     - Marktdimension und -wachstum
     - Segmentierung/Individualisierung der Nachfrage
     - Verhandlungsstärke und Verhalten der Abnehmer
     - usw.
   - 2.2 *Angebot* an Produkten oder Dienstleistungen
     - Durchschnittlicher Kapazitätsausnutzungsgrad der Branche
     - Kapitalintensität
     - Arbeitskosten, Materialkosten usw.
     - Störungsanfälligkeit in der Versorgung von Rohstoffen und Energie
     - Marktsegmentierung, Vertriebskanäle usw.
     - Steuerdruck
     - Verhandlungsstärke und Verhalten der Lieferanten
     - usw.
   - 2.3 *Wettbewerbssituation*
     - Anzahl, Größe, Finanzkraft, Erfahrungsbereiche, Führungssysteme und Verhalten der etablierten Wettbewerber
     - Bedrohung durch neue Konkurrenten und/oder Substitutionsprodukte
     - Verhalten der Arbeitnehmer und ihrer Organisationen
     - Organisation des Industriesektors und seine Entwicklung
     - Staatliche Eingriffe, *Incentives* usw.
     - Öffentliche Einstellung gegenüber dem Industriesektor und bestimmten Produktionsprozessen
     - usw.

2.4 *Schlußfolgerungen*
- Gewinn- und Wachstumsperspektiven
- Kritische Faktoren für den Erfolg der Unternehmung im Industriesektor

3. *Stellung der Unternehmung im Industriesektor*

3.1 *Marktposition der Unternehmung*
- Marktanteile (mit Bezug auf den Industriesektor und die stärksten Konkurrenten)
- Qualität und Charakteristiken der Produkte und/oder Dienstleistungen
- Alternativstruktur der Produkte oder Dienstleistungen
- Innovationspotential (Produkt- und Verfahrensinnovationen)
- Quellen von Wettbewerbsvorteilen
- usw.

3.2 *Konkurrenzanalyse*
- Identifizierung der qualifizierten Konkurrenzunternehmungen
- Analyse der relativen Wettbewerbsunterschiede, mit Bezug auf die stärksten Konkurrenten (Qualität, Ressourcen, Güte der Strategien usw.)
- Analyse der Wettbewerbsinstrumente (Preis, Qualität, Design usw.)
- Stärken/Schwächen, gegenwärtige und voraussichtliche Strategien sowie Beweggründe und Selbsteinschätzung eines jeden Hauptkonkurrenten
- Reaktionswahrscheinlichkeit und Reaktionskapazität eines jeden Hauptkonkurrenten
- usw.

3.3 *Kostensituation der Unternehmung*
- Analyse der Standorte mit Bezug auf die Energie- und Rohstoffversorgung, die Arbeitskräfte, die Absatzmärkte usw.
- Relative Effizienz des Produktions- und Distributionsapparates (Erfahrungsökonomien)
- Spezifische relative Kostenvorteile (Lizenzen, Patente usw.)
- usw.

3.4 *Spezifische Wettbewerbsfaktoren*
- Relative Finanzstärke der Unternehmung
- Relative Fähigkeiten der Unternehmungsleitung und der Kader
- usw.

3.5 *Schlußfolgerungen*
- Kritische Ressourcen für den Erfolg der Unternehmung im Industriesektor
- Ansatzpunkte für die Stärken- und Schwächenanalyse der Unternehmung mit Bezug auf die kritischen Erfolgsfaktoren unter Punkt 2.4 und die Schlußfolgerungen unter Punkt 3.5

(1) Analyse der politischen, gesellschaftlichen, wirtschaftlichen und technischen Entwicklung;
(2) Analyse des Industriesektors oder der Industriesektoren (Branchenanalyse), in denen die Unternehmung operiert oder zu operieren plant;
(3) Stellung der Unternehmung im jeweiligen Industriesektor.

Tabelle 4.1 zeigt ein Gliederungsschema für die Durchführung der Umweltanalyse. Im ersten Teil – Analyse der *politischen, gesellschaftlichen, wirtschaftlichen und technischen Entwicklung* – werden die allgemeinen externen Faktoren in ihrer Evolution untersucht, die einen Einfluß auf die gegenwärtigen und zukünftigen Arbeitsgebiete sowie auf die strategische Flexibilität der Unternehmung haben; die sich in den externen Analysefeldern vollziehenden Entwicklungen und Tendenzen liegen in der Regel außerhalb des Einflußbereiches der Unternehmung; die strategische „Antwort" einer Unternehmung kann aber auch bestimmte externe Entwicklungen beeinflussen oder verändern. Die Analyse der politischen, gesellschaftlichen, wirtschaftlichen und technischen Entwicklung bildet den Rahmen, innerhalb dessen die spezifische Analyse des Industriesektors oder der Industriesektoren durchgeführt wird, in denen die Unternehmung mit ihren strategischen Geschäftseinheiten operiert oder zu operieren plant.

Die *Analyse des Industriesektors* (Branchenanalyse) – der zweite Teil der Umweltanalyse – wird für die Branchen durchgeführt, in denen die Unternehmung gegenwärtig tätig ist oder in der Zukunft operieren soll; Aufgabe der Analyse ist es, das Terrain zu beschreiben, auf dem sich der Wettbewerb abspielen wird, die Wettbewerbskräfte – Verhalten der etablierten Unternehmungen, Bedrohung durch neue Konkurrenten und/oder durch Substitutionsprodukte, Verhalten der Abnehmer, Lieferanten sowie Arbeitnehmer und ihrer Organisationen, Eingriffe des Staates – zu bestimmen, von denen das Gewinnpotential und die Entwicklungsperspektiven der Branche abhängen, das Angebot an und die Nachfrage nach Produkten oder Dienstleistungen in den die Unternehmung interessierenden Industriesektoren zu erörtern sowie die Struktur und Dynamik des Wettbewerbes darzulegen. Als Ergebnis dieser Analyse ergibt sich eine Aufzählung der kritischen Faktoren, die für den Erfolg der Unternehmung in den untersuchten Marktsegmenten maßgebend sind; neben den Voraussetzungen für einen erfolgreichen Wettbewerb können aber auch strategische Alternativen ermittelt werden, die sich der Unternehmung unter den vorhersehbaren politischen, gesellschaftlichen, wirtschaftlichen und technischen Entwicklungen sowie den Trends der untersuchten Industriesektoren anbieten.

Im dritten Teil der Analyse – *Stellung der Unternehmung im Industriesektor* – werden die Instrumente beschrieben, mit denen konkret der Wettbewerb ausgetragen wird (Produkte, Dienstleistungen, Verfahren, Preise, Kundendienst, Termine usw.) sowie die relative Kostensituation und die spezifischen Wettbewerbsfaktoren der Unternehmung dargelegt, wobei Bezug auf die stärksten Konkurrenzunternehmungen genommen wird. Wesentliches Element dieser Analyse ist die Konkurrenzanalyse[3]: Welche Unternehmungen sind effektive

[3] Vgl. hierzu M.E. Porter, Competitive Strategy: Techniques for Analyzing Industries and Competitors, New York, London 1980, S. 47ff.

oder potentielle Konkurrenten? Wodurch unterscheidet sich die Unternehmung von qualifizierten Konkurrenzunternehmungen? Wie greift die Unternehmung erfolgreich in den Wettbewerb ein? Erlaubt die Wettbewerbssituation eines Industriesektors den erfolgreichen Eintritt neuer Unternehmungen? Mit welchem Marktverhalten der stärksten Konkurrenten ist zu rechnen? Das Ergebnis dieses letzten Teiles der Umweltanalyse besteht in der Zusammenfassung der Voraussetzungen für einen erfolgreichen Wettbewerb in spezifischen Industriesektoren; diese Erolgsfaktoren werden in der Unternehmungsanalyse[4] den Stärken und Schwächen der Unternehmung, mit Bezug auf die wichtigsten Konkurrenten, gegenübergestellt (Abb. 4.3 und Tab.4.2).

Die Beobachtung der Umwelt ist ein *kontinuierlicher Prozeß*, der aufgrund der Evolution der Umwelt, der Industriesektoren und der Unternehmung laufend erweitert und revidiert werden muß. Die planmäßige Ausnutzung wechselnder Möglichkeiten und/oder Abwendung sich abzeichnender Gefahren erfordert ein methodisches Vorgehen, dessen Systematik in Tab. 4.1 angedeutet ist und im konkreten Fall durch Umstände bestimmt wird, die gewissermaßen als Nebenbedingungen in die organisatorische Regelung der Entscheidungsprozesse der Unternehmungsleitung eingehen. Die Wahl der zukünftigen Arbeitsgebie-

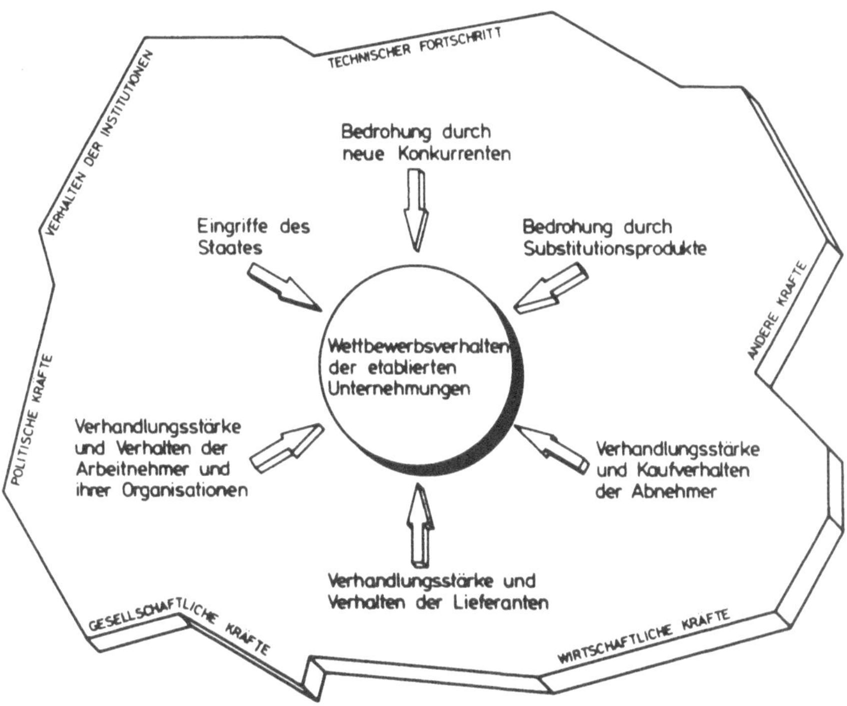

Abb. 4.3 Grundschema der Branchenanalyse (modifiziert nach M.E. Porter)

[4] Vgl. hierzu die Ausführungen im Abschnitt 4.2.3.8.

Tabelle 4.2 Grundschema für die Bestimmung der zentralen Erfolgsfaktoren für die einzelnen strategischen Geschäftseinheiten (modifiziert nach M. E. Porter)

Determinanten des Wettbewerbs	*Zentrale Erfolgsfaktoren*	*Stärken/Schwächen der Unternehmung*	*Stärken/Schwächen der wichtigsten Konkurrenten*	*Maßnahmen*
1. Bedrohung durch neue Konkurrenten				
2. Wettbewerbsverhalten der etablierten Unternehmungen				
3. Bedrohung durch Substitutionsprodukte				
4. Verhandlungsstärke und Kaufverhalten der Abnehmer				
5. Verhandlungsstärke und Verhalten der Lieferanten				
6. Verhandlungsstärke und Verhalten der Arbeitnehmer und ihrer Organisationen				
7. Eingriffe des Staates				

te der Unternehmung ist sehr von der Erfahrung, dem Urteil und der Kultur der Unternehmungsinstanzen abhängig, die für die Umweltanalyse verantwortlich sind.

4.1.2 Die Unternehmungsanalyse und -prognose

Die Umweltdynamik schafft Möglichkeiten, Opportunitäten und Probleme; die Umweltanalyse gibt an, was die Unternehmung tun könnte.

Zweck der *Unternehmungsanalyse* ist es, festzustellen, was die Unternehmung aufgrund ihrer spezifischen Stärken und Schwächen und hinsichtlich der qualifizierten Konkurrenten in den sie interessierenden Marktsegmenten tun *kann.* Bei der Unternehmungsanalyse ist davon auszugehen, daß die Stärken und Schwächen der Unternehmung nur hinsichtlich der drei Phasen der Umweltanalyse – Analyse der politischen, gesellschaftlichen, wirtschaftlichen und technischen Entwicklung, Analyse des Industriesektors, Stellung der Unternehmung im Industriesektor – bestimmt werden können; nur dann also, wenn die kritischen Erfolgsfaktoren mit Hilfe der Umweltanalyse identifiziert sind, läßt sich das Stärken/Schwächen-Profil der Unternehmung in bezug auf die einzelnen strategischen Geschäftseinheiten erstellen. Die Unternehmungsanalyse setzt ferner voraus, daß die Ressourcen der Unternehmung nicht nur mit den gegenwärtigen, sondern auch mit den *zukünftigen* Umweltbedingungen verglichen werden; sie zeigt somit die Chancen auf, die sich der Unternehmung aufgrund ihrer gegenwärtigen und zukünftigen Ressourcen eröffnen. Die Unternehmungsanalyse darf sich somit nicht nur auf die Beurteilung der *Ausgangslage* („Wo stehen wir heute?", „Wie sind wir hierher gekommen?") beschränken, sondern muß auch angeben, was die Unternehmung mit ihren aktuellen und potentiellen *Ressourcen* angesichts der sich abzeichnenden Chancen und Gefahren der Umwelt in den Marktsegmenten tun kann, in denen ihre strategischen Geschäftseinheiten operieren oder operieren werden.

Stärken der Unternehmung sind:

(1) *Outputs* der Unternehmung, die
  a) die früher angestrebten Zielwerte erreicht oder überstiegen haben (z. B. Produktlinien mit überdurchschnittlichem ROI oder Wachstum) oder
  b) über den vergleichbaren Ergebnissen der stärksten Konkurrenzunternehmungen liegen (z. B. eine günstigere Kostensituation, eine wirksamere Differenzierung, ein höherer Marktanteil);

(2) *Strukturelle Merkmale bzw. Leistungspotentiale*, die zu diesen als Stärken zu bezeichnenden *Outputs* beigetragen haben (Produktlinien, Marketingkonzeptionen oder, allgemein, Quellen von Wettbewerbsvorteilen).

Die Stärken und Schwächen der Unternehmung sind *relative* Größen; das Stärken/Schwächen-Profil kann deshalb nur mit Bezug auf die kritischen Erfolgsfaktoren der Umweltanalyse und auf das Verhalten der stärksten Konkurrenten erstellt werden.

Zwei Fragen können im Rahmen der Umweltanalyse und -prognose die Ermittlung der *kritischen Erfolgsfaktoren* erleichtern:

(1) Welche Einflußgrößen bestimmen voraussichtlich den Erfolg bestimmter Unternehmungen in einem Industriesektor, welche Einflußgrößen sind dagegen wahrscheinlich dafür verantwortlich, daß andere Unternehmungen ihre relative Wettbewerbssituation verschlechtern?

(2) Wie verhalten sich die Stärken und Schwächen der Unternehmung mit Bezug auf die kritischen Erfolgsfaktoren, die die Beantwortung der Frage (1) ergeben hat?

Allgemeine Aussagen über ein „richtiges" Vorgehen bei der Erstellung der Unternehmungsanalyse sind nicht möglich. Im Rahmen der branchen- und unternehmungsspezifischen kritischen Erfolgsfaktoren und unternehmungsspezifischen kritischen Ressourcen muß vielmehr jede Unternehmung den Fragenkatalog selbst aufstellen. Generell kann man nach dem in Tabelle 4.3 dargestellten Schema vorgehen:

(1) Ermittlung der kritischen Ressourcen, von denen das wirtschaftliche Ergebnis der Unternehmung unter den spezifischen Umwelt- und Wettbewerbsbedingungen abhängt; auf diese Weise können die Ressourcen bestimmt werden, die von der Unternehmung beschafft werden müssen, wenn sie Nutzen aus den Umweltmöglichkeiten ziehen und/oder die potentiellen Auswirkungen der Bedrohungen minimieren will;

(2) Beantwortung einer Reihe von Schlüsselfragen mit Bezug auf jeden kritischen Erfolgsfaktor, die die spezifischen Stärken und Schwächen (Ressourcen) der Unternehmung im Vergleich zu den stärksten Konkurrenten zu beurteilen gestatten;

(3) Profildarstellung der Stärken und Schwächen der Unternehmung, wobei aus Vergleichsgründen die entsprechenden Profile der stärksten Konkurrenzunternehmungen eingetragen werden. In der Praxis sollte die Analyse jedoch differenzierter sein als aus der Abb. 4.4 hervorgeht; diese stellt lediglich eine zusammenfassende Gesamtbetrachtung dar, bei der von einer Gewichtung der Faktoren Abstand genommen wird.

Jede Stärken- und Schwächenanalyse, die auf das Erkennen und damit Ausnützen des Handlungsspielraumes der Unternehmung gerichtet ist, muß nach zwei Richtungen durchgeführt werden:

(1) Analyse des kostengünstigsten Funktionierens der Unternehmung, um den *defensiven* Handlungsspielraum zu vergrößern;

(2) Suche nach neuen Möglichkeiten der Differenzierung, um den *offensiven* Handlungsspielraum zu erweitern.

Gegenwärtige „Schwächen" können in zukünftige „Stärken" umgewandelt werden, wenn die Unternehmung über strategische Konzepte für ihre Geschäftseinheiten verfügt.

Tabelle 4.3 Gliederungsschema der Unternehmungsanalyse und -prognose

Kritische Erfolgsfaktoren (siehe Umweltanalyse)	Fragenkatalog	Stärken	Schwächen	Bemerkungen/ Aktionen
1. *Produktlinien*	– Welches sind effektiv die Produktlinien der Unternehmung? Welche Funktionen erfüllen sie? Welche zusätzlichen Funktionen können sie erfüllen? Wie haben sich die strategischen Produkteigenschaften in den letzten fünf Jahren verändert? Welche Änderungen werden in den nächsten fünf Jahren erwartet? – Was waren die signifikantesten Produktstärken und -schwächen in der Vergangenheit hinsichtlich: Qualität und sonstiger Produkteigenschaften, Preis, Design, Kundendienst, Lieferzeiten, Patente usw., mit Bezug auf die stärksten Konkurrenten? Welche Verbesserungen schätzen die Abnehmer am meisten? Welche Änderungen der Produkteigenschaften können zu neuen Marktsegmentierungen oder -aggregationen und somit zu Wettbewerbsvorteilen führen? Welche Absichten verfolgen die wichtigsten Konkurrenten? – Welche Marktanteile hält die Unternehmung heute? Wie stabil sind die Marktanteile? Handelt es sich dabei um viele oder wenige Abnehmer? In welchen Phasen ihrer Lebenszyklen befinden sich die Hauptprodukte? Wie stehen die Hauptprodukte hinsichtlich Preis, Deckungsbeitrag und Investitionen? Wie beurteilen die gegenwärtigen und potentiellen Abnehmer die Produkte? Wie verhalten sich die verschiedenen Produktlinien hinsichtlich Vertriebsstruktur, Produktionsapparat und Forschungs- und Entwicklungspotential? Ergeben die verschiedenen Produktlinien ein ausgewogenes Produkt-Portfolio? – Welchen Trends folgen die Marktanteile? Welche Wettbewerbstendenzen, technische Entwicklungen, staatliche Auflagen usw. zeichnen sich ab? Welchen Konjunktur- und Saisonschwankungen sind die Produktlinien ausgesetzt? – Nach welchen Kriterien werden die Wertanalysen der Produkte durchgeführt? Wie heben sich die Sortimente und Programme von denen der stärksten Konkurrenten ab? – Welche Auswirkungen haben neue technische Entwicklungen für die Unternehmung? – Welche Rolle spielen gesetzgeberische und/oder administrative Vorschriften? – Unterstützt die Logistik die Unternehmungsstrategien? – usw.			

Kritische Erfolgsfaktoren (siehe Umweltanalyse)	Fragenkatalog	Stärken	Schwächen	Bemerkungen/ Aktionen
2. *Marketing*	– Welche regionale Gliederung weisen die Marktanteile im Vergleich zu denen der stärksten Konkurrenten auf? Welche Markttrends zeichnen sich ab? Eignen sich die vorhandenen Vertriebs- und Produktionsmöglichkeiten zur Erfüllung der sich abzeichnenden nationalen und internationalen Markterfordernisse? Besteht die Gefahr der Enteignung der ausländischen Produktions- und/oder Vertriebsgesellschaften? – Entspricht die Marketingkapazität den Erfordernissen der verschiedenen Produktlinien? Sind Kapazitäten für die Exploitierung neuer Produkte und Entwicklung neuer Märkte vorhanden? Ist die Marktforschung in der Lage, die für neue Produktentwicklungen und marktorientierte Forschungs- und Entwicklungsprogramme notwendigen Informationen rechtzeitig zu liefern? Kommen neue, bessere oder billigere Produkte aus dem Ausland? – Ist die Unternehmung in der Lage, allgemeine Wirtschaftsstudien und Analysen bestimmter Industriesektoren durchzuführen, die die Leitung für die Konzeption von Wachstums- und/oder Abschöpfungsstrategien benötigt? – Welche Auslandsanteile am Umsatz des laufenden/vergangenen Jahres haben die diversen Produktlinien im Vergleich zu denen der stärksten Konkurrenten? – Welches Mengenwachstum haben die diversen Produktlinien? – Wie sind die Marketingkonzeptionen im Vergleich zu denen der stärksten Konkurrenten? – Welches sind die relativen Erfolgsfaktoren für jede Produktlinie hinsichtlich Umsatz- und Gewinnbeitrag? Wie ist die Ertragssituation im Ausland? – Nach welchen Kriterien werden die Preise festgelegt? – Welche Mittel werden für die Werbung eingesetzt, wie sind diese koordiniert und mit den anderen absatzpolitischen Instrumenten abgestimmt? – Haben administrative Schranken den Markteintritt im Ausland bisher behindert? Wie sind Qualitäten und sonstige Produkteigenschaften, Lieferzeiten, Preis, Kundendienst sowie akzessorische Leistungen abgestimmt? Ist die Marketingpolitik der Industriestruktur und den Wettbewerbsbedingungen angemessen? Sollten Änderungen eingeführt werden? – Entspricht die Marketingpolitik dem Stand der Technik, den Umweltbedingungen usw.? – Welche Leistungen a) erwarten unsere Kunden, und b) erbringen unsere Konkurrenten?			

Kritische Erfolgsfaktoren (siehe Umweltanalyse)	Fragenkatalog	Stärken	Schwächen	Bemerkungen/ Aktionen
	– Wie erreichen die Konkurrenten ihr Service-Niveau? – Durch wieviele Verkaufspunkte soll unser Produkt vertrieben werden? Welcher Art sollen sie sein? Wo sollen sie liegen? – Stehen die Standorte der Fertigungsbetriebe mit den laufenden und/oder geplanten Strategien in Einklang? – Haben wir sichergestellt, daß unsere Strategie dort zum angestrebten Niveau der Leistungen und Kosten führt, wo es darauf ankommt, nämlich beim Endverbraucher? – Wo steht die Unternehmung im Logistik-Lebenszyklus? – Wie wird die Öffnung des öffentlichen Auftragswesens genutzt? – Haben wir sichergestellt, daß alle Beteiligten ihre Funktionen wie geplant wahrnehmen? – usw.			
3. *Finanzsituation*	– Wie wirken sich die Liberalisierung des Kapitalverkehres und die Harmonisierung der rechtlichen Rahmenbedingungen aus? – Wie war die bisherige langfristige Geschäftsentwicklung im Vergleich zur Konkurrenz und zum Branchendurchschnitt? Welche Hauptstärken und -schwächen ergeben sich aus der Trendanalyse der wichtigsten Finanzkennziffern? Welche Gewinnperspektiven lassen sich aus den Trends der wichtigsten Finanzkennziffern ableiten? – Ist die Finanzplanung in die strategische Planung und in die Durchführungsplanung eingegliedert? – Werden *Cash-flow*- Prognosen im Planungsprozeß benutzt? Werden die Produktlinien unter dem Gesichtspunkt der Hervorbringung und des Verbrauchs von Finanzmitteln beurteilt? Wie ist die Marktposition pro SGE und Land? – Welche Berichte werden für welche Führungskräfte erstellt? – Sind die Berichte angemessen, zeitgerecht und operational und werden sie von den Führungskräften im Entscheidungs- und Kontrollprozeß benützt? – Von welcher Qualität ist die finanzielle Führung im Vergleich zu der der stärksten Konkurrenten? – Zeigen die langfristigen Finanzpläne, daß die Unternehmungsleitung die finanziellen Ressourcen effizient einzusetzen versteht? Wird die Finanzplanung der Produktlinien aufgrund ihrer Position in der Portfolio-Matrix durchgeführt? Nach welchen Kriterien erfolgt die Investitionsplanung? – u. a. m.			

Kritische Erfolgsfaktoren (siehe Umweltanalyse)	Fragenkatalog	Stärken	Schwächen	Bemerkungen/ Aktionen
4. *Forschung und Entwicklung* = F&E	– Welchen Anteil am Umsatz haben die Forschungs- und Entwicklungsausgaben im Vergleich zu denen der stärksten Konkurrenten? Welchen Umfang und welche Tiefe weist das F&E-Potential auf? Orientieren sich die F&E-Anstrengungen an den Marktbedürfnissen und sind sie ein integrierender Bestandteil der Innovationsprogramme der Unternehmung? Nach welchen Kriterien werden die F&E-Anstrengungen geplant, geleitet und überwacht? Tragen die F&E-Ergebnisse zu einer ausgewogenen Portfolio-Matrix bei? – Wie viele F&E-Projekte wurden der Unternehmungsleitung in den letzten fünf Jahren vorgelegt? Wie viele davon wurden abgelehnt? – Wieviel kann die Unternehmung maximal für F&E ausgeben? Welche F&E-Ausgaben sollten den verschiedenen Produkten zugewiesen werden? Welche Risiken kann die Unternehmung aufgrund ihrer Ressourcen eingehen? – Welche F&E-Bereiche führen wahrscheinlich zu wirtschaftlichen Resultaten, mit Bezug auf das allgemeine Qualifikationsprofil der Gesamtunternehmung? Wie ist das technische Know-how der Unternehmung? – Werden die F&E-Ressourcen für die Innovationsziele der Unternehmung eingesetzt? Welche Ergebnisse – Produkt- und Verfahrensinnovationen, Verbesserungen usw. – wurden von den F&E-Abteilungen erzielt? Zu welchem Umsatzanteil tragen die neuen Produkte der letzten fünf Jahre bei? – Wie sind die F&E-Tätigkeiten organisiert? Sind die Verbindungen mit der Produktion und dem Marketing konstruktiv und befriedigend? – Wie ist das Berichtssystem aufgebaut? – Wie wird die Kreativität gefördert? Wird der Kreativitätsförderung und den Forscherpersönlichkeiten genügend Aufmerksamkeit gewidmet? Wurde der Entwicklungsaspekt der F&E-Tätigkeit mit nachteiligen Auswirkungen auf die Forscherpersönlichkeit überbetont? – Ist die F&E-Planung Teil der strategischen Planung? – u. a. m.			
5. *Produktion*	– Wie hoch sind die gegenwärtigen Produktionskosten? Welche Trends der Kosten der Produkte und Aktivitäten zeichnen sich ab? Welchen Erfahrungskurven folgen tendenziell die Stückkosten? Welches sind die			

Kritische Erfolgsfaktoren (siehe Umweltanalyse)	Fragenkatalog	Stärken	Schwächen	Bemerkungen/ Aktionen
	wesentlichen Kostenelemente? Sind die Kostenkontrollprogramme und Standards, wenn vorhanden, aktionsorientiert und sinnvoll? – Welche Charakteristiken und welche Leistungspotentiale weisen die Produktionsprozesse und Anlagen, im Vergleich zu denen der stärksten Konkurrenten, auf? Wie flexibel sind die Produktionsstrukturen im Hinblick auf den zukünftigen Wettbewerb? Unter welchen Bedingungen kann die Flexibilität erhöht werden? Werden neue Anlagen- und Verfahrensentwicklungen regelmäßig auf ihre Zweckmäßigkeit und Wettbewerbsvorteile untersucht? – Wie werden die Lieferanten in das Produktionssystem einbezogen? Welche internationale Arbeitsteilung ist geplant? – Wie ist die Qualität der Produktionsplanungs- und -steuerungssysteme? Werden Produkte und Verfahren systematisch verbessert? Welche Rolle spielen die für die Produktion verantwortlichen Stellen im Innovationsprozeß? Fördert das vorhandene Informationssystem die Kooperation zwischen Produktion, Lagerhaltung, Qualitätskontrolle, Arbeitsvorbereitung und anderen interessierten Bereichen? – Wie hoch ist der Fixkostenanteil im Produktionsbereich, mit Bezug auf den der stärksten Konkurrenten? Wie hoch ist der Automatisierungsgrad im Vergleich zu dem der wichtigsten Konkurrenten? Unter welchen Bedingungen kann die Produktivität erhöht werden? Wie ist die Lagerwirtschaft im Vergleich zu der der wichtigsten Konkurrenten? – Welche Beziehungen bestehen zwischen den Produktions-, Marketing- und F&E-Abteilungen? Welchen Stellenwert hat die Produktion in der Unternehmung und welches sind die Schlüsselfunktionen im Produktionsbereich? Orientiert sich die Produktion am Markt und an den Abnehmern? – Welches „Image“ hat die Unternehmung auf dem Produktionssektor? Welche Umweltanforderungen kommen auf den Produktionsbereich zu? Werden „Technology-Assessment“-Studien durchgeführt? – Wieviel wird im Produktionsbereich investiert? Wie verteilt sich der Kapitaleinsatz auf strategische Investitionen und auf Rationalisierungsmaßnahmen? – Wird die elektronische Rechenanlage im Produktionsbereich eingesetzt? Werden mathematische Optimierungsmodelle benutzt? Beruht die Projektierung auf Erfahrungskurven und ist sie preisorientiert?			

Kritische Erfolgsfaktoren (siehe Umweltanalyse)	Fragenkatalog	Stärken	Schwächen	Bemerkungen/ Aktionen
	– Flexible Spezialisierung oder Massenproduktion? – Was wird in der Logistik/Materialwirtschaft im Hinblick auf den weltweiten Wettbewerb getan? – u. a. m.			
6. *Versorgung mit Rohstoffen und Energie*	– Wie beeinträchtigen Preiserhöhungen von Rohstoffen und Energieträgern die Wirtschaftlichkeit der Produktionsprozesse? Wird eine Risikostreuung im Einkauf und in der Verwendung der Rohstoffe und Energieträger verwirklicht? Werden neue Technologien und Substitutionsmöglichkeiten gesucht? Werden bewußte Anstrengungen gemacht, Rohstoffe und Energieträger einzusparen? Sind alle Rückgewinnungsmöglichkeiten (Recycling) genutzt? – Welche Versorgungspläne verfolgt die Unternehmung im Vergleich zu den stärksten Konkurrenten? Wie weit kann die Abhängigkeit in der Versorgung von Rohstoffen und Energie mit Bezug auf die stärksten Konkurrenten vermindert werden? Ist die Risikostreuung effizienter als die der stärksten Konkurrenten? – u. a. m.			
7. *Standorte*	– Wie hoch ist das staatliche Interventionsrisiko hinsichtlich a) des Industriessektors und b) der regionalen Standorte? – Welches Marktpotential wird vom Standort aus genutzt? Welche Möglichkeiten des Gewinntransfers bestehen? – Müssen neue Standorte gesucht werden? (Für rohstoffintensive Produkte, für Produkte mit geringem Know-how und Software-Gehalt, für Produkte, bei denen Kostenvorteile nicht mehr über weitere Produktivitätssteigerungen, sondern über den Einsatz billigerer Arbeitskräfte erzielt werden können, usw.) – Ist die Unternehmung in der Lage, „echte“ Beiträge zur Lösung der Probleme ihres Ursprungslandes und der Entwicklungsländer zu leisten? Welche Formen der Partnerschaft (Joint Ventures) kann die Unternehmung, im Vergleich zu den wichtigsten Konkurrenten, den lokalen Partnern bieten? Verfügt die Unternehmung über Kader mit geeignetem technischen Wissen, ausreichenden Sprachkenntnissen, Kultur usw., die als Gesprächs- und Kooperationspartner mit Vertretern aus Entwicklungsländern fungieren können? – Wie gefährdet sind die gegenwärtigen Standorte der Unternehmung im Vergleich zu denen der wichtigsten Konkurrenten? – u.a.m.			

Kritische Erfolgsfaktoren (siehe Umweltanalyse)	Fragenkatalog	Stärken	Schwächen	Bemerkungen/ Aktionen
8. *Kostenvorteile*	– Ist die Unternehmung in der Lage, das Phänomen der Erfahrungskurven zu nutzen? Sind Kostensenkungsprogramme vorhanden, die auf den mit steigender Produktions- und Absatzmenge wachsenden Erfahrungen beruhen? – Lassen sich durch Joint Ventures Kosteneinsparungen erzielen? – Schöpft die Unternehmung alle Rationalisierungsmöglichkeiten aus? Bringt die Internationalisierung Kostenvorteile? – Werden die erzielten Kostenvorsprünge über Preisreduktionen an die Abnehmer weitergegeben? Sichert die Unternehmung ihre führende Stellung in bestimmten Marktsegmenten durch eine geeignete Preispolitik ab? – Leitet die Unternehmung die Zweckmäßigkeit einer Erhöhung des Marktanteiles aus dem damit verbundenen Erwerb des zusätzlichen Kostensenkungspotentials ab? Versucht die Unternehmung in Marktsegmente einzudringen, die von einer führenden Unternehmung beherrscht werden? Gibt die Unternehmung die Marktsegmente auf, in denen sie Grenzanbieter ist? – Zählt die Unternehmung zu den führenden Wettbewerbern in den Marktsegmenten, in denen sie tätig ist? Wenn nicht, welche Maßnahmen sind geplant? – u.a.m.			
9. *Qualität der Führungskräfte*	– Welche Gruppe von Personen zählt zur Führungsspitze? Ist die gegenwärtige Führungsspitze für die vergangenen Resultate verantwortlich? – Welche Ausgangssituation hat die Unternehmungsleitung vorgefunden? Wie aufgeschlossen ist sie gegenüber dem Wandel und welche Änderungen hat sie durchgesetzt? War die Unternehmung groß genug für einen effizienten Wettbewerb? Welche Resultate wurden erzielt? Wie ist die gegenwärtige Marktposition der Unternehmung im Vergleich zu der der wichtigsten Konkurrenten? Wie ist die Entwicklung der wichtigsten Konkurrenten verlaufen? Wie wird die Internationalisierung vorangetrieben? – Wodurch zeichnet sich die Leitung der Unternehmung gegenüber der der wichtigsten Konkurrenten aus? Ist die Unternehmungsleitung in der Lage, die Herausforderung der Zukunft zu bewältigen? Hat die Leitung ihre Stärken durch die Kooptation von Führungskräften mit anderen Stärken und Fähigkeiten komplementär ergänzt?			

Kritische Erfolgsfaktoren (siehe Umweltanalyse)	Fragenkatalog	Stärken	Schwächen	Bemerkungen/ Aktionen
	– Wie ist die gegenwärtige Situation der Division, des Geschäftsbereiches oder der Abteilung? Wie lange waren die Führungskräfte in ihrer gegenwärtigen Position tätig und über welche Erfahrungen verfügen sie? – Was wird zur Zeit im Hinblick auf den weltweiten Wettbewerb getan? Was sollte getan werden, was wird vernachlässigt? Woher stammen die entsprechenden Informationen? – Welche Bedeutung hat die Division, der Geschäftsbereich, die Abteilung, Funktion usw. im Rahmen der Gesamtunternehmung? – Welche Erfolgschancen hat die Unternehmung unter Berücksichtigung ihrer spezifischen Stärken und Schwächen? – u. a. m.			
10. *Führungssysteme*	– Mit Hilfe welcher Führungssysteme wurde die Unternehmung in der Vergangenheit geführt? Wie wird sie heute geführt? Welche Ziele wurden festgelegt? Wurden Kriterien für Soll/Ist-Vergleiche festgelegt? Wurden Strategien formuliert und durchgesetzt? Stehen die Strategien mit den Strukturen in Einklang? – Welche Aufmerksamkeit wird der Kaderplanung und Kaderentwicklung gewidmet? Sind Kaderplanung und Kaderentwicklung in das Führungssystem integriert? Wie verhält sich das Gehaltssystem zu dem der wichtigsten Konkurrenten? Bestehen Anreize und Möglichkeiten für das professionelle und kulturelle Wachstum der Kader? – Wodurch unterscheidet sich das Führungssystem der Unternehmung von dem der wichtigsten Konkurrenten? – Wie sind das „Arbeitsklima“ und die Innovationsfreudigkeit im Vergleich zu den wichtigsten Konkurrenten? In welchem Ausmaß werden die individuellen Fähigkeiten in den Dienst gemeinsamer Aufgaben gestellt? Wie ist die Qualität der individuellen und Gruppenanstrengungen? Fördert das Führungssystem Innovation und Kreativität? – Gibt es eine EG-Datenbasis? Ein Unternehmungs-EG-Audit? – u. a. m.			
11. *Steigerungs-Potential der Produktivität*	– Muß die Unternehmung das Sortiment ändern und/oder neue Standorte suchen, um die Produktivität zu erhöhen? Gibt es ein Technical Audit?			

Kritische Erfolgsfaktoren (siehe Umweltanalyse)	Fragenkatalog	Stärken	Schwächen	Bemerkungen/ Aktionen
	– Können die Kostensteigerungen der Produkte aufgefangen werden, bei denen die Möglichkeiten der Produktivitätssteigerungen weitgehend erschöpft sind? Ist die weitere Produktivitätssteigerung mit Produktionsflexibilität vereinbar? – Kann die Unternehmung Produktivitätsreserven auf geistigem, d. h. qualitativem Gebiet schaffen? – Sind für die Aufrechterhaltung der internationalen Wettbewerbsfähigkeit langfristige, strukturelle Adaptationsprozesse notwendig? – Kann die Produktivität durch Produkt- und/oder Verfahrensinnovationen gesteigert werden? Kann der Innovationsfortschritt geschützt werden? – u. a. m.			

4.1.3 Die kulturellen Maßstäbe und Ideale der Unternehmungsleitung

Die Gegenüberstellung von externen Chancen und Gefahren (Umweltanalyse) und internen Stärken und Schwächen (Unternehmungsanalyse) ist ein *kreativer Prozeß*, der die *Machbarkeit* bestimmter Strategien dokumentiert[5]. Die Hauptressourcen einer jeden Unternehmung sind neben den spezifischen Fähigkeiten und finanziellen Ressourcen ihre technischen und unternehmerischen Führungskräfte; ihr Verhalten wird von dem beeinflußt, was sie persönlich zu tun *wünschen* und was sie selbst für *wünschenswert* halten. Die Wertvorstellungen, Ideale und Ziele der Führungskräfte beeinflussen somit das, was die Unternehmung tun *kann*; sie sind – explizit – wesentliche Determinanten der Ziele und Strategien der Unternehmung[6].

Werte und Ziele sind untrennbar verbunden. Würden wir jedem Zustand den gleichen Wert zuordnen, hätten wir keine Ziele. Der Mensch tendiert dazu, einen bestimmten Zustand mit einer Intensität zu realisieren, die der Bedeutung oder dem Wert proportional ist, den zu einem bestimmten Zeitpunkt dieser Zustand für ihn hat. Starke und klare Werte entstehen immer aus mächtigen Bedürfnissen[7].

Welche Rolle spielen die persönlichen Werte, Ideale und Ziele im strategischen Entscheidungsprozeß? Im allgemeinen läßt sich sagen, daß sich ihr Einfluß nach der Intensität der ökonomischen Orientierung der Führungskräfte richtet;

[5] Vgl. hierzu Abschnitt II.2.4.

[6] Vgl. hierzu im einzelnen K.R. Andrews, The Concept of Corporate Strategy, Homewood, Ill., 3. Aufl. 1988, S. 130ff.

[7] Vgl. hierzu die Ausführungen über die Unternehmungskultur im Abschnitt 8.

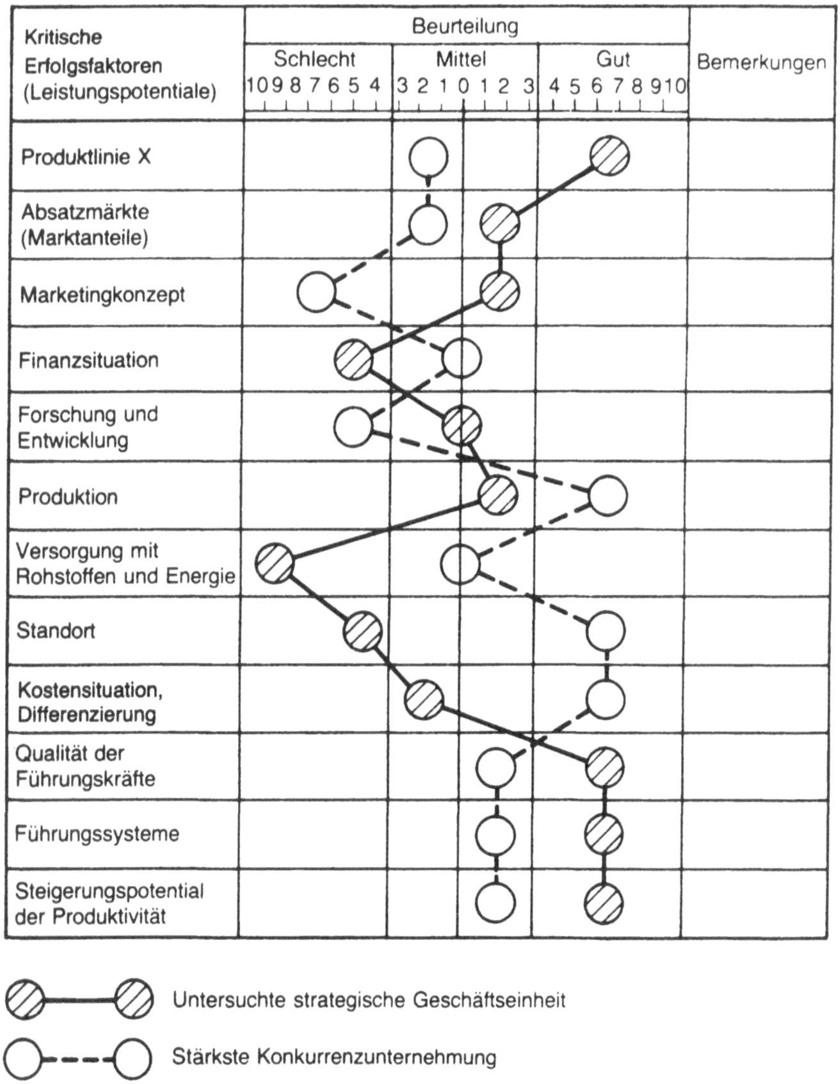

Abb. 4.4 Stärken/Schwächen-Profil einer strategischen Geschäftseinheit (Prinzipdarstellung)

Anmerkung: Der Einfachheit halber werden bei der Darstellung der Ressourcen Felder gleicher Größe gewählt; dies impliziert die in der Praxis nicht immer gerechtfertigte Annahme einer Gleichgewichtigkeit der Ressourcen. Im Bedarfsfall kann über die Breite der Felder (oder die Größe der Kreise) die Fläche der Bedeutung der Ressourcen angepaßt werden.

sind die Führungskräfte vorwiegend ökonomisch orientiert, decken sich die Entscheidungen, die von der Maximierung des langfristigen Gewinnes unter Einhaltung zahlreicher Randbedingungen bestimmt sind, mit den Entscheidungen, die durch persönliche Wertvorstellungen diktiert sind. In der Regel aber bestimmen die persönlichen Werte und kulturellen Maßstäbe der Unternehmungsleitung die strategische Profilierung der Unternehmung auf eine dreifache Weise:

(1) durch die Art, wie die Unternehmung ihre Arbeitsgebiete festlegt;
(2) durch die Wahl der Ziele, Strategien und operativen Maßnahmen, mit denen die Unternehmung in den Wettbewerb eingreift, und
(3) durch ihr Bild, das die Unternehmung der Öffentlichkeit zeigt.

Die strategische Profilierung der Unternehmung läßt sich aus ihrem tatsächlichen Verhalten, nicht aber aus den Ausführungen ihrer Führungskräfte, ableiten; sie ist unabhängig davon, ob die Unternehmung über explizite Ziele, Strategien, Leitbilder usw. verfügt oder nicht[8]. Das strategische Profil einer Unternehmung kann deshalb sowohl von ihren Führungskräften selbst als auch von den Konkurrenzunternehmungen erstellt werden. Jede Unternehmung steht nämlich im Laufe ihres Lebens vor kritischen Entscheidungen, die im Rahmen der externen Möglichkeiten und aufgrund der internen Ressourcen getroffen werden, jedoch aus der Individualität derjenigen stammen, die zu entscheiden haben[9].

Jede Unternehmung hat eine bestimmte *Verhaltensweise*, die durch die *Persönlichkeit, Initiative, Kreativität und Kultur der obersten Führungskräfte* geprägt ist. Diese Verhaltensweise z.B. kann sich in Aggressivität, Selbstgefälligkeit, Paternalismus usw. äußern, die Schnelligkeit oder Langsamkeit der Reaktionen auf strategische Überraschungen und Umweltveränderungen beeinflussen usw.

Das strategische Profil der Unternehmung kann aus den Leistungszielen abgeleitet werden; die Leistungsziele können z.B. Wachstumsraten/Jahr, Umsatz/Jahr, innerhalb einer bestimmten Periode zu erzielender Marktanteil oder Anteil des Auslandsumsatzes am Gesamtumsatz und dgl. mehr betreffen; sie können aber auch auf die Beziehungen der Unternehmung zu den Umweltgruppen wie Arbeitnehmer, Lieferanten, Gesellschaft usw. abgestellt sein.

Wesentlich ist, daß die *geplanten* Leistungsziele ermittelt werden: Der Unterschied zwischen den Zielvorstellungen und den in der Vergangenheit erzielten Resultaten ist ein Maßstab für den Umfang der Ressourcen, die den Strategien in den zur Frage stehenden Bereichen in Zukunft voraussichtlich zur Verfügung gestellt werden.

Bestehen Konflikte zwischen den persönlichen Wertvorstellungen der Führungskräfte und den ökonomischen Notwendigkeiten hinsichtlich der Wahl der Arbeitsgebiete, der Wettbewerbsinstrumente usw., können zwei Fragen zu einer Lösung des Konfliktes beitragen:

[8] Vgl. hierzu H.E.R. Uyterhoeven, R.W. Ackermann u. J.W. Rosenblum, Strategy and Organization; Text and Cases in General Management, Homewood, Ill. 1978, S. 13ff.

[9] „Das Geheimnis richtiger Entscheidungen ist mit betriebswirtschaftlichen Methoden allein nicht aufzuhellen". E. Gutenberg, Grundlagen der Betriebswirtschaftslehre, Erster Band: Die Produktion, Berlin, Heidelberg, New York 1973, S. 131.

(1) Können neue strategische Alternativen entwickelt werden, die eine stärkere Annäherung zwischen ökonomischen Notwendigkeiten der Unternehmung und persönlichen Werten ermöglichen?
(2) Welche Kosten ergeben sich für die Unternehmung aus der Verfolgung meta-ökonomischer Werte?

Kann die Unternehmungsleitung keine besseren Alternativen ermitteln und übersteigen die Opportunitätskosten der meta-ökonomischen Aktionen, in den Perspektiven der Entscheidungszentren, den erwarteten Nutzen, richtet sich die Entscheidung ausschließlich nach ökonomischen Kriterien. Hier zeigt sich deutlich, daß der Ermessensspielraum der Unternehmungsleitung nicht vollständig in Rationalität auflösbar ist.

Für alle Konfliktsituationen gilt, daß der Erfolg einer jeden, mit den Unternehmungszielen in Einklang stehenden Strategie nicht nur von der Integration der beiden Momente – Formulierung und Ausführung – abhängt, sondern vom persönlichen Einsatz, den Fachkenntnissen, den kulturellen Wertmaßstäben und der Entschlossenheit der Führungskräfte geprägt wird. Die Führung der Unternehmung ist eine spezielle Kulturleistung.

4.1.4 Die Verpflichtungen der Unternehmung gegenüber der Gesellschaft

Jede strategische Entscheidung hat einen *ethischen Aspekt*, dessen Bedeutung in den verschiedenen Industriesektoren unterschiedlich ist. Die Fähigkeiten und Ressourcen der Unternehmung erhalten erst einen Sinn, wenn sie nicht nur auf die Erzielung eines Gewinnes, sondern auch auf einen Beitrag zur Lösung gesellschaftlicher Probleme ausgerichtet sind. Dazu muß die Unternehmung, die ihre Fähigkeiten entwickelt, Zielvorstellungen erarbeiten. Was die Unternehmung tun *sollte*, erscheint als das vierte Element einer jeden strategischen Entscheidung.

Die Gesellschaftsfunktion des Gewinns besteht darin, die Voraussetzungen zu schaffen, daß die Unternehmungstätigkeiten als Dienst an der Gesellschaft, den Abnehmern, den Mitarbeitern, den Aktionären und den Lieferanten interpretiert werden können, d. h. als Dienst an den Gruppen, deren Schicksal irgendwie mit der Unternehmung verbunden ist[10]. Aus welchen Gründen hat die Unternehmung Verpflichtungen gegenüber der Gesellschaft über das gesetzlich absolute Minimum hinaus? Mindestens sechs Gründe sprechen für die Übernahme sozialer Verpflichtungen durch die Unternehmung[11]:

(1) Staatliche Aufgaben und Vorschriften sind weder ein geeignetes Instrument für den Ausgleich von öffentlichen und privaten Interessen noch ein wirksamer Ersatz für eine *weise Selbstbeschränkung*;

[10] Vgl. hierzu die Ausführungen im Abschnitt 1.1.
[11] Vgl. hierzu K.R. Andrews, The Concept of Corporate Strategy, a.a.O., S. 118ff.

(2) wenn bestimmte gesellschaftliche Probleme in unserer Zeit überhaupt gelöst werden sollen, dann müssen die effizientesten Einrichtungen – die Unternehmungen – ihre Ressourcen und Fähigkeiten in den Dienst lösungswürdiger *sozialer Aufgaben* stellen, wobei bestimmte interne und externe Voraussetzungen zu erfüllen sind;
(3) von urteilsfähigen, kreativen Führungspersönlichkeiten mit kulturellen Perspektiven kann im allgemeinen nicht erwartet werden, daß sie sich nur auf die ökonomischen Tätigkeiten der von ihnen geleiteten Unternehmung beschränken, ohne sich um ihre gesellschaftlichen Auswirkungen zu kümmern;
(4) aufgrund der zunehmenden Verflechtung von gesellschaftlichen, politischen wirtschaftlichen und technischen Angelegenheiten müssen die obersten Führungskräfte „Außenpolitik" betreiben, um in den externen Entwicklungsprozeß so aktiv wie möglich eingeschaltet zu sein; Voraussetzung dafür ist die Bereitschaft der obersten Führungskräfte zum aktiven politischen und gesellschaftspolitischen Engagement[12]; die obersten Führungskräfte können mit anderen Worten den Lauf der Dinge durch antizipative und kreative Maßnahmen im positiven Sinne beeinflussen, wenn sie sich nicht nur über das Umfeld der Unternehmung informieren, sondern den Kontakt mit den Verantwortlichen in Politik und Wirtschaft suchen, die Zusammenarbeit mit relevanten Institutionen pflegen, im direkten Erfahrungsaustausch mit anderen Unternehmungen die eigene Position definieren und zur Geltung bringen, Koalitionsmöglichkeiten ermitteln und dadurch die Produkte und Dienstleistungen der Unternehmung an sozialen Problemen orientieren;
(5) die Übernahme gesellschaftsrelevanter Aufgaben kann den unternehmerischen Handlungsspielraum sprunghaft verändern und das Risiko staatlicher Eingriffe in der Wirtschaft herabsetzen; in einer langfristigen Perspektive können diese Aufgaben zu einer Erhöhung des Unternehmungsgewinnes beitragen[13];
(6) ein offener Sinn für soziale Verpflichtungen, Aufgeschlossenheit gegenüber den sozialen Kosten der Unternehmungstätigkeit, Vermeidung negativer Umweltökonomien[14], die Bereitschaft, gesellschaftliche Verantwortungslosigkeit in den eigenen Reihen zu bestrafen, stellen neue Bedingungen dar, die im Interesse eines langfristig möglichst hohen Gewinns zu erfüllen sind.

Die Gefahren und Probleme des gesellschaftlichen Engagements der Unternehmung können dadurch minimiert werden, daß staatliche Kontrollen eingeführt, Selbstregelungen eingerichtet und geeignete Lernprozesse, Ausbildungsprogramme und dgl. mehr für Führungskräfte gefördert werden.

[12] Vgl. hierzu K. Schwab, Chancenmanagement, Düsseldorf 1976, S. 81.
[13] Vgl. hierzu im einzelnen P. Perutz, Qualitatives Wachstum – was bedeutet das für ein Unternehmen praktisch? in: „Die Industrie", 76 (1976), Nr. 3, S. 8–13.
[14] Vgl. H.H. Hinterhuber, Innovationsdynamik und Unternehmungsführung, a.a.O., S. 301ff.

Welcher gesellschaftliche Handlungsspielraum steht der Unternehmung offen? Nach welchen Kriterien soll die Unternehmung soziale Verpflichtungen übernehmen?

Diese Fragen lassen sich nicht allgemeingültig beantworten. Die Unternehmung kann durch viele aktive Leistungen über das gesetzliche Minimum hinaus zur Lebensqualität der Gesellschaft beitragen: Umweltschutz, Humanisierung der Arbeitswelt, Erhaltung der Arbeitsplätze in Entwicklungsgebieten der Industriestaaten, Preissenkungen, Verlagerung „reifer" Produktionen an Standorte in Entwicklungsländern, Kaderbildung und -entwicklung für Fachkräfte aus Entwicklungsländern, *Joint ventures* mit staatlichen Unternehmungen in Entwicklungsländern unter Einräumung weitreichender kommerzieller Gegenleistungen und Transfer von angepaßten Technologien, Dienstleistungsverträge mit Entwicklungsländern, Einführung von rohstoff- und energiesparenden Verfahrensinnovationen, Recycling von Abfällen und verbrauchten Gütern, Erhöhung der sozialen Transparenz der Unternehmung, Eintritt in gesellschaftsrelevante Arbeitsgebiete und dgl. mehr zeigen Möglichkeiten, Unternehmertum mit gesellschaftlicher Verantwortung auf verschiedenen Ebenen zu verbinden.

Diese Leistungen müssen (1) in die strategischen Ziele der Unternehmung eingebaut und entsprechend geplant, (2) als wesentliche Komponenten der Professionalität und der Rolle der Führungskräfte betrachtet werden, (3) von einer entsprechenden Organisationsentwicklung getragen sein, (4) allen Führungskräften in dem Ausmaß bekannt sein, das notwendig ist, damit sie einen geeigneten Bezugsrahmen für die laufenden Entscheidungen bilden und ein Verhaltensmodell darstellen. Die strategische Führung verlangt von den Führungskräften auf allen Ebenen, daß sie sich bemühen, nicht nur über die unternehmerischen Belange, sondern auch über die Interessen der Allgemeinheit nachzudenken und geeignete Antworten auf die Herausforderungen der Umwelt auszuarbeiten; die Lösung der auf die Menschheit zukommenden Probleme erfordert ein viel größeres Ausmaß an Kreativität, Phantasie und Intuition als in der Vergangenheit notwendig war. Es ist aber wahrscheinlich, daß auf die im Zeitpunkt der Entscheidungsanalyse größere Komplexität der Probleme eine einfachere Realisierung folgt.

Die unternehmerischen Tätigkeiten müssen, mit anderen Worten, mit dem weisen Rat in Einklang gebracht werden, an den Nasreddin, der „türkische Sokrates", oft erinnerte: „Bemühe dich stets und in allem, das Nützliche für die anderen und zugleich das Angenehme für dich selbst zu erlangen".

Die *Kriterien* für die Übernahme sozialer Verpflichtungen können auf drei Gruppen reduziert werden:

(1) Humanistische Bemühungen für den Fortschritt der Gesellschaft auf Gebieten, zu denen die Unternehmung bestimmte Beziehungen unterhält;

(2) Erweiterung des Handlungsspielraumes der Unternehmung in Bereichen, die strategisch mit den gegenwärtigen und zukünftigen Arbeitsgebieten der Unternehmung verbunden sind;

(3) Abwendung der Gefahr staatlicher Eingriffe in die aktuellen und/oder potentiellen Arbeitsgebiete der Unternehmung.

4.1.5. Die Bestimmung des strategischen Handlungsspielraumes

Der strategische Handlungsspielraum der Unternehmung, der im Laufe der Formulierung der Strategien und Ausarbeitung der entsprechenden Direktiven für die Funktionsbereiche einer Prüfung und häufig auch Revision unterzogen wird, ist die Resultierende aus vier Arten von Beurteilungen:

(1) der gegenwärtigen und sich abzeichnenden Chancen und Risiken der Umwelt sowie Absichten der wichtigsten Konkurrenten in bezug auf die einzelnen strategischen Geschäftseinheiten,
(2) der spezifischen, aktuellen und potentiellen Ressourcen der Unternehmung in bezug auf die einzelnen strategischen Geschäftseinheiten,
(3) der geistigen und kulturellen Ideale und Beweggründe der Unternehmungsleitung, und
(4) der gesellschaftlichen Verpflichtungen der Unternehmung.

Der strategische Handlungsspielraum umschreibt in großen Linien die geplante Stellung der Unternehmung als Ganzes und ihrer strategischen Geschäftseinheiten in den jeweiligen Märkten; er legt das Terrain fest, auf dem die Unternehmung mit ihren Geschäftseinheiten in Zukunft operieren wird (Abb. 4.5). Der strategische Handlungsspielraum findet seine Bedingungen, Möglichkeiten und Grenzen in der unternehmerischen Vision, wie sie sich im Leitbild niederschlägt, und in der Unternehmungskultur; die Ausführung der laufenden und Umsetzung der neuen Strategien wirken auf den strategischen Handlungsspielraum zurück.

Der strategische Handlungsspielraum gibt an:

(1) die bestehenden und/oder neuen Geschäftseinheiten, denen die Unternehmungsleitung prioritär ihre Aufmerksamkeit widmen muß, wenn die Unternehmung ihre langfristigen Gewinnaussichten nachhaltig verbessern will;
(2) die Geschäftseinheiten, die aufzugeben oder umzustrukturieren sind, weil die Unternehmung nicht über die Ressourcen verfügt, um sie zu führenden Wettbewerbern zu machen;
(3) die Geschäftseinheiten, deren führende Wettbewerbspositionen gehalten

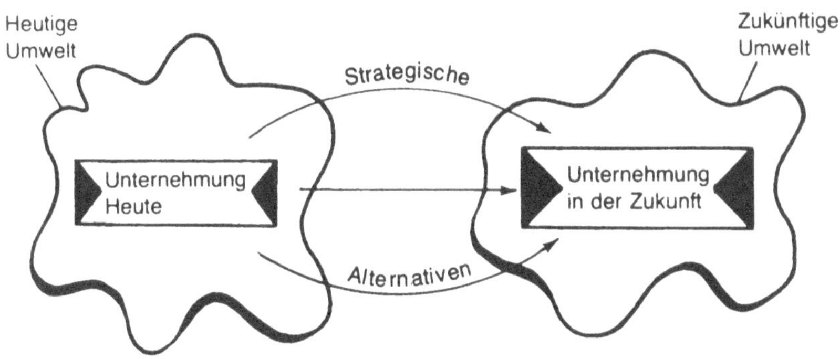

Abb. 4.5 Grundschema des strategischen Ausblicks

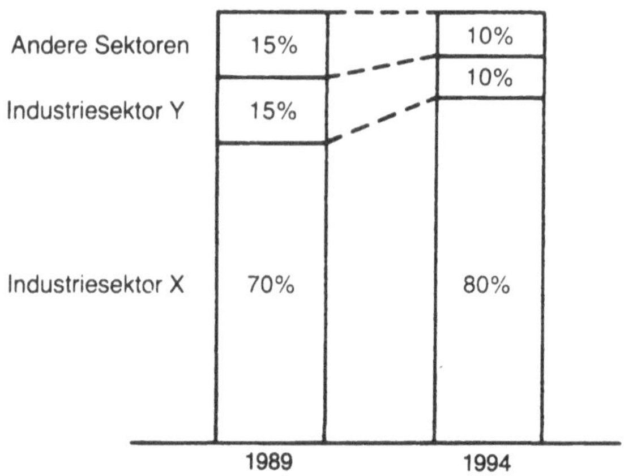

a) Geplante Entwicklung der Unternehmung in verschiedenen Branchen

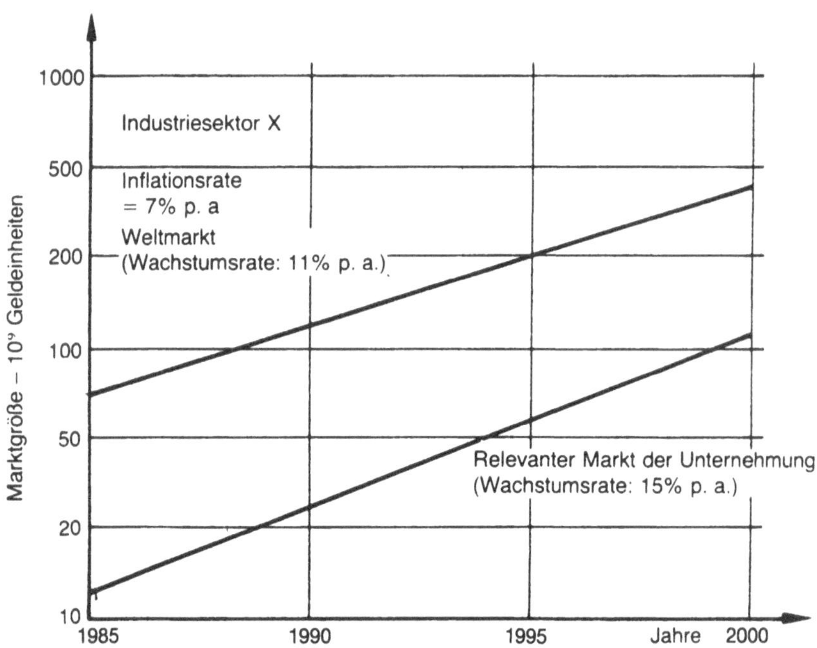

b) Entwicklungsperspektiven einer bestimmten Branche

Abb. 4.6 Weltweite und unternehmungsspezifische Marktprognosen

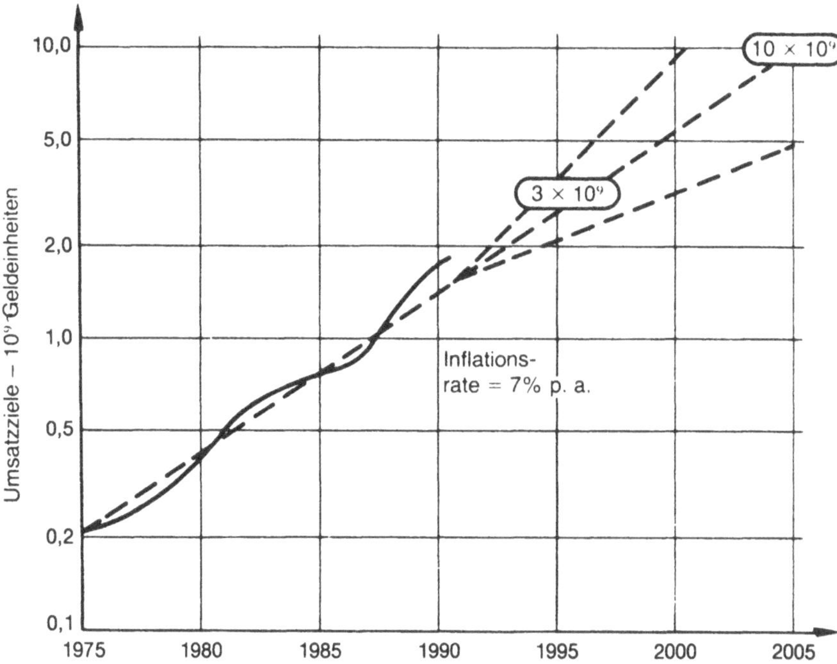

Abb. 4.7 Umsatzentwicklung und Umsatzziele

werden müssen, um den *Cash-flow* für die unter (1) und (4) genannten Geschäftseinheiten und Initiativen zu erwirtschaften; und

(4) die strategischen Allianzen und/oder integrierenden Maßnahmen, die notwendig sind, um a) das Risiko, das über allen Strategien und Aktionsplänen lastet, auf ein von der Unternehmung tragbares und von der Unternehmungsleitung als akzeptabel erachtetes Maß zu senken, und b) die Gewinnkapazität der Unternehmung insgesamt und auf Dauer zu erhöhen.

Diese vier grundlegenden Orientierungen sind so zusammenzufassen, daß ersichtlich wird, ob sie sich zu einem organischen Gesamtbild ergänzen und ob das Gesamtbild eine gesunde Entwicklung gewährleistet (Abb. 4.6 und Abb. 4.7).

Die Bestimmung des strategischen Handlungsspielraums ist ein eminent kreativer Prozeß: Es ändern sich die verfügbaren spezifischen Fähigkeiten und Ressourcen der Unternehmung, die Wettbewerbsbedingungen und Bedürfnisse der Abnehmer ebenso wie die Verhaltensweisen der Lieferanten und Arbeitnehmer sowie die Eingriffe des Staates. Die Einstellung eines Gleichgewichts zwischen der Nutzung bestimmter Umweltmöglichkeiten, dem Einsatz spezifischer Ressourcen, den Wünschen der unternehmerischen Entscheidungszentren hinsichtlich der Art von Unternehmung, die zu führen sie bevorzugen, und den objektiven Verpflichtungen der Unternehmung gegenüber der Gesellschaft, versperrt sich der quantifizierbaren Analyse.

Strategische Entscheidungen erfordern entschluß- und urteilsfähige Persönlichkeiten, die bereit sind, ohne Entscheidungsregeln Entschlüsse zu fassen, die wissen, daß immer mehr als eine Lösung möglich ist, und die darauf vertrauen, daß das Implementierungsvermögen der Unternehmung mit Bezug auf die ausgewählten Programme die Richtigkeit der ursprünglichen Entscheidung bestätigen kann[15].

Die folgenden Fragen können dazu beitragen, den strategischen Handlungsspielraum der Unternehmung zu bestimmen:

- In welchen Marktsegmenten kann die Unternehmung ihre Stärken zur Geltung bringen und monopolähnliche Positionen aufbauen und auf Dauer halten?
- Wo und wie soll produziert werden?
- Welche Umsatzentwicklung ist mit den verfügbaren Ressourcen für die Unternehmung als Ganzes und für einzelne strategische Geschäftseinheiten anstrebbar? Wieviel davon im Inland und wieviel im Ausland?
- Wie lassen sich die unternehmungspolitischen Grundsätze am besten verwirklichen?

In der vorliegenden Analysephase sind die Antworten auf diese und ähnliche Fragen naturgemäß abstrakt formuliert, allgemein gehalten und vorwiegend qualitativ und in Vergleichen zu den Konkurrenten ausgedrückt; sie sollen sowohl dem wachsenden Wunsch nach Offenlegung der grundlegenden strategischen Orientierungen der Unternehmung nach Maßgabe ihrer Möglichkeiten entgegenkommen als auch das Selbstverständnis der Unternehmung dokumentieren; für die Mitarbeiter sind sie eine Orientierung, welche die über den jeweiligen Arbeitsbereich hinausgehende gemeinsame Zielrichtung umschreibt. Eine Unternehmung bekennt sich z. B. zu Leistung und Verantwortung, zum Dienst an der Gesellschaft sowie zur angemessenen Teilhabe ihrer Anteilseigner und Mitarbeiter am Unternehmungserfolg; sie beschreibt darüber hinaus, wie der wirtschaftliche Erfolg erzielt werden soll, nämlich durch Schaffung und Erhaltung des Know-how-Vorsprungs, Aufbau und Verteidigung einer starken Marktstellung, Absicherung der Grundprodukte-Basis, Innovation, regionale Diversifizierung und Nutzung aller Möglichkeiten zur Erhöhung der Effizienz und Flexibilität, um in allen Marktsegmenten, in denen sie operiert oder operieren wird, zu den führenden Wettbewerbern zu zählen[16].

[15] Vgl. hierzu die Ausführungen über strategische Führungskompetenz im Abschnitt II.5.

[16] Die gut geführte Unternehmung läßt sich anhand der folgenden Fragen erkennen:

(1) Fördern die Führungskräfte auf allen Ebenen den Loyalitätssinn ihrer Mitarbeiter? Praktizieren sie selbst auf vorbildliche Weise, was nicht nur im Interesse der Strategien, sondern auch im Interesse der Mitarbeiter liegt?

(2) Lebt die Unternehmungsleitung ein Führungsverhalten vor, das auf Integrität, Mut, ansteckender Begeisterung, wirklicher Delegation, Kreativität, Intuition und Disziplin beruht?

(3) Sorgt die Unternehmung für ihren eigenen Führungsnachwuchs?

(4) Verfügt die Unternehmung über ein Leitbild, das von den Mitarbeitern akzeptiert wird?

(5) Sind Gewerkschaften und Betriebsrat im Grunde nicht notwendig?

4.2. Strategie und strategische Planung

4.2.1 Die Dimensionen der Strategie

Es gibt kaum ein strategisches Problem, das nicht mehrere Dimensionen hat. Wenn man es positiv lösen will, muß man es auf seine wesentlichen Elemente reduzieren. Nur das Wesentliche ist überschaubar und somit einer Lösung zugänglich.

Die Strategie ist wie ein mehrdimensionales Gebilde, das sich nur durch Projektion auf verschiedene Ebenen beschreiben läßt. Erst die einzelnen Projektionen ergeben in ihrer Gesamtheit ein zutreffendes Bild der Strategie. Die Strategie ist durch folgende Dimensionen bestimmt:

- die politische und kulturelle Dimension,
- die ethische, soziale und psychologische Dimension,
- die wirtschaftliche und finanzielle Dimension,
- die technische und zeitliche Dimension,
- die rationale und irrationale Dimension,
- die berechenbare und unberechenbare Dimension,
- die nationale und internationale Dimension.

Die Strategie ist nur ein Mittel. Es ist Aufgabe der Unternehmungspolitik, die Zwecke festzulegen, die mit der Strategie erreicht werden sollen. Besteht ein unternehmungspolitischer Zweck darin, die Unabhängigkeit der Unternehmung zu wahren, müssen die Strategien auf deren Sicherung ausgerichtet sein. Die kulturelle Einstellung des Unternehmers und/oder der obersten Führungskräfte prägt ebenfalls die Strategie. Jede Strategie hat deshalb eine *politische* und eine *kulturelle Dimension*.

Die Strategie wird auch bestimmt von der Weltanschauung, für die sich die Führungskräfte entscheiden, und von den Maßnahmen, mit denen sie dieser Geltung verschaffen. Jede Strategie hat eine *ethische*, *soziale* und *psychologische Dimension*.

Die Strategie muß drittens den Kriterien der Wirtschaftlichkeit und Finanzierbarkeit genügen; sie ist somit durch eine *wirtschaftliche und finanzielle Dimension* gekennzeichnet.

(6) Besteht ein ausgewogenes Verhältnis zwischen den einzelnen Funktionsbereichen oder dominieren gewisse Bereiche?
(7) Verfolgt die Unternehmung konsistent hohe Leistungsstandards? Wird schlechte Arbeit in keinem Bereich und zu keiner Zeit toleriert? Werden erfolgreiche Innovationsanstrengungen belohnt, erfolglose, aber gut konzipierte Innovationsbemühungen nicht bestraft?
(8) Strebt die Unternehmung auf ihren Gebieten die Marktführung an? Investiert sie mehr und erfolgreicher in Forschung und Entwicklung als ihre stärksten Konkurrenten?
(9) Verfügt die Unternehmung über eine integrierende Führungskonzeption und über eine ausgewogene Gesamtheit von Führungsgrundsätzen, von denen Effektivität, Effizienz und Flexibilität ihrer Austausch- und Transformationsprozesse abhängen?

Die Technik und die Zeit sind in einer Welt in raschem und tiefreichendem Wandel zunehmend strategische Faktoren. Die Technik schafft Chancen und Bedrohungen, die in kürzeren Zeiträumen als in der Vergangenheit genutzt bzw. abgewendet werden müssen, wenn auf Dauer haltbare Wettbewerbsvorteile aufgebaut werden sollen. Die *technische* und *zeitliche Dimension* der Strategie tritt zunehmend in den Vordergrund.

Jede Strategie hat fünftens eine *rationale* und *irrationale Dimension.* Viele Aspekte der Strategie sind rational erfaßbar – die Logistik, die direkten und indirekten Kosten, der erwartete Nutzen und dgl. mehr. Die Beweggründe und Vorstellungen der Konkurrenten, die Motivation und das Engagement der Mitarbeiter, das Verhalten der Institutionen sind Beispiele für Faktoren, die auf eine unvorhersehbare Weise den Erfolg einer Strategie beeinflussen können und häufig rational nicht erfaßbar sind.

Die Strategie ist eine Kombination aus berechenbaren und unberechenbaren Faktoren. Sie ist in der Regel um so erfolgreicher, je rigoroser die Quantifizierung derjenigen Faktoren vorgenommen wird, die berechenbar sind, und je genauer diejenigen Faktoren beurteilt werden, die einer Berechnung nicht zugänglich sind. Je wirksamer diese Synthese ist, desto kleiner ist das Risiko, das mit jeder strategischen Entscheidung verbunden ist. Quantitative Verfahren, die eine Objektivierung der strategischen Entscheidung ermöglichen, verdienen immer den Vorzug vor zufälligen, nicht auf quantitativen Überlegungen unter genau definierten Voraussetzungen basierten Schätzungen[17]. Die *berechenbare und nicht berechenbare Dimension* ist somit die sechste Dimension der Strategie.

Verkürzung der Innovationszeiten und Vergrößerung des Aktionsraumes verlangen rasche Entscheidungen und tiefe Kenntnisse neuer Situationen. Die siebte Dimension der Strategie ist ihre *nationale und internationale Dimension.*

4.2.2 Strategie, strategischer Plan und strategische Planung als Elemente eines Sozialisationsprozesses

Die *Strategie* ist kein Aktionsplan. Sie ist, um mit Moltke zu reden, die Fortbildung des ursprünglich leitenden Gedankens entsprechend den stets sich ändernden Verhältnissen[18]. Strategie, strategischer Plan und strategische Planung sind zu unterscheiden und als Elemente eines Sozialisationsprozesses zu verstehen.

Der *strategische Plan* ist das Dokument, in dem die Strategien der einzelnen Geschäftseinheiten und die Gesamtstrategie der Unternehmung explizit festgehalten werden, damit alle Entscheidungsträger, die zu ihrer Formulierung beigetragen haben, (a) das Gesamtbild kennen, das mit ihrem Beitrag entstanden ist,

[17] Vgl. hierzu H. H. Hinterhuber u. W. Popp, PC-gestützte Bewertung strategischer Alternativen, in: „Handbuch der modernen Datenverarbeitung", 24. Jg. (1987), Heft 138, S. 85–103.

[18] Vgl. die Ausführungen im Abschnitt 1.3.1.

und (b) in die Lage versetzt werden, bewußt und initiativ zur Umsetzung der Strategien beizutragen.

Der strategische Plan dient:

(1) der periodischen Bestimmung des Zustandes, in dem sich die Geschäftseinheiten und die Unternehmung als Ganzes aufgrund vergangener Entscheidungen in bezug auf den Markt und Wettbewerb befinden,
(2) der Angabe des Soll-Zustandes der Geschäftseinheiten und der Unternehmung als Ganzes, und
(3) der Überprüfung der Kohärenz der einzelnen Strategien und entsprechenden Aktionspläne.

Die strategische Planung ist die angemessene Antwort auf Probleme, die in einer Zeit der Instabilität den Unternehmungen gestellt werden, wenn

- die gegenwärtigen Produkte und/oder Märkte sich der Sättigungsphase nähern und die Wettbewerbsbedingungen sich verschärfen,
- die Technologien sich rasch ändern oder dem Risiko ausgesetzt sind, obsolet zu werden,
- die Evolution der gesellschaftlichen Strukturen, die Änderungen im Verhalten der Institutionen und die Diskontinuitäten auf den Absatz- und Versorgungsmärkten eine Neuorientierung der Unternehmung verlangen.

Die *strategische Planung* ist die *Explizitierung* des Entscheidungsprozesses, in dem die Ausgangsposition, die strategische Zielposition und die Mittel und Wege, um letztere innerhalb bestimmter Zeiten und Kosten zu erreichen, von allen betroffenen Entscheidungsträgern gemeinsam bestimmt und somit von der Organisation geteilt werden. Die strategische Planung ist nichts weiter als ein *Sozialisationsprozeß* von Entscheidungen. Dieser Sozialisationsprozeß ist um so notwendiger, je größer die Unternehmung ist; er dient dazu, einer Vielzahl von Entscheidungszentren, die auf eine kooperative Weise handeln müssen, (1) die Identität der Unternehmung verständlich zu machen, und (2) strategische Ausgangspositionen, Zielpositionen und Mittel/Wege zu deren Erreichung zu kommunizieren.

Strategische Planung heißt weniger Formulierung eines quantitativen Zieles, sondern vielmehr Bestimmung der Wettbewerbsposition, von der aus in Zukunft, nach Wegfall bestimmter Unsicherheitselemente, spezifische Ziele verfolgt werden können.

Die Strategie ist somit das Produkt eines Sozialisationsprozesses von Entscheidungen, die von einer Vielzahl von Personen an verschiedenen Orten, zu verschiedenen Zeiten und auf verschiedenen Verantwortungsebenen getroffen werden; dieser Prozeß wird weniger von der Art des zu lösenden Problems, sondern von der Notwendigkeit bestimmt, das Verhalten der Organisation an Zielen auszurichten und dabei Mittel einzusetzen, die von allen betroffenen Mitarbeitern geteilt werden.

Nicht alle strategischen Entscheidungen werden explizit dargestellt, in einem strategischen Plan festgehalten und mit den Verfahren der strategischen Planung erarbeitet. Alle Unternehmungen verfügen jedoch über *implizite Strategien*, die die grundlegende Ausrichtung der Unternehmung und ihrer Geschäftseinheiten bestimmen, der von Fall zu Fall ihre taktischen Verhaltensweisen angepaßt werden; nur in einem Teil der Unternehmungen und erst seit relativ kurzer Zeit findet ein Explizitierungsprozeß statt, in dem auf eine rigorose und nachvollziehbare Weise die drei Schritte der Strategieentwicklung definiert werden (Abb. 4.8):

(1) Analyse der strategischen Ausgangsposition,
(2) Bestimmung der strategischen Zielposition, und
(3) Angabe der Mittel und Wege, um innerhalb bestimmter Zeiten und Kosten von (1) nach (2) zu kommen.

Die *Strategie* ist, zusammenfassend, ein Problemlösungspfad in komplexen Situationen; sie ist eine komplexe Art, Probleme zu lösen, die um so mehr an Bedeutung gewinnt, je komplexer die Probleme, d. h. die Beziehungen zwischen der Unternehmung und der Umwelt, sind; sie besteht in der Lösung vielschichtiger Probleme durch Reduktion ihrer Komplexität mit Hilfe organisatorischer Methoden. Der *strategische Plan* ist die Materialisierung der Strategie oder der Gesamtheit der Strategien, die die Unternehmung verfolgt, und dient dem Zweck, initiatives, gerichtetes Handeln aller Entscheidungszentren im Interesse der Unternehmung zu fördern. Die *strategische Planung* ist der Sozialisationsprozeß, in dem der strategische Plan erarbeitet wird. Die Strategie und die strategische Planung sind *evolutive Phänomene*, die im Laufe der Zeit sowohl die Ziele als auch die Mittel und Wege zu deren Erreichung „entsprechend den stets sich ändernden Verhältnissen" fortbilden und häufig neu festlegen.

4.2.3 Die Portfolio-Methodik als Visualisierungs- und Kommunikationsinstrument

In den folgenden Ausführungen wird gezeigt, daß die Portfolio-Methodik ein Visualisierungs- und Kommunikationsinstrument ist. Nach der Analyse der Marktattraktivität und der relativen Wettbewerbsvorteile der Unternehmung in bezug auf die einzelnen strategischen Geschäftseinheiten wird der Prozeß erörtert, in dem die strategischen Geschäftseinheiten in der Portfolio-Matrix positioniert werden. Die Ableitung von Normstrategien oder strategischen Stoßrichtungen und die Anwendung der Portfolio-Matrix für Finanz- und Konkurrenzanalysen beschließen diesen Abschnitt.

4.2.3.1 Begriff, Funktion und Grenzen der Portfolio-Matrix

In allen Unternehmungen besteht eine der Hauptaufgaben der Unternehmungsleitung darin zu entscheiden, wie finanzielle, materielle und personelle Ressourcen beschafft und den verschiedenen Geschäftseinheiten zugewiesen werden sollen, damit die Unternehmung als Ganzes überleben und wachsen kann. Eine

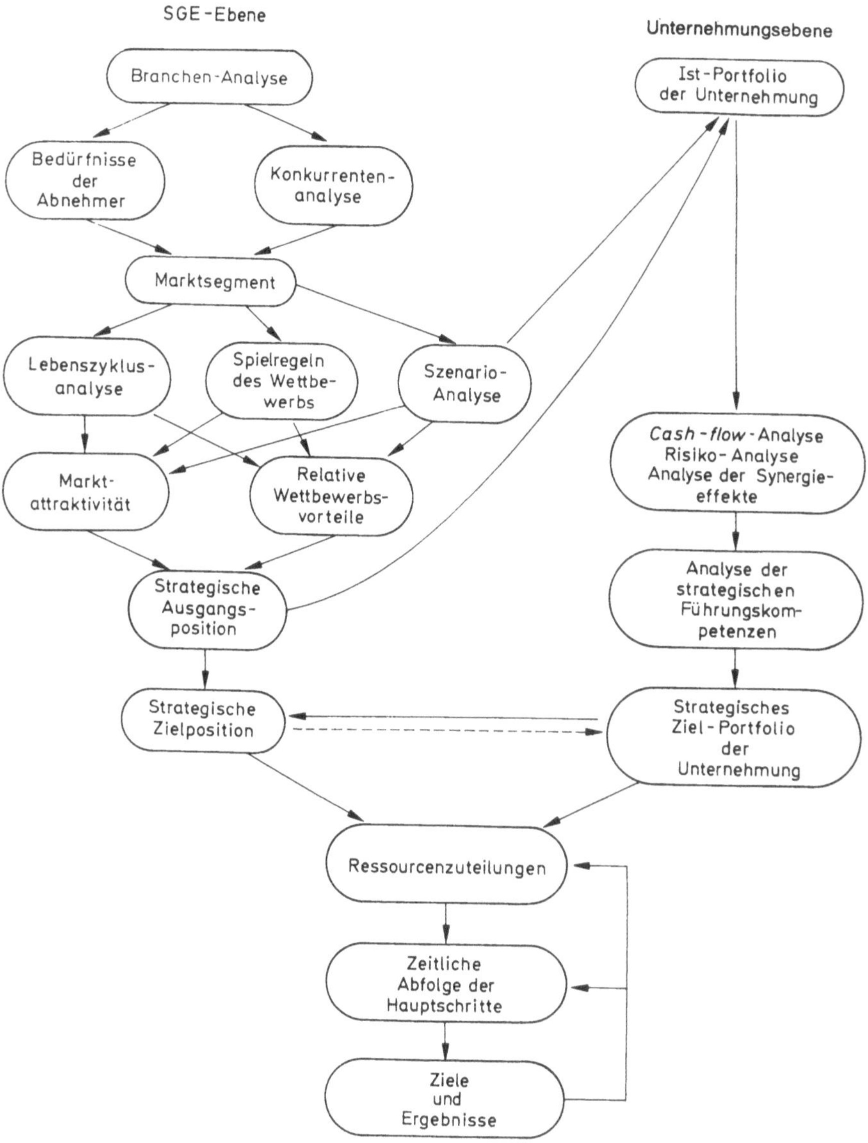

Abb. 4.8 Schritte, Instrumente und Zusammenhänge im Prozeß der strategischen Planung

effiziente Unternehmungsleitung weist die Ressourcen den Geschäftseinheiten zu, in denen die Marktaussichten günstig sind und die Unternehmung eine Position der Stärke einnimmt. Erfolge der Vergangenheit und *Cash-flow*-Prognosen sind aus folgenden Gründen keine ausreichenden Kriterien für die Formulierung der Strategien:

(1) Die traditionellen Methoden der Wirtschaftlichkeitsrechnung (Kapitalwert, interner Zinssatz usw.) liefern keine systematische Erklärung dafür, warum eine Geschäftseinheit bessere Aussichten als eine andere aufweist und die Marktposition der Unternehmung in einem bestimmten Marktsegment gut oder schlecht ist.
(2) Diese Methoden sagen auch nichts über die Dynamik und Ausgeglichenheit der einzelnen Geschäftseinheiten sowie über die Einstellung eines Gleichgewichtes zwischen den Geschäftseinheiten aus.
(3) Will die Unternehmung mit neuen Produkten in ein neues Marktsegment eintreten, kann auf die Erfahrung im allgemeinen nicht zurückgegriffen werden. Auch wenn der Eintritt in ein neues Marktsegment durch die Akquisition einer funktionierenden Unternehmung erfolgt, erlaubt deren gegenwärtiges Leistungspotential keine zuverlässigen Schlüsse für die Zukunft.
(4) Die weltweite Inflation und die strategischen Überraschungen in vielen Bereichen schwächen die Glaubwürdigkeit und Gültigkeit der *Cash-flow*-Prognosen als Maßstab der Ressourcenallokation.

Für die Formulierung der Strategien sind deshalb neben den finanzwirtschaftlichen Kriterien andere qualitative und quantitative Überlegungen maßgebend.

Die vorangehenden Ausführungen haben das Spektrum der Kräfte aufgezeigt, die für die Formulierung der Strategien maßgebend sind. Die Kombinationen aus externen Chancen und internen Ressourcen sowie die daraus sich ergebenden kurz- bis langfristigen Auswirkungen auf Gewinn, Liquidität und Wachstum werden mit Hilfe der *Portfolio-Matrix* dargestellt (Abb. 4.9). Es handelt sich hierbei um einen Raster, dessen Abszisse die *relativen Wettbewerbsvorteile* (Stärken) der Unternehmung mit Bezug auf die stärksten Konkurrenten – eine vom eigenen Entscheidungsverhalten und den eigenen Ressourcen abhängige Größe – ausdrückt und dessen Ordinate durch die *Marktattraktivität* – eine mit dem Lebenszyklus eines Produktes oder Marktes bzw. mit den Umwelt- und Wettbewerbsbedingungen gegebene externe Größe – dargestellt wird. In diesen Raster werden die strategischen Geschäftseinheiten der Unternehmung mit dem Ziel eingeordnet, festzulegen, welchen prioritär Ressourcen zuzuweisen sind. Unter dem *Portfolio* versteht man die Gesamtheit der Produkte und/oder Dienstleistungen, mit denen sich die Unternehmung zu einem gegebenen Zeitpunkt auf dem Markt präsentiert. Die Konzeption der Strategien erfolgt auf der Basis eines 9-Felderschemas[19], das jeweils aus der Kombination zweier Faktorengruppen entsteht, die auf die Strategie einwirken. Die Formulierung der Strategien wird von zahlreichen Faktoren beeinflußt, die oft nicht einzeln, sondern erst in der Kombination entscheidend sind. Mit dem 9-Felderschema lassen sich die essentiellen Faktorenpaare in ihren kombinierten Auswirkungen auf die Unternehmung, die Produkt/Markt-Kombinationen oder die strategischen Geschäftseinheiten darstellen. Jeder der beiden Faktoren wird jeweils in drei Grö-

[19] Dieses wird von der Beratungsfirma McKinsey angewendet; die Firma Boston Consulting Group verwendet ein 4-Felderschema: Vgl. hierzu die Ausführungen im Abschnitt 4.2.3.6.

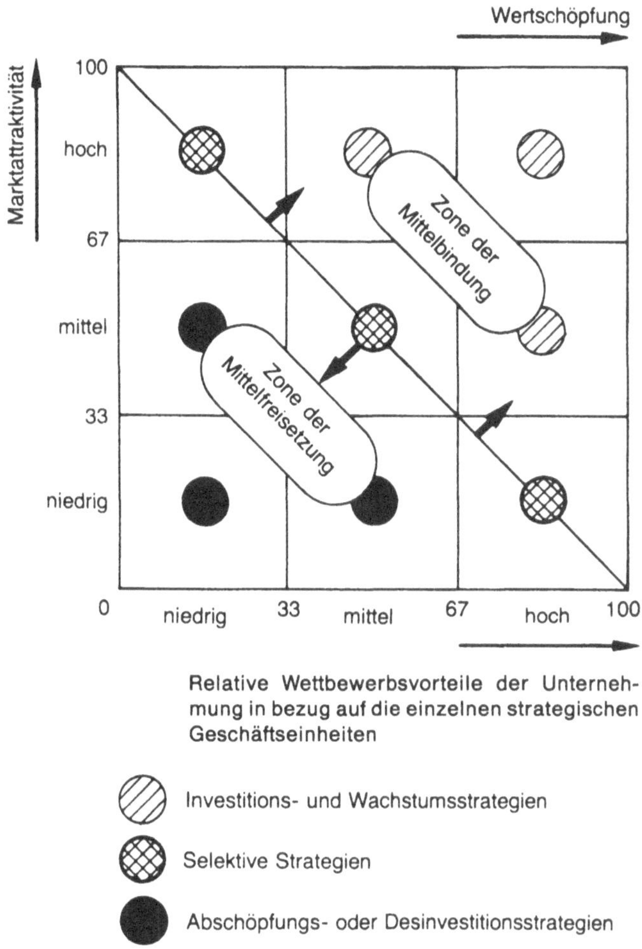

Abb. 4.9 Grundschema der Portfolio-Matrix.

ßenordnungen – niedrig, mittel, hoch – unterteilt. In der Matrix können dann vereinfacht drei Zonen unterschieden werden: (1) die Zone der Kapitalbindung (rechts oben), (2) die Zone der Kapitalfreisetzung (links unten) und dazwischenliegend auf der Diagonale (3) die Zone der selektiven Vorgehensweise (Abb. 4.9).

Voraussetzung für die Erstellung der *Portfolio-Matrix* ist die Festlegung der Kriterien, an Hand deren

(1) die Aussichten eines Marktsegmentes als günstig oder ungünstig[20] und

[20] Der Ausdruck „günstig" („ungünstig") bezieht sich in diesem Zusammenhang auf ein hohes (niedriges) Gewinn- oder Wachstumspotential.

(2) die Position der Unternehmung oder strategischen Geschäftseinheit im Marktsegment im Vergleich zu den Konkurrenten als stark oder schwach beurteilt werden können.

Mit Hilfe dieser Kriterien werden die Marktaussichten (die Marktattraktivität) und die Wettbewerbsstärken (die relativen Wettbewerbsvorteile) der Unternehmung hinsichtlich der strategischen Geschäftseinheiten und mit Bezug auf die stärksten Konkurrenten in eine Rangordnung gebracht und in eine Matrix – die Portfolio-Matrix – eingetragen. In der Praxis hat sich eine Matrix mit drei Reihen und drei Spalten bewährt; für viele Zwecke ist aber eine Matrix mit zwei Reihen und zwei Spalten ausreichend. Die Rangordnung kann

– *qualitativ*: – niedrig, mittel, hoch
  – schwach, mittel, stark
  – unattraktiv, mittel, attraktiv

oder

– *quantitativ*:

Minimum Durchschnitt Maximum

0 33 67 100 Punkte

sein.

In die Portfolio-Matrix können die verschiedenen strategischen Geschäftseinheiten einer Unternehmung eingetragen werden; die Matrix eignet sich aber auch für die Analyse aller Konkurrenten in einem bestimmten Industriesektor. Mit Hilfe der Matrix können somit sowohl die Unternehmung als auch die Konkurrenten beurteilt werden.

Die strategischen Geschäftseinheiten A, B und C (Abb. 4.10) sind durch eine hohe, F und G dagegen durch eine niedrige Marktattraktivität gekennzeichnet; mit Bezug auf den Lebenszyklus sind F und G der Reife- bzw. Sättigungsphase zuzuordnen. Hinsichtlich der Wettbewerbsposition der Unternehmung zeigt die Lage der strategischen Geschäftseinheiten A und B an, daß die Unternehmung damit eine führende Rolle im Industriesektor einnimmt; C und G dagegen weisen auf eine schlechte Stellung hinsichtlich der Marktakzeptierung oder Technologie hin. Aufgrund ihrer relativen Stärken und im Hinblick auf die attraktiven, rasch wachsenden Märkte erhalten die strategischen Geschäftseinheiten A und B Priorität in der Zuteilung von Ressourcen. Die schlechte Stellung von G in einem langsam wachsenden Markt rechtfertigt keine zusätzlichen Investitionen und verlangt eine sorgfältige Prüfung der Zweckmäßigkeit, diese Geschäftseinheit aufzugeben; sowohl unter dem unternehmerischen als auch unter dem gesellschaftspolitischen Aspekt sollten die Ressourcen produktiveren Zwecken zugeführt werden.

Die strategische Geschäftseinheit C ist durch eine schwache Stellung der Unternehmung in einem attraktiven rasch expandierenden Marktsegment charak-

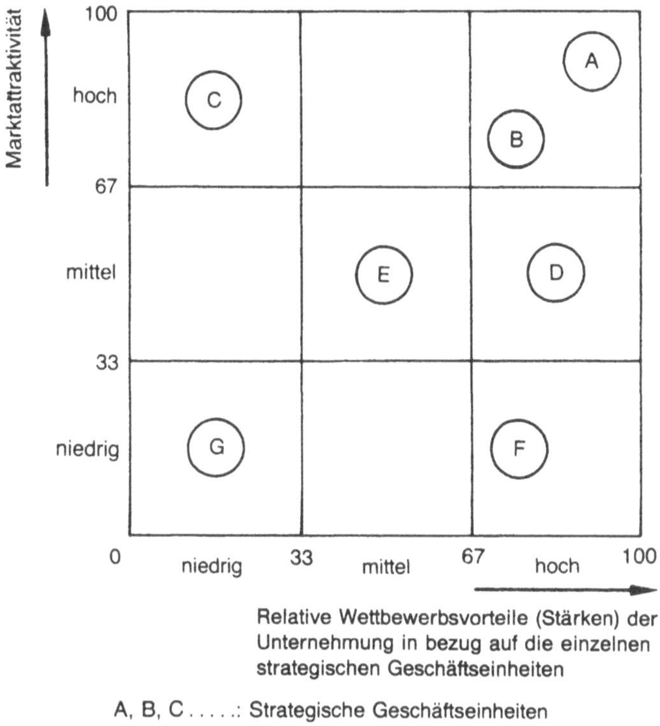

Umsätze oder Deckungsbeiträge der verschiedenen strategischen Geschäftseinheiten können in ihrer Relation zueinander durch unterschiedliche Größen der Kreise dargestellt werden (vgl. z. B. Abb. 4.15)

Abb. 4.10 Beispiel einer Portfolio-Matrix

terisiert. Die Verbesserung der relativen Stärken der Unternehmung erfordert hohe zusätzliche Investitionen, deren Zweckmäßigkeit in vielen Fällen erst durch eine Kooperation mit anderen Unternehmungen gegeben ist. Allgemein gilt, daß ein hoher relativer Marktanteil nur in der Wachstumsphase wirtschaftlich gewonnen werden kann; die Unternehmung muß weit schneller wachsen als ihr stärkster Konkurrent, was einen hohen Finanzmittelbedarf bedingt.

Die strategische Geschäftseinheit F nimmt eine führende Position in einem reifen Industriesektor ein. Die zweckmäßigste Strategie besteht im allgemeinen darin, die auf die vergangenen Investitionen zurückzuführenden Betriebsergebnisse zu optimieren; mit anderen Worten: Unter Erhaltung der Qualität, des Wertes und der Funktionen, die das Produkt für die Abnehmer besitzt, ist die Unternehmung bestrebt, sich auf die Maximierung des *Cash-flow* zu konzentrieren.

Die Portfolio-Methodik ist in jeder Unternehmung mit identifizierbaren Geschäftseinheiten, z. B. Produktlinien, geographischen Regionen usw., anwendbar. Der Bezugszeitraum ist der *effektive Planungshorizont*; dieser hängt von der Wachstumsrate des Marktes und den technischen Zeiträumen ab, die für die Errichtung neuer Kapazitäten und/oder die Entwicklung neuer Anwendungen notwendig sind. In vielen Unternehmungen wird der Portfolio-Matrix ein Planungshorizont von fünf bis zwölf Jahren zugrundegelegt, wenn die Höhe der Inflationsrate, die Dynamik des Wettbewerbs und die Entwicklung der Technik nicht eine Einengung dieses zeitlichen Horizontes nahelegen.

4.2.3.2 Die Analyse der Marktattraktivität

Die Gewinn- und Wachstumsperspektiven der Industriesektoren oder Branchen, in denen die Unternehmung mit ihren strategischen Geschäftseinheiten tätig ist, können anhand von vier Hauptkriterien beurteilt werden:

(1) Marktwachstum und Marktgröße
(2) Marktqualität
(3) Versorgung mit Energie und Rohstoffen
(4) Umweltsituation.

Das *Marktwachstum*, d. h. das Steigerungspotential der mengenmäßigen Nachfrage, ist der am häufigsten verwendete Maßstab der Marktattraktivität. Industriesektoren mit hohen Wachstumsraten sind in der Regel nicht durch einen hohen gegenwärtigen *Cash-flow* gekennzeichnet; das Marktwachstum ist jedoch eine notwendige, allerdings keine hinreichende Bedingung für das zukünftige Gewinnpotential des Industriesektors. Bei der Konstruktion einer Bewertungsskala muß von der erwarteten durchschnittlichen jährlichen Wachstumsrate des Industriesektors ausgegangen werden; diese stellt den Mittelpunkt der Bewertungsskala dar, auf den die anderen Bewertungen bezogen werden. Das Marktwachstum ist immer im Zusammenhang mit der in Geldeinheiten ausgedrückten *Marktgröße* zu sehen.

Mit Hilfe der anderen Kriterien werden die Basis-Prognosen der Wachstumsraten der Nachfrage hinsichtlich ihrer Auswirkungen auf das Gewinnpotential präzisiert.

Die *Marktqualität* drückt die Gewinnstabilität der Branche aus; ihre quantitative Bewertung ist schwierig und kann durch die Beantwortung der folgenden Fragen erleichtert werden:

(1) Ist die Branche durch eine hohe und konstante Rentabilität gekennzeichnet?
(2) Können die Gewinnspannen auch in Zeiten der Überkapazität gehalten werden?
(3) Verfügt die Unternehmung über einen großen Spielraum für die Preispolitik?
(4) Ist die Produktionstechnologie nur denen zugänglich, die sie entwickelt haben?
(5) Wird der Markt von relativ wenigen Unternehmungen beherrscht? Ist deren Verhalten vorhersehbar?

(6) Ist die Anzahl potentieller Abnehmer groß?
(7) Bietet das Produkt den Abnehmern die Möglichkeit zu einer hohen Wertschöpfung?
(8) Bestehen im Falle eines neuen Produktes Eintrittsbarrieren für neue Anbieter?
(9) Ist das Produkt risikofrei unter dem Gesichtspunkt der Substitution durch synthetische oder natürliche Produkte?
(10) Ist das Produkt so beschaffen, daß der Abnehmer Verfahren oder Anlagen ändern muß, wenn er sich an einen anderen Lieferanten wenden will?
(11) Ist mit schwachen Reaktionen auf die eigenen Strategien seitens der Wettbewerber zu rechnen?
(12) Verfügen die Lieferanten über eine geringe Verhaltensstärke?
(13) Ist die Arbeitskonfliktualität in der Branche gering?
(14) Ist das Gesamtrisiko, das die Unternehmung durch ihre Tätigkeiten und das Einhalten der Spielregeln in diesem Markt eingeht, tragbar?

Die Marktqualität der Branche wird um so höher eingestuft, je größer die Anzahl der positiven Antworten auf die obigen Fragen ist.
Die *Versorgungssituation hinsichtlich Energie und Rohstoffen* ist ein weiteres wichtiges Kriterium für die Beurteilung der Attraktivität einer Branche oder eines Marktsegmentes. Je sicherer, wirtschaftlicher und reichlicher die Versorgung mit Energie und Rohstoffen ist, je zahlreicher die Versorgungsalternativen sind, je unabhängiger die Produktion von Nebenprodukten aus anderen Verfahren ist, deren Wachstumsraten kleiner als die des Hauptproduktes sind, desto günstiger ist die Versorgungssituation zu beurteilen.

Die *Umweltsituation* als viertes Kriterium der Marktattraktivität wird von folgenden Faktoren bestimmt:

- Ausmaß der staatlichen Eingriffe in die Produktions- und Distributionsprozesse (Verstaatlichungen, Kapitaleigentumsbeschränkungen, Verbote, Kontingente, Kapitaltransfer usw.)
- Umweltschutzanforderungen
- Abhängigkeit von der öffentlichen Einstellung
- Konjunkturabhängigkeit
- Auswirkungen der Inflation usw.

Abbildung 4.11 enthält eine Zusammenstellung der Beurteilungskriterien der Marktattraktivität.

Die Marktattraktivität kann von einer Unternehmung im allgemeinen *nicht* beeinflußt werden; durch eine geeignete Marktsegmentierung und -definition kann eine Unternehmung allerdings ein Produkt in ein expandierendes Marktsegment verschieben.

Es hieße das Wesen der strategischen Planung völlig verkennen, wenn man die für bestimmte Unternehmungen bzw. strategische Geschäftseinheiten entwickelten Dimensionen der Marktattraktivität einfach übernehmen wollte; die Dimensionen sind *situativ* festzulegen und den Branchencharakteristiken anzupas-

(1) *Marktwachstum und Marktgröße*
(2) *Marktqualität*
- Rentabilität der Branche (Deckungsbeitrag, Umsatzrendite, Kapitalumschlag)
- Stellung im Markt-Lebenszyklus
- Spielraum für die Preispolitik
- Technologisches Niveau und Innovationspotential
- Schutzfähigkeit des technischen *Know-how*
- Investitionsintensität
- Wettbewerbsverhalten der etablierten Unternehmungen
- Anzahl und Struktur potentieller Abnehmer
- Verhandlungsstärke und Kaufverhalten der Abnehmer
- Eintrittsbarrieren für neue Anbieter (Bedrohung durch neue Konkurrenten)
- Anforderungen an Distribution und Service
- Variabilität der Wettbewerbsbedingungen
- Bedrohung durch Substitutionsprodukte
- Wettbewerbsklima
- u.a.m.

(3) *Energie- und Rohstoffversorgung*
- Störungsanfälligkeit in der Versorgung von Energie und Rohstoffen
- Beeinträchtigung der Wirtschaftlichkeit der Produktionsprozesse durch Erhöhungen der Energie- und Rohstoffpreise
- Existenz von alternativen Rohstoffen und Energieträgern
- Verhandlungsstärke und Verhalten der Lieferanten
- u.a.m.

(4) *Umweltsituation*
- Konjunkturabhängigkeit
- Verhandlungsstärke und Verhalten der Arbeitnehmer und ihrer Organisationen
- Inflationsauswirkungen
- Abhängigkeit von der Gesetzgebung
- Abhängigkeit von der öffentlichen Einstellung
- Handelshemmnisse
- Abhängigkeit von den Spielregeln des Marktes
- Risiko staatlicher Eingriffe
- Umweltschutzmaßnahmen
- u.a.m.

Abb. 4.11 Dimensionen der Marktattraktivität

sen, in denen die verschiedenen Unternehmungsbereiche und strategischen Geschäftseinheiten operieren. Wesentlich ist, daß die Liste der Dimensionen im Hinblick auf die Effizienz der Planung und Kontrolle im Zeitablauf möglichst konstant gehalten wird.

4.2.3.3 Die Analyse der relativen Wettbewerbsvorteile (Stärken) der Unternehmung in bezug auf die einzelnen strategischen Geschäftseinheiten

Mit Hilfe von vier Hauptkriterien kann die Position der Unternehmung in einem bestimmten Industriesektor oder Marktsegment als stark, mittel oder schwach und somit ihre relativen Wettbewerbsvorteile in bezug auf eine strategische Geschäftseinheit als hoch, mittel oder niedrig bezeichnet werden; diese Kriterien sind:

(1) relative Marktposition
(2) relatives Produktionspotential
(3) relatives Forschungs- und Entwicklungspotential
(4) relative Qualifikation der Führungskräfte und Kader.

Die *relative Marktpostion* der Unternehmung ist die Resultierende aus fünf Kräften:

(1) Marktanteil (absolut und relativ zum stärksten Konkurrenten) und seine Entwicklung innerhalb des Planungshorizontes;
(2) Rentabilität: Deckungsbeiträge, Umsatzrendite und Kapitalumschlag;
(3) Risiko: Grad der Etabliertheit im Markt, Kosten- und Preisentwicklung, Vorschriftenänderung;
(4) Marketingpotential: Image der Unternehmung und daraus resultierende Abnehmerbeziehungen, Preisvorteil aufgrund von Qualität, Lieferzeiten, Service usw., Kontrollierbarkeit der Vertriebswege u. a. m.;
(5) Art der Quellen von Wettbewerbsvorteilen: Differenzierung und/oder Kostenführerschaft.

Die Marktposition der Unternehmung muß in Relation zu der der stärksten Konkurrenten im jeweiligen Marktsegment gesetzt werden; auf diese Weise lassen sich korrekte Relativitäten ermitteln. Im allgemeinen wird die relative Marktposition der Unternehmung auf den *heutigen Zeitpunkt* bezogen; in die Matrix können aber auch mögliche zukünftige Marktpositionen der Unternehmung eingetragen werden, die aus der Verwirklichung alternativer Strategien resultieren.

Der *relative Marktanteil* (mit Bezug auf die stärkste Konkurrenzunternehmung) ist der am häufigsten verwendete Maßstab der Wettbewerbsstärke einer Unternehmung; alternativ zum relativen Marktanteil kann auch der Anteil der Unternehmung am gesamten Markt als Maßstab verwendet werden. Neben dem Marktanteil ist auch der Grad anzugeben, mit dem dieser gesichert scheint. In der industriellen Realität wird der relative Marktanteil im allgemeinen als Quotient aus Umsatz der Unternehmung und Umsatz der stärksten Konkurrenten in einem Marktsegment ermittelt.

Das Kriterium des *relativen Produktionspotentials* ist eine Kombination aus Prozeßwirtschaftlichkeit, Stand der *Hardware*, Standort und Anzahl der Fertigungsbetriebe sowie Zugang zu Rohstoffen und Vormaterialien. Die Bewertung kann unter Berücksichtigung der folgenden Fragen durchgeführt werden:

a) *Prozeßwirtschaftlichkeit*
Setzt die Unternehmung moderne Produktionsverfahren ein? Welche Kostenvorteile hat die Unternehmung im Vergleich zu den stärksten Konkurrenten? Handelt es sich um intern entwickelte Verfahren oder um Lizenzproduktionen? Verfügt die Unternehmung über das Forschungs- und Entwicklungspotential oder über Lizenzbeziehungen, um mit den Fortschritten der Verfahrenstechnik in Zukunft Schritt halten zu können?

b) *Hardware*
Sind die gegenwärtige Produktionskapazität und die geplanten oder im Bau befindlichen Kapazitätserweiterungen ausreichend, um den gegenwärtigen Marktanteil zu halten? Sind die Produktionskapazitäten auf mehrere Standorte verteilt, so daß die Unternehmung gegen Betriebsunterbrechungen, Aussperrung, Streiks usw. gesichert ist? Sind Standortanpassungen im Hinblick auf die Steigerung der Produktivität notwendig? Sind die Lieferbedingungen, der Kundendienst usw. auf den Hauptmärkten kompetitiv?

c) *Zugang zu Rohstoffen, Energieträgern und Halbfertigfabrikaten*
Ist der Zugang zu Rohstoffen und Energieträgern genügend abgesichert, so daß die Unternehmung die gegenwärtigen Marktanteile halten kann? Wie hoch sind die Kosten der Rohstoff- und Energieversorgung im Vergleich zu denen der wichtigsten Konkurrenten? Wie sind die Lieferanten weltweit in das Produktionssystem einbezogen?

Das Kriterium des *relativen Forschungs- und Entwicklungspotentials* ist eine Kombination aus Produktpalette, Produktqualität, Anwendungstechnik und technischer Assistenz; es drückt mit anderen Worten das gesamte technische Leistungspotential der Unternehmung aus, wie es sich dem kritischen Abnehmer darbietet. Bewertet wird, ob das Forschungs- und Entwicklungspotential der Unternehmung besser, gleich oder schlechter als ihre Marktposition ist.

Die Bewertung der *relativen Qualifikation der Führungskräfte und Kader* erfordert ebenfalls einen Vergleich mit den stärksten Konkurrenzunternehmungen. Welche spezifischen Fähigkeiten für die gegenwärtigen und zukünftigen Arbeitsgebiete sind in der Unternehmungsleitung und in den divisionalen und/oder funktionalen Bereichen von besonderer Bedeutung? In welchem Ausmaß entsprechen die gegenwärtigen Inhaber dieser Positionen den gegenwärtigen und zukünftigen Anforderungen? Besitzt die Unternehmungsleitung die Fähigkeit, potentiell hochqualifizierte Führungskräfte für alle wichtigen Funktionen frühzeitig zu erkennen, zu gewinnen, zu fördern und zu halten?

Die vier Dimensionen der relativen Wettbewerbsvorteile (Stärken) der Unternehmung sind in Abb. 4.12 zusammengefaßt; ihre Ermittlung muß in Verbindung mit der Bestimmung der Marktattraktivität erfolgen. Die Wettbewerbsvorteile der Unternehmung erhöhen sich in dem Ausmaß, in dem sie sich gegenüber dem Wirken der Wettbewerbskräfte – Verhalten der etablierten Unternehmungen, Bedrohung durch neue Konkurrenten und/oder durch Substitutionsprodukte, Verhalten der Abnehmer, Lieferanten und Arbeitnehmer sowie deren Organisationen, Eingriffe des Staates – besser abschirmen kann als ihre Wettbewerber und/oder den Reaktionen der Konkurrenten wirksam ausweichen oder diese abwehren kann.

4.2.3.4 Die Analyse der Cash-flow- und Synergieattraktivität

Bisher wurden die strategischen Geschäftseinheiten der Unternehmung unter den Gesichtspunkten der Marktattraktivität und der relativen Wettbewerbsvorteile (mit Bezug auf den stärksten Konkurrenten) untersucht. Welche strategi-

(1) *Relative Marktposition*
- Marktanteil und seine Entwicklung
- Größe und Finanzkraft der Unternehmung
- Wachstumsrate der Unternehmung
- Rentabilität (Deckungsbeitrag, Umsatzrendite und Kapitalumschlag)
- Risiko (Grad der Etabliertheit im Markt)
- Marketingpotential (Image der Unternehmung und daraus resultierende Abnehmerbeziehungen, Preisvorteile aufgrund von Qualität, Lieferzeiten, Service, Technik, Sortimentsbreite usw.)
- Vertriebsorganisation
- Ausmaß der Differenzierung oder der Kostenführerschaft
- Abschirmungsfähigkeit der Unternehmung gegenüber dem Wirken der Wettbewerbskräfte
- u.a.m.

(2) *Relatives Produktionspotential* (in bezug auf die erreichte oder geplante Marktposition)

A) Prozeßwirtschaftlichkeit
- Kostenvorteile aufgrund der Modernität der Produktionsprozesse, der Kapazitätsausnutzung, Produktionsbedingungen, Größe der Produktionseinheiten usw.
- Innovationsfähigkeit und technisches *Know-how* der Unternehmung
- Lizenzbeziehungen, Patente, Schutzrechte usw.
- Anpassungsfähigkeit der Anlagen an wechselnde Marktbedingungen
- u.a.m.

B) Hardware
- Erhaltung der Marktanteile mit den gegenwärtigen oder im Bau befindlichen Kapazitäten
- Standortvorteile
- Steigerungspotential der Produktivität
- Umweltfreundlichkeit der Produktionsprozesse
- Lieferbedingungen, Kundendienst usw.
- u.a.m.

C) Energie- und Rohstoffversorgung
- Erhaltung der gegenwärtigen Marktanteile unter den voraussichtlichen Versorgungsbedingungen
- Kostensituation der Energie- und Rohstoffversorgung
- Eingangslogistik
- u.a.m.

(3) *Relatives Forschungs- und Entwicklungspotential*
- Stand der orientierten Grundlagenforschung, angewandten Forschung, experimentellen Entwicklung und anwendungstechnischen Entwicklung im Vergleich zur Marktposition der Unternehmung
- Innovationspotential und Innovationskontinuität
- u.a.m.

(4) *Relative Qualifikation der Führungskräfte und Mitarbeiter*
- Professionalität und Urteilsfähigkeit, Einsatz und Kultur der Kader
- Innovationsklima
- Qualität der Führungssysteme
- Gewinnkapazität der Unternehmung, Synergien usw.
- u.a.m.

Relativ: Im Vergleich zur stärksten Konkurrenzunternehmung

Abb. 4.12. Dimensionen der relativen Wettbewerbsvorteile der Unternehmung in bezug auf die einzelnen strategischen Geschäftseinheiten

schen Geschäftseinheiten sollen gefördert, abgeschöpft oder aufgegeben werden? Für die Lösung dieses Problems ist als weiteres Beurteilungskriterium der strategischen Geschäftseinheiten die *Cash-flow-* und *Synergieattraktivität* einzuführen:

Maßstäbe für die Messung der *Cash-flow-* und *Synergiedimension* sind:

(1) *Cash-flow*: Die *Cash-flows* der diversen strategischen Geschäftseinheiten müssen im Zeitverlauf positiv sein, wenn der Unternehmungsbereich eine Außenfinanzierung vermeiden will.

(2) *Ausgewogenheit* der *Cash-flows*: Die *Cash-flow*-Ströme der verschiedenen strategischen Geschäftseinheiten müssen einen Gleichgewichtszustand anstreben in dem Sinne, daß exponierte Positionen zu vermeiden sind, die dadurch entstehen, daß die *Cash-flows* aus einer oder wenigen strategischen Geschäftseinheiten resultieren.

(3) *Risiko des Cash-flow*: Risikoreiche, gewinnträchtige strategische Geschäftseinheiten müssen in jedem Unternehmungsbereich die Waage halten mit Geschäftseinheiten, die niedrige Gewinnperspektiven, dafür aber höhere Sicherheit aufweisen. Zu beachten ist auch die Kovarianz der *Cash-flow*-Ströme: Je ausgeglichener die gegenläufigen Fluktuationen der *Cash-flow*-Ströme sind, desto größer ist die Stabilität des Unternehmungsbereiches.

(4) *Synergieeffekte in Forschung und Entwicklung, Produktion und Marketing*: *Forschung und Entwicklung*: Nutzung vorhandener Einrichtungen, Erfahrungen und dgl. mehr für neue Projekte;
Produktion: Verwendung vorhandener Anlagen und Verfahren für verschiedene Produkte, so daß Erfahrungseffekte ausgenutzt werden können;
Marketing: Nutzung vorhandener Vertriebskapazitäten für neue Produkte.

(5) *Substitutionseffekte*: Auswirkungen der Aufgabe einer strategischen Geschäftseinheit auf den Unternehmungsbereich oder die Unternehmung.

Trägt man in ein dreidimensionales Koordinatensystem auf der vertikalen Achse die Marktattraktivität, auf der anderen Achse die relativen Wettbewerbsvorteile und auf der dritten Achse die *Cash-flow-* und Synergieattraktivität ein, dann erhält man ein Gitter, wie es in Abb. 4.13 dargestellt ist[21]. Legt man einen Schnitt durch dieses Gitter senkrecht zur *Cash-flow-* und Synergieattraktivität, dann erhält man die Portfolio-Matrix, wenn den strategischen Geschäftseinheiten die entsprechenden *Cash-flow-* und Synergieauswirkungen zugeordnet werden. In der industriellen Realität hat sich die *zweidimensionale Portfolio-Matrix* allgemein durchgesetzt, so daß im folgenden immer auf diese Bezug genommen wird.

[21] Vgl. hierzu im einzelnen P. Lorange, Divisional Planning: Setting Effective Directions, in: „Sloan Management Review", 17 (1975), Nr. 1, S. 77–91.

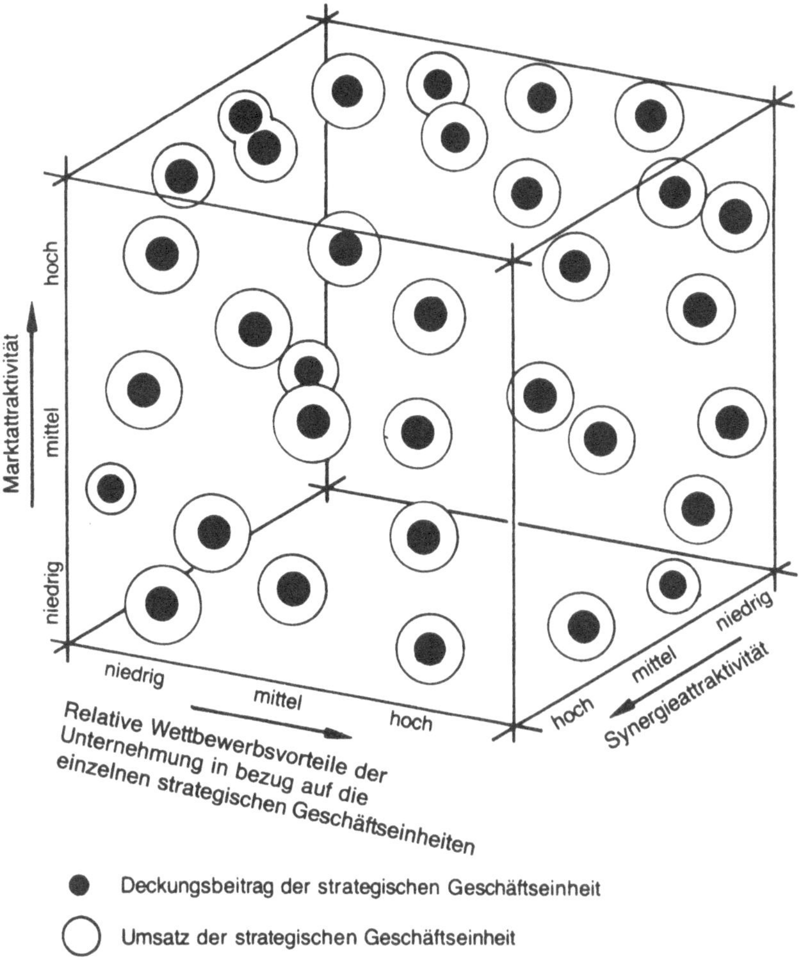

Abb. 4.13 Das Grundschema der dreidimensionalen Portfolio-Matrix

4.2.3.5 Die Erstellung der Portfolio-Matrix

Die übliche Vorgehensweise bei der Bewertung der verschiedenen Dimensionen der Marktattraktivität und der relativen Wettbewerbsvorteile (Stärken) der Unternehmung besteht in der Diskussion der entsprechenden Kriterien mit Fachleuten der divisionalen und/oder funktionalen Bereiche, die für die Strategie einer strategischen Geschäftseinheit verantwortlich sind[22]; zwecks Gewinnung der notwendigen Distanz und Herstellung der Vergleichbarkeit mit anderen

[22] Vgl. zur „Strategiekommission" die Ausführungen im Abschnitt II.2.

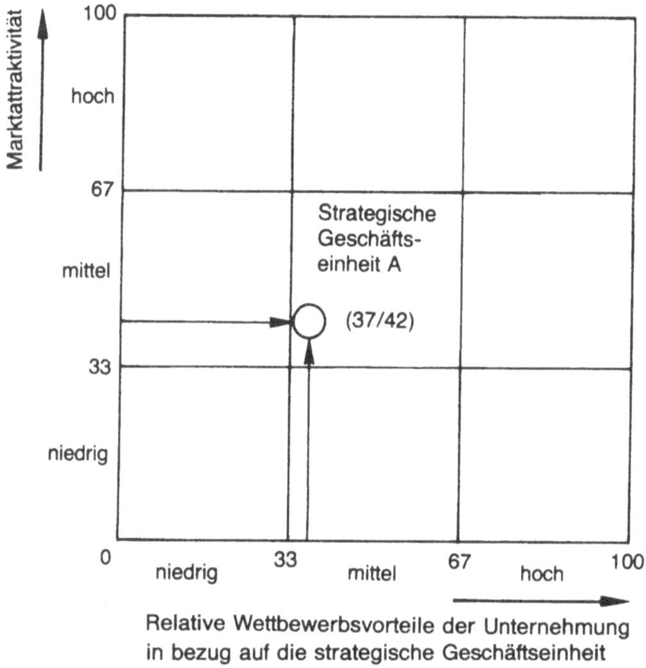

Abb. 4.14 Beispiel für die Positionierung einer strategischen Geschäftseinheit in der Portfolio-Matrix (Daten der Tab. 4.4)

sektoralen Analysen sollten ein oder zwei „Nicht-Fachleute" der zentralen Stabsstellen an der Erstellung der Portfolio-Matrix mitwirken.

Auch wenn die Mitglieder der Arbeitsgruppe in ihren anfänglichen Bewertungen zu unterschiedlichen Resultaten gelangen, ist es im allgemeinen möglich, einen Beurteilungskonsens zu erzielen; kann eine Übereinstimmung nicht hergestellt werden, muß entweder eine repräsentative Bewertung durch Durchschnittsbildung verwirklicht oder die Angelegenheit der zuständigen Instanz zur Entscheidung vorgelegt werden. Tab. 4.4 zeigt, wie mit Hilfe spezifischer Informationen die Bewertungsübersicht für eine strategische Geschäftseinheit erstellt wird. Aufgrund der in Tab. 4.4 ermittelten Einstufung nach Marktattraktivität und relativen Wettbewerbsvorteilen (Stärken) läßt sich eine strategische Geschäftseinheit in der Portfolio-Matrix positionieren (Abb. 4.14). Die Umsatzstärke der strategischen Geschäftseinheit wird durch die Größe des Kreises berücksichtigt.

Die *Ist-Matrix* für das Gesamtportfolio einer Unternehmung oder eines Unternehmungsbereiches zeigt die Verteilung der strategischen Geschäftseinheiten auf die verschiedenen Portfolio-Kategorien (Abb. 4.15).

Oft ist es ausreichend, jeder Hauptdimension das gleiche Gewicht zuzuordnen; mit Hilfe eines geeigneten Gewichtungsschemas kann aber eine Rangordnung der Hauptdimensionen vorgenommen werden. Bei der Gewichtung der

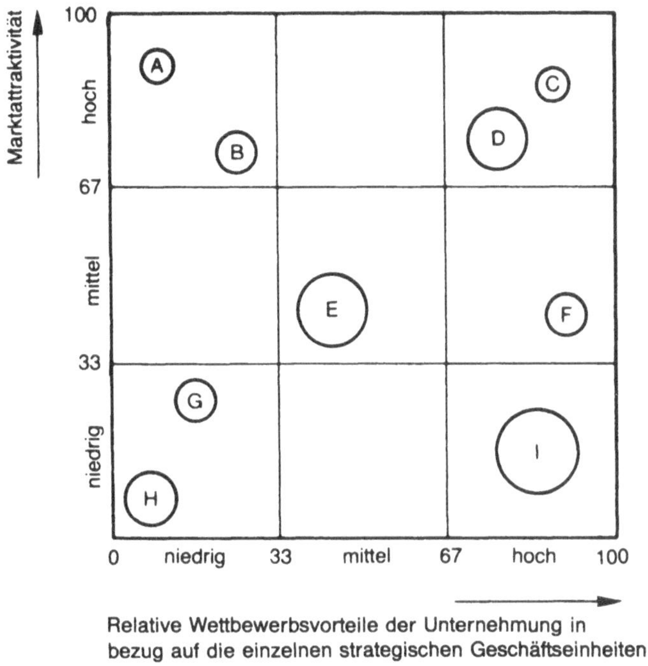

Abb. 4.15 Das Ist-Portfolio einer Unternehmung oder eines Unternehmungsbereiches

ausgewählten Dimensionen ist es zweckmäßig, die Summe der Gewichte mit 100 Punkten zu begrenzen.

Die Gewichtung der Portfolio-Dimensionen geht aus dem in den Tab. 4.5 und 4.6 dargestellten hypothetischen Beispiel hervor. Im allgemeinen ist es zweckmäßig, die Daten und Argumente detailliert darzustellen; im Beispiel sind die Resultate der Matrix-Analyse in gekürzter Form zusammengefaßt. Die Ergebnisse des hypothetischen Beispiels sind in Abb. 4.16 in die Portfolio-Matrix eingetragen. Die Produktstrategien und Ressourcenallokationen ergeben sich aus den verschiedenen Kombinationen aus Marktattraktivität und relativer Wettbewerbsposition; sie können für die Konkurrenten A, B und C wie folgt präzisiert werden:

Unternehmung C
Die Unternehmung C, der größte Anbieter mit den niedrigsten Stückkosten und einem dominierenden technologischen Vorsprung, befindet sich in der höchst wünschenswerten Position des Marktführers in einem attraktiven Marktsegment; ihre Strategie muß prioritär auf das Produkt und die Erhaltung der Marktposition gerichtet sein; dazu sind in einer mittelfristigen Perspektive hohe Investitionen zur Errichtung zusätzlicher Kapazitäten notwendig. In der Regel sind die Deckungsbeiträge, die eine Unternehmung mit den Produkten in diesem Portfolio-Feld erzielt, nicht ausreichend, um die Erweiterungsinvestitionen zu

Tabelle 4.4 Bewertungsbeispiel für die Erstellung der Portfolio-Matrix (nach McKinsey)

Strategische Geschäftseinheit: A

Marktattraktivität	Bewertung						Relative Wettbewerbsvorteile (Stärken) der Unternehmung in bezug auf eine strategische Geschäftseinheit
	niedrig 0–33	mittel 34–66	hoch 67–100	niedrig 0–33	mittel 34–66	hoch 67–100	
1. *Marktwachstum und Marktgröße*	**×**				**×**		1. *Marktposition*
– reales Marktwachstum: 3–4% p. a.	×				×		– relativer Marktanteil: 0,5
– Marktgröße: ca. 100–130 × 10^6 DM			×	×			– Entwicklung des relativen Marktanteils
					×		– Eigene Stellung gegenüber Wettbewerbern
2. *Marktqualität*		**×**			×		– Image der Unternehmung und daraus resultierende Abnehmerbeziehungen
– Wettbewerbssituation: ca. 20 Anbieter: A, B		×			×		– Preisvorteile aufgrund von Produktqualität, Service usw.
– Branchenrentabilität (Umsatzrendite: 10-12%)			×			×	– Umsatzrendite
– Kapitalumschlagshäufigkeit: 2,7			×	×			– Kapitalumschlagshäufigkeit
– Cash-flow (in % vom Umsatz: ca. 70%)			×		×		– Cash-flow (in % vom Umsatz)
– Sicherheit gegen Marktrisiko		×			×		– Synergie
– Sicherheit gegen Rentabilitätsrisiko		×		×			– Preisentwicklung: Kostenzuwachs/Preiszuwachs
– Revidierbarkeit und Höhe des Kapitaleinsatzes		×					
– Spielraum für die Preispolitik (Verdrängungswettbewerb durch Leerkapazitäten)	×						
– Eintrittsbarrieren: ca. 5–10 × 10^6 DM		×					

Strategische Geschäftseinheit: A

Marktattraktivität	Bewertung						Relative Wettbewerbsvorteile (Stärken) der Unternehmung in bezug auf eine strategische Geschäftseinheit
	niedrig 0–33	mittel 34–66	hoch 67–100	niedrig 0–33	mittel 34–66	hoch 67–100	
3. *Energie- und Rohstoffversorgung*		**X**			**X**		2. *Produktionspotential*
– Störungsanfälligkeit in der Versorgung von Energie und Rohstoffen		×		×			– Prozeßwirtschaftlichkeit und Kosteneffizienz gegenüber Wettbewerbern
– Beeinträchtigung der Wirtschaftlichkeit der Produktionsprozesse durch Erhöhung der Energie- und Rohstoffpreise		×					
					×		– Hardware
						×	– Energie- und Rohstoffversorgung
– u. a. m.							
4. *Umweltsituation*			**X**		**X**		3. *Forschungs- und Entwicklungspotential*
– Unabhängigkeit von der Gesetzgebung			×		×		– Produkt- und Verfahrensinnovationen
– Unabhängigkeit von der öffentlichen Einstellung			×				
				×			– Schutzfähigkeit des technischen Know-how
– Konjunkturunabhängigkeit			×				
– u. a. m.						**X**	4. *Qualifikation der Führungskräfte und Kader*
						×	– Professionalität, Einsatz und Kultur der Führungskräfte
						×	– Qualität der Führungssysteme
Gesamt		**X**			**X**		

Tabelle 4.5 Hypothetisches Beispiel für die Gesamtbewertung der Marktattraktivität

Produkt X: Beschreibung der wesentlichen Produkteigenschaften (im Vergleich zu denen der stärksten Konkurrenten)
Marktsegment: Beschreibung des Marktsegmentes und der Hauptanwendungsmöglichkeiten des Produktes
Wettbewerbssituation: Das Produkt wird von 2 Konkurrenten angeboten; die Anlagen eines 3. Konkurrenten sind im Bau

Dimensionen	Gewichte g %	Beurteilung	Bewertung (0–100 Punkte)	Gewichtete Punktezahl
1. *Marktwachstum und -größe* – Struktur und Verhalten der Abnehmer – Position im Marktlebenszyklus	40	Prognose: 15–20% –. Das Wettbewerbsklima ist günstig.	100	40
2. *Marktqualität*	20		75	15
– Branchenrentabilität		Überdurchschnittlich		
– Gewinnspannen bei Überkapazität		Eine gewisse Preissenkung ist zu erwarten		
– Preispolitischer Spielraum		Günstig aufgrund von Verfahrensverbesserungen und Produktdifferenzierungen		
– Anzahl der Abnehmer		Große Anzahl potentieller Abnehmer bei wenigen Anbietern		
– Wertschöpfung für die Abnehmer		Hoch. Das Produkt dient hochwertigen ingenieurtechnischen Anwendungen		
– Marktdimension		Die Marktdimension ist begrenzt und läßt Spielraum für voraussichtlich nicht mehr als 3 bis 4 Konkurrenten		
– Substituierbarkeit durch andere Produkte		Aufgrund der Produkteigenschaften unwahrscheinlich		
– Techn. Eintrittsbarrieren		Kaum vorhanden. Lizenzrechte für das Verfahren können erworben werden		
3. *Energie- und Rohstoffversorgung* –	15	Das Produkt wird nach einem schwierigen Verfahren aus einem Zwischenprodukt hergestellt, für das keine Absatzmöglichkeiten bestehen	50	7,5
4. *Umweltsituation* –	25	Das Verfahren und das Produkt sind umweltfreundlich	100	25
Gesamtbewertung der Marktattraktivität (Westeuropa, 1990–1994)				87,5

Tabelle 4.6 Die Bestimmung der Wettbewerbspositionen der Anbieter

Dimensionen	Gewichte g %	Konkurrent C			Konkurrent B			Konkurrent A		
		Beurteilung	Bewertung (0–100 Punkte)	Gewichtete Punktezahl	Beurteilung	Bewertung (0–100 Punkte)	Gewichtete Punktezahl	Beurteilung	Bewertung (0–100 Punkte)	Gewichtete Punktezahl
1. *Marktposition* – Marktanteil	50	65%	100	50	25%	50	25	10%	25	12,5
3. *Produktionspotential*	15		100	15		50	7,5		50	7,5
– Prozeßwirtschaftlichkeit		Eigenes Verfahren, von solider F&E-Kapazität getragen			Eigenes Verfahren, von mäßiger F&E-Kapazität getragen			Modernes Lizenzverfahren		
– Hardware		Für die Erhaltung des Marktanteils ausreichende Kapazität			Für die Erhaltung des Marktanteils ausreichende Kapazität			Noch keine – importiert das Produkt		
– Energie- und Rohstoffversorgung		Das Vorprodukt ist ein Abfallprodukt der Unternehmung			Das Vorprodukt wird von Dritten gekauft			Verfügt über ein eigenes Verfahren zur Herstellung des Vorproduktes		
4. *F&E-Potential* (mit Bezug auf die Marktposition)	10	Relativ gut	100	10	Ausgeglichen	50	5	Im Aufbau	50	5
5. *Qualifikation der Führungskräfte und Kader*	25	Relativ gut	60	15	Hervorragend	100	25	Relativ schwach	20	5
Rel. Wettbewerbsvorteile				90			62,5			30

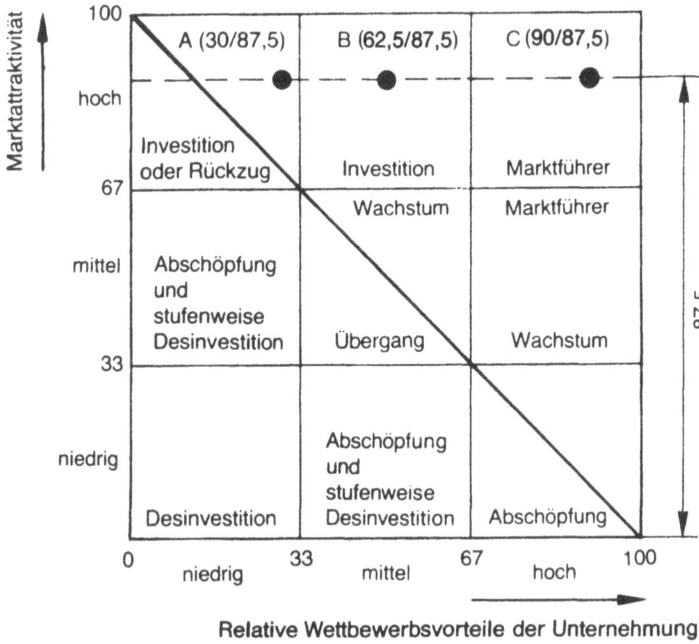

Abb. 4.16 Die Positionierung der Anbieter eines Produktes in der Portfolio-Matrix

finanzieren. Produkte in anderen Feldern der Portfolio-Matrix müssen deshalb die finanziellen Ressourcen für die Erhaltung und den Ausbau der Marktposition der Wachstumsprodukte erwirtschaften. Mit fallender Wachstumsrate des Marktes verbessert sich die *Cash-flow*-Bilanz der Produkte in dieser Spalte, die in der Position rechts unten ihr eigenes Wachstum finanzieren und einen Netto-Beitrag zum Unternehmungsgewinn leisten können. Im Beispiel ist die Wettbewerbsposition der Unternehmung C allerdings durch die – im Lizenzwege genutzte – Prozeßinnovation der Unternehmung A gefährdet; C muß deshalb verstärkte Anstrengungen der Verfahrensentwicklung widmen; die relative Stärke von C im Produktionsbereich ist durch die Wertezahl 100 ausgedrückt.

Unternehmung B
Mit Hilfe einer gezielten Zuteilung von Ressourcen muß B versuchen, ihre Wettbewerbsposition zu verbessern; die Analyse zeigt allerdings, daß B über keine nennenswerten relativen Wettbewerbsvorteile verfügt. Gelingt es B nicht, z.B. eine Prozeßinnovation einzuführen oder auf dem Lizenzweg ein effizienteres Verfahren zu erwerben, kann der Wettbewerbsnachteil gegenüber C nicht kompensiert werden. Kurzfristig befindet sich B deshalb nicht notwendigerweise in einer unakzeptablen Position; ihre Stellung wird aber im Laufe der Zeit zunehmend gefährdet, wenn die Unternehmung nicht über die finanziellen Ressourcen verfügt, um ihre Stärken auszubauen.

Unternehmung A
Die Unternehmung A befindet sich in einem Feld der Portfolio-Martrix, das die zukünftigen Gewinnpotentiale enthalten kann; ihre Strategie muß *selektiv* sein, d.h. aus den erfolgversprechenden Produkten sind die auszuwählen und ist denen Priorität in der Mittelzuweisung zu geben, von denen erwartet werden kann, daß sie zu zukünftigen Gewinnpotentialen aufgebaut werden können. Allgemein gilt, daß eine Unternehmung eine Diversifikationsstrategie nur dann verfolgen soll, wenn die Marktperspektiven attraktiv sind. Die Unternehmung A, die ein eigenes Verfahren für die Herstellung des Vorproduktes entwickelt und eine moderne Verfahrenstechnologie auf dem Lizenzwege erworben hat, hat sich für den Bau einer neuen Anlage entschieden; ihr Produktions- und F & E-Potential wird höher bewertet als ihre gegenwärtige Marktposition. Die Erfolgsaussichten der Unternehmung A sind allerdings wesentlich unsicherer als die des Marktführers.

Von welcher Art sind nun die Strategien, die durch die Portfolio-Matrix bestimmt werden?

Es ist unmöglich, die Fülle und Mannigfaltigkeit aller Abhängigkeiten darzustellen, die den Prozeß der Strategieformulierung charakterisieren. Aus diesem Grunde ist es zweckmäßig, sich zuerst darauf zu beschränken, die Hauptstrategien darzustellen, die aus einem vereinfachten Modell der Portfolio-Matrix abgeleitet werden können, und sich in der Folge einer differenzierteren Methode der Strategieformulierung zuzuwenden.

4.2.3.6 Die Marktanteils-Marktwachstums-Matrix als Sonderfall der Portfolio-Matrix

In vielen Fällen sind die beiden wichtigsten Kräfte, die eine strategische Geschäftseinheit beeinflussen, der relative Marktanteil (mit Bezug auf den stärksten Konkurrenten) und das Marktwachstum[23]. Hohe relative Marktanteile enthalten in der Regel hohe Gewinnpotentiale (Abb. 4.17), während hohe Wachstumsraten des Marktes hohe Investitionen erfordern und somit die Liquidität der Unternehmung negativ beeinflussen (Abb. 4.18).

Werden alle strategischen Geschäftseinheiten in ein 4-Felder-Schema eingetragen, wobei auf der Abszisse der relative Marktanteil und auf der Ordinate das Marktwachstum angegeben sind, können je nach ihrer Einordnung in einem der vier Quadranten vier Normstrategien unterschieden werden (Abb. 4.19 und 4.20):

[23] Vgl. hierzu B. T. Gale, Selected Findings from the PIMS Project: Market Strategy Impacts on Profitability, in: American Marketing Association (Hrsg.), Combined Proceedings, 1974 Spring and Fall Conferences, Boston 1975, S. 471–475; R.D. Buzzel, B.T. Gale u. R.G.M. Sultan, Market Share – A Key to Profitability, in „Harvard Business Review", 53, Nr. 1, S. 91–102 (1975), die die dargestellten Kurvenverläufe empirisch ermittelt haben. Siehe auch R. Hammer, Unternehmungsplanung, 3. Aufl., München, Wien 1988, S. 52ff.

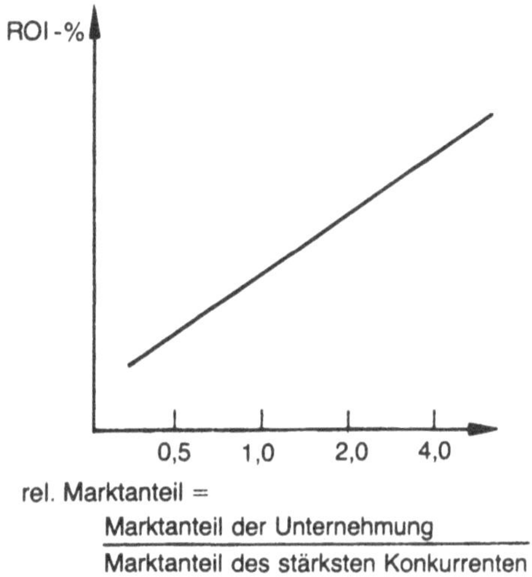

Abb. 4.17 Der Zusammenhang zwischen ROI und relativem Marktanteil

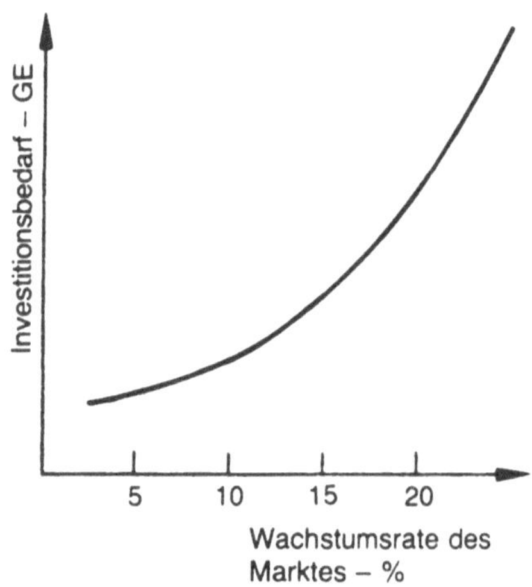

Abb. 4.18 Der Zusammenhang zwischen Investitionsbedarf und Marktwachstum

(1) *Defensivstrategien* für die strategischen Geschäftseinheiten mit hohem relativen Marktanteil und niedrigem Wachstum, da sie die größten gegenwärtigen Einnahmenüberschüsse bringen. Ein Anteil dieser strategischen Geschäftseinheiten am Gesamtumsatz in Höhe von 40 bis 60% ist eine gute Basis für eine langfristig ausgelegte Sicherung des Finanzbedarfs für die Wachstumsprodukte[24]. Der Marktanteil dieser strategischen Geschäftseinheiten muß somit gehalten, aber nicht ausgebaut werden (III. Quadrant).

[24] Vgl. hierzu A. Gälweiler, Unternehmungsplanung, Frankfurt, New York 1974, S. 261 ff.

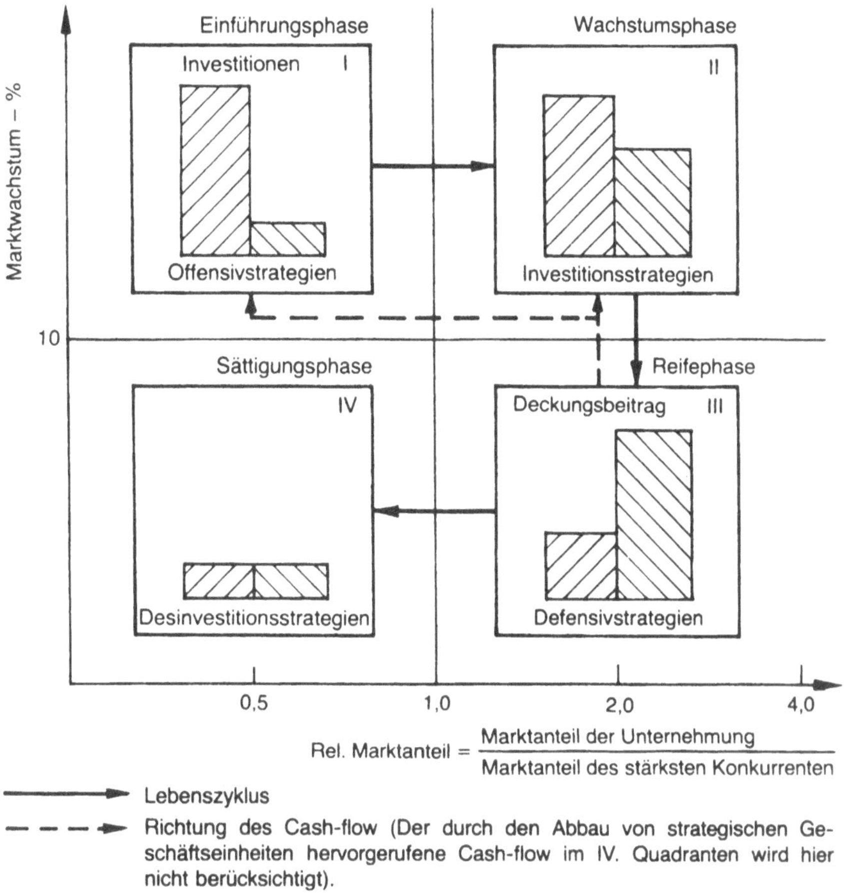

Abb. 4.19 Die Marktanteils-Marktwachstums-Matrix

(2) *Offensivstrategien* für die strategischen Geschäftseinheiten mit niedrigem Marktanteil und hohen Wachstumsraten; hier müssen alle Chancen zur Marktanteilsteigerung, d.h. zu einem überdurchschnittlichen Wachstum genutzt werden. Bestehen auch durch eine Kooperation mit anderen Unternehmungen keine Aussichten auf eine Erhöhung des Marktanteils, ist es im allgemeinen zweckmäßiger, diese strategischen Geschäftseinheiten aufzugeben (I. Quadrant).

(3) *Investitionsstrategien* für die strategischen Geschäftseinheiten mit hohen relativen Marktanteilen und Wachstumsraten über 10% erfordern in der Regel zur Sicherung der Marktanteile mehr Investitionsmittel als sie selbst in Form von Deckungsbeiträgen hervorbringen können. Diese strategischen Geschäftseinheiten bringen den zukünftigen *Cash-flow* der Unternehmung (II. Quadrant).

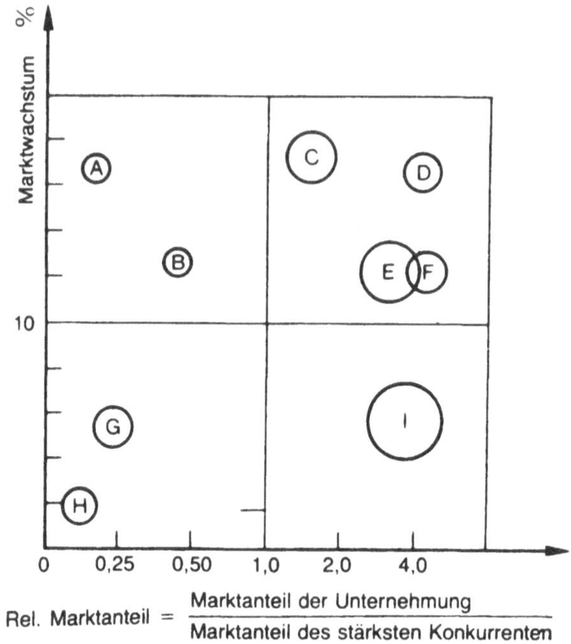

Abb. 4.20 Das Ist-Portfolio der Unternehmung in der Marktanteils-Marktwachstums-Matrix

(4) *Desinvestitionsstrategien* für die strategischen Geschäftseinheiten mit niedrigen relativen Marktanteilen und Wachstumsraten, da sie in der Regel weder gegenwärtige Gewinne bringen noch zum zukünftigen Wachstum der Unternehmung beitragen (IV. Quadrant). Zu beachten ist allerdings, daß Unternehmungen, die durch dieses Planungsschema zur Aufgabe bestimmter Produkte verurteilt wären, häufig Wirtschaftsergebnisse erzielen, die über denen der stärksten Konkurrenten liegen; dies unter der Voraussetzung, daß
- eine Politik beschränkten Wachstums, ausgerichtet auf die Erfüllung der Bedürfnisse bestimmter Abnehmergruppen,
- eine gezielte Innovationspolitik,
- eine auf die spezifischen Marktsegmente abgestimmte Produktdifferenzierungspolitik

verfolgt werden (Abb. 4.21)[25].

[25] Wenn der Konkurrent seine Preise um 10% senkt und dadurch der Marktanteil unserer Unternehmung um 18% abnimmt, beträgt die Produktdifferenzierung 1,8. Je niedriger der Wert der Produktdifferenzierung ist, desto monopolähnlicher ist die Stellung unserer Unternehmung in ihrem Marktsegment.

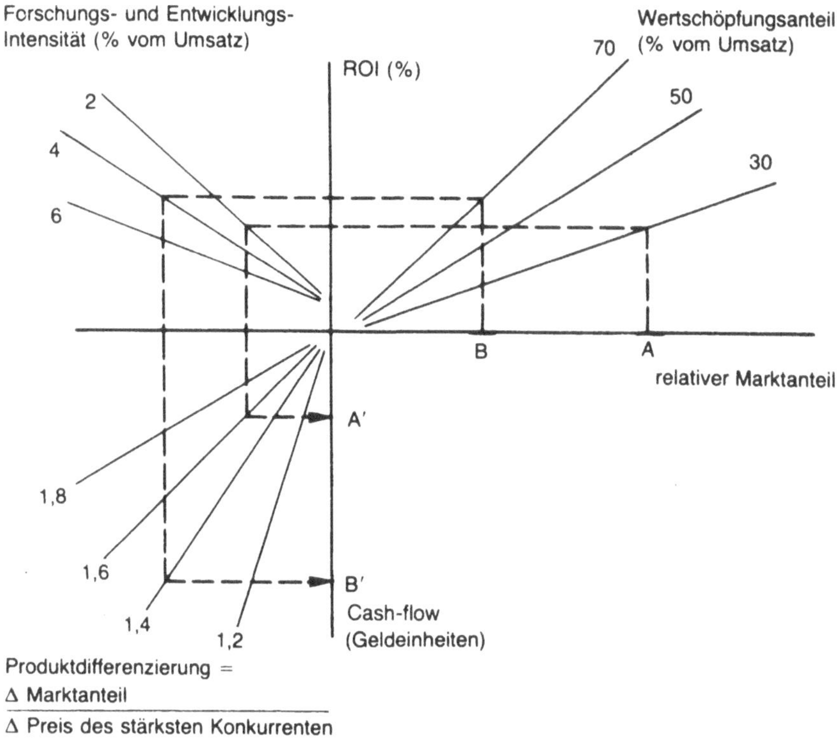

Abb. 4.21 Schematische Darstellung des Chancenmanagement in Unternehmungen mit kleinen relativen Marktanteilen (nach Wittek)

In jeder Branche scheint sich in einer mittel- bis langfristigen Perspektive eine U-Kurve zu bilden: Eine Unternehmung kann mit einem kleinen oder mit einem großen Marktanteil eine hohe Kapitalrentabilität erzielen, wenn es ihr gelingt, mit Hilfe einer der beiden Quellen von Wettbewerbsvorteilen – Differenzierung oder Kostenführerschaft – ein führender Wettbewerber in ihren Marktsegmenten zu sein. Der weite Bereich niedriger Kapitalrentabilität in Abhängigkeit vom Marktanteil kann nur bei konsequenter Entscheidung für eine der beiden Quellen von Wettbewerbsvorteilen vermieden werden[26]. Die empirische Absicherung der U-Kurve ist jedoch umstritten.

[26] Vgl. hierzu M.E. Porter, Competitive Strategy, a.a.O., S. 43 ff.

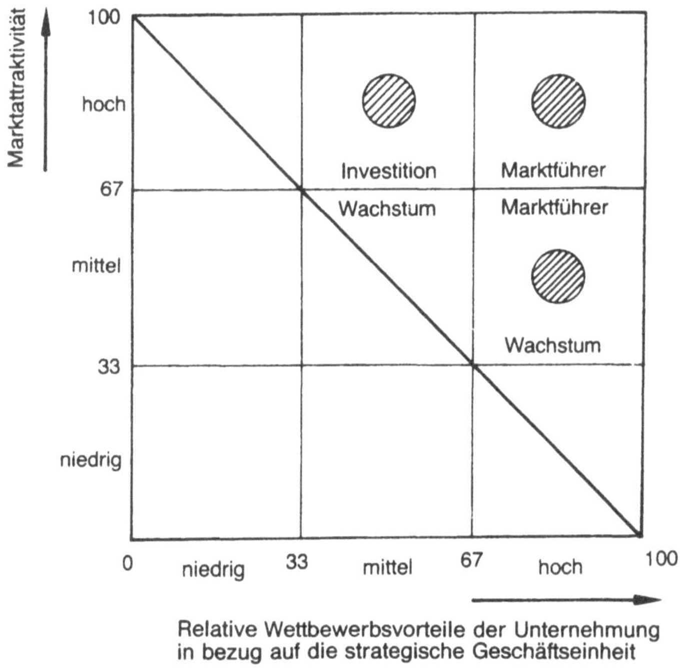

Ziel:	Haltung der Wettbewerbsvorteile (mit Bezug auf die stärksten Konkurrenzunternehmungen)
Strategien:	Investitions- und Wachstumsstrategien
Taktische Aktionen:	Die technischen und Marketinganstrengungen müssen darauf gerichtet sein, Schwachstellen zu beseitigen, die solide Wettbewerbsposition zu konsolidieren bzw. weiter auszubauen und Konkurrenzunternehmungen abzuhalten, in diese Marktsegmente einzudringen
Cash-flow:	Kurzfristig negativ, mittel- und langfristig positiv
Risiko:	Berechenbar
Ökonomischer Horizont:	Mittel- bis langfristig
Bedeutung:	Die strategischen Geschäftseinheiten tragen zum zukünftigen Gewinn und Wachstum der Unternehmung bei und erfordern hohe Investitionen

Abb. 4.22 Die strategische Analyse der Ressourcenallokation: Investitions- und Wachstumsstrategien

4.2.3.7 Die Normstrategien: Investitions- und Wachstumsstrategien, Abschöpfungs- und Desinvestitionsstrategien sowie selektive Strategien

Je nach ihrer Lage in der Matrix ergeben sich für die strategischen Geschäftseinheiten unterschiedliche strategische Stoßrichtungen, denen Norm-Strategien zugeordnet werden können, die mit Hilfe von strategischen Alternativen, funktionalen Politiken und Aktionsprogrammen unternehmungsindividuell und situativ zu spezifizieren sind.

Drei Arten von Norm-Strategien werden unterschieden:

(1) Investitions- und Wachstumsstrategien
(2) Abschöpfungs-/Desinvestitionsstrategien
(3) selektive Strategien.

Investitions- und Wachstumsstrategien (Abb. 4.22) werden für die strategischen Geschäftseinheiten formuliert, deren Marktattraktivität und relative Wettbewerbsvorteile (mit Bezug auf den stärksten Konkurrenten) jeweils als mittel bis hoch qualifiziert werden. Es kann sich hierbei neben expandierenden Marktsegmenten um frühere Wachstumsmärkte handeln, die sich gegenwärtig in der Reifephase befinden und deren Wachstumsrate ungefähr auf den Industriedurchschnitt zurückgefallen ist. In vielen Fällen sind jedoch Investitions- und Wachstumsstrategien autonomen *Innovationsstrategien* gleichzusetzen.

Strategische Geschäftseinheiten in diesen Positionen erfordern im allgemeinen zur Sicherung und Erhaltung der relativen Wettbewerbsvorteile mehr finanzielle Ressourcen als sie selbst in Form von Deckungsbeiträgen hervorbringen können; die *Cash-flow*-Bilanz ist durch die Notwendigkeit der Kapazitätserweiterung somit in der Regel *negativ*; sie kann positiv werden, wenn sich die Marktattraktivität verschlechtert, d.h. das Marktwachstum zurückgeht. Strategische Geschäftseinheiten in diesen Positionen genießen somit hohe Priorität hinsichtlich Investitionen und Wachstum.

Nimmt die Unternehmung eine marktbeherrschende Stellung ein, d.h. verfügt sie über Wettbewerbsvorteile im Vergleich zu den stärksten Konkurrenten, ist es im allgemeinen zweckmäßig, den entsprechenden strategischen Geschäftseinheiten genügend Ressourcen zuzuweisen, damit sie in Erwartung eines vernünftigen Gewinnbeitrages mit dem Markt mitwachsen; strategische Geschäftseinheiten mit einer mittleren Marktattraktivität sind in der Regel in der Lage, ihre eigene (durchschnittliche) Expansionsrate selbst zu finanzieren.

Strategische Geschäftseinheiten in Positionen mit niedriger oder mittlerer Marktattraktivität und ebenfalls kleinen oder mittleren Wettbewerbsvorteilen erfordern im allgemeinen *Abschöpfungs-* oder *Desinvestitionsstrategien* (Abb. 4.23); die strategischen Geschäftseinheiten enthalten keine hohen zukünftigen Gewinnchancen; sie sind abzustoßen, wenn die Unternehmung unter Ausnutzung aller Rationalisierungsreserven und Synergieeffekte in Produktion und Distribution und/oder durch eine auf ein attraktives Marktsegment ausgerichtete Produktdifferenzierung keinen positiven *Cash-flow* erzielen kann. In der Regel handelt es sich hierbei um obsolete Produkte, die durch neue Produkte mit

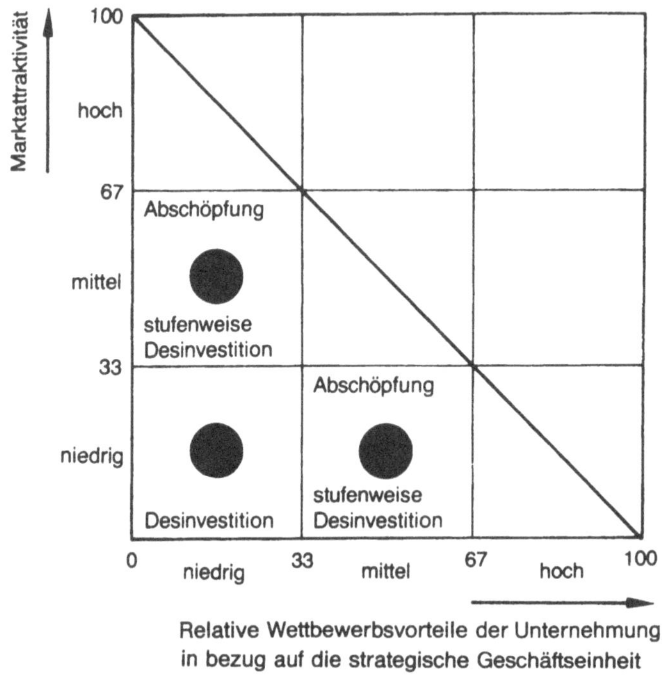

Ziel:	Abschöpfung der Gewinne oder Desinvestition
Strategien:	Abschöpfungs-/Desinvestitionsstrategien
Taktische Aktionen:	Ausnutzung aller Rationalisierungsreserven und Synergieeffekte in Produktion und Vertrieb (z. B.: Produktionszusammenlegung, organisatorische Maßnahmen ohne wesentliche Investitionen)
Cash-flow:	Kurzfristig positiv, mittel- und langfristig negativ
Ökonomischer Horizont:	Kurzfristig
Risiko:	Gering
Bedeutung:	Die strategischen Geschäftseinheiten können zum gegenwärtigen Gewinn der Unternehmung beitragen und erfordern keine wesentlichen zusätzlichen Investitionen, sind aber im allgemeinen desinvestitionsverdächtig

Abb. 4.23 Die strategische Analyse der Ressourcenallokation: Abschöpfungs- oder Desinvestitionsstrategien

höherem Leistungspotential und größerer Umweltfreundlichkeit ersetzt werden. Sind dagegen die Deckungsbeiträge positiv, wird die Unternehmung versuchen, den *Cash-flow* dieser strategischen Geschäftseinheiten ohne zusätzlichen Ressourceneinsatz zu maximieren; der von ihnen erwirtschaftete *Cash-flow* dient im allgemeinen der Finanzierung der Investitions- und Wachstumsstrategien sowie eines Teils der selektiven Strategien. Geschäftseinheiten mit niedriger Marktattraktivität und keinen oder geringen Wettbewerbsvorteilen sind in der Regel desinvestitionsverdächtig; in Zeiten guter Konjunktur erwirtschaften sie einen positiven Deckungsbeitrag, der allerdings in einer schlechten Konjunkturlage häufig wieder verschwindet. Die zweckmäßigste Strategie besteht im allgemeinen darin, diese strategischen Geschäftseinheiten so rasch wie möglich abzustoßen und die freigesetzten finanziellen, personellen und materiellen Ressourcen in der Unternehmung gewinnbringender einzusetzen.

In einer gut geführten Unternehmung liegen selten strategische Geschäftseinheiten im Desinvestitionsfeld, wenn keine raschen und tiefgreifenden politischen, gesellschaftlichen und technischen Änderungen die Marktperspektiven vollständig gewandelt haben. Eine Unternehmung kann im allgemeinen die Verschlechterung der Marktperspektiven vorhersehen und eine stufenweise Desinvestition betreiben.

Die Unternehmung wird somit in der Regel die Marktsegmente abschöpfen oder sich stufenweise aus den Marktsegmenten zurückziehen, die durch eine mittlere Marktattraktivität und eine durchschnittliche Wettbewerbsposition gekennzeichnet sind; die freigesetzten Mittel können produktiveren Zwecken zugeführt werden.

Selektive Strategien sind im allgemeinen für strategische Geschäftseinheiten in den Positionen notwendig, die in der Portfolio-Matrix auf der Diagonale liegen (Abb. 4.24); drei Arten von selektiven Strategien sind zu unterscheiden:

(1) Offensivstrategien,
(2) Defensivstrategien und
(3) Übergangsstrategien.

Strategische Geschäftseinheiten, die durch eine hohe Marktattraktivität und geringe relative Wettbewerbsvorteile gekennzeichnet sind, erfordern im allgemeinen eine *Offensivstrategie* (Abb. 4.24); kann die Unternehmung keinen Wettbewerbsvorteil gegenüber den wichtigsten Konkurrenten aufbauen, ist es im allgemeinen zweckmäßiger, die strategischen Geschäftseinheiten aufzugeben. Die *Cash-flow*-Bilanz in dieser Position ist im allgemeinen stark negativ: Eine hohe Marktattraktivität, z. B. ein hohes Marktwachstum, ist im allgemeinen synonym mit hoher Investitionsintensität. Unternehmungen, die auf starken Wachstumsmärkten tätig sind, befinden sich in der Regel mit Bezug auf die Liquiditätssituation langfristig in einer schwierigen Lage, wenn nicht strategische Geschäftseinheiten in wenig attraktiven Märkten, aber mit hohen relativen Wettbewerbsvorteilen zur Finanzierung der Wachstumsprodukte beitragen. Das *Cash-flow*-Profil einer Offensivstrategie ist in Abb. 4.25 beispielhaft dargestellt.

Defensivstrategien sind im allgemeinen für die strategischen Geschäftseinheiten zweckmäßig, die sich durch eine geringe Marktattraktivität, aber durch hohe relative Wettbewerbsvorteile auszeichnen (Abb. 4.24). In dieser Position ist die *Cash-flow*-Bilanz in der Regel stark positiv. Die Unternehmung muß versuchen, (1) die relativen Wettbewerbsvorteile zu halten, (2) Konkurrenzunternehmungen abzuhalten, in dieses Marktsegment einzudringen, und (3) den *Cash-flow* zu maximieren; diese Ziele können durch Kostensenkungsprogramme, Produktdifferenzierung, preispolitische Maßnahmen usw. erreicht werden.

Ziele:	Wachstums- oder Gewinnziele	
Strategien:	Selektive Strategien:	
	A: *Offensivstrategien:*	Die Unternehmung muß Wettbewerbsvorteile gegenüber den wichtigsten Konkurrenzunternehmungen aufbauen (z. B. Erhöhung des relativen Marktanteils, Senkung der Stückkosten, stärkere Differenzierung usw.)
	Taktische Aktionen:	Die strategischen Geschäftseinheiten erfordern hohe Aufbauinvestitionen mit unsicheren ökonomischen Perspektiven und können zum zukünftigen Wachstum der Unternehmung beitragen
	Cash-flow:	Kurz-mittelfristig negativ, langfristig positiv
	Ökonomischer Horizont:	Langfristig
	Risiko:	Hoch
	Bedeutung:	Aus diesen strategische Geschäftseinheiten muß die Unternehmung die zukünftigen Gewinnpotentiale auswählen
	B: *Übergangsstrategien:*	Konsolidierung einer Investitions-/Wachstumsstrategie (Abb. 4.22) oder einer Abschöpfungs- oder Desinvestitionsstrategie (Abb. 4.23) mit dem Ziel, den *Cash-flow* ohne großen Ressourceneinsatz, jedoch durch Rationalisierungsmaßnahmen zu maximieren
	C: *Defensivstrategien:*	Die Unternehmung muß ihre relativen Wettbewerbsvorteile halten und Konkurrenzunternehmungen abhalten, in dieses Marktsegment einzudringen
	Taktische Aktionen:	Kostensenkungsprogramme, Produktdifferenzierung, Verbesserung des Kundendienstes, Preispolitik usw.
	Cash-flow:	Kurz-mittelfristig positiv
	Ökonomischer Horizont:	Mittelfristig
	Risiko:	Niedrig
	Bedeutung:	Die strategischen Geschäftseinheiten tragen zum gegenwärtigen Gewinn der Unternehmung bei und erfordern geringe Investitionen zur Erhaltung der relativen Wettbewerbsvorteile

Die strategischen Geschäftseinheiten benötigen in diesem Fall wenig finanzielle Ressourcen für ihre weitere Expansion und dienen deshalb der Finanzierung der Wachstumssektoren.

Für die Geschäftseinheiten in einer mittleren Position (Portfolio-Bandbreite: 33 bis 67 Punkte) sowohl hinsichtlich der Marktattraktivität als auch der relativen Wettbewerbsvorteile – die Situation ist auf Märkten mit einer Vielzahl von Anbietern typisch – ist in der Regel eine *Übergangsstrategie* notwendig. Da alle strategischen Geschäftseinheiten entweder zum gegenwärtigen Gewinn oder zum zukünftigen Wachstum der Unternehmung beitragen sollen, ist im allgemeinen zu versuchen, eine horizontale Positionsänderung mit Hilfe von Rationalisierungsmaßnahmen ohne großen Ressourceneinsatz herbeizuführen oder

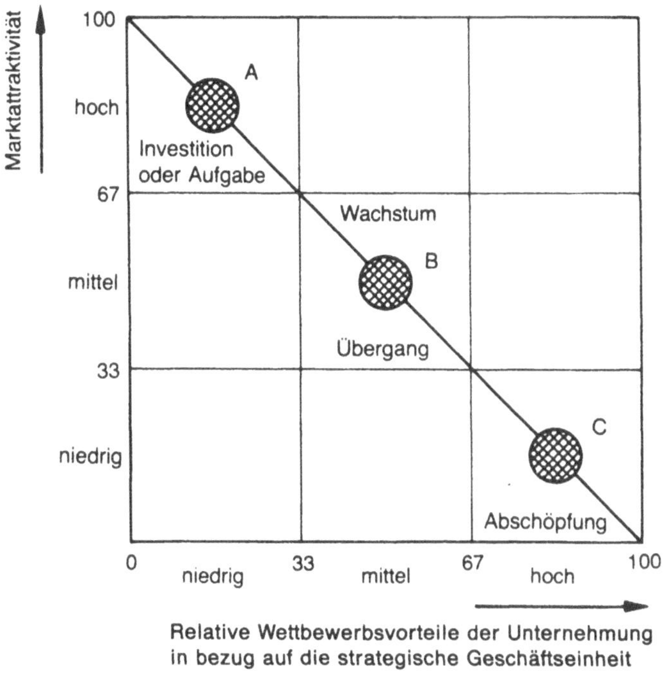

Abb. 4.24 Die strategische Analyse der Ressourcenallokation: Selektive Strategien

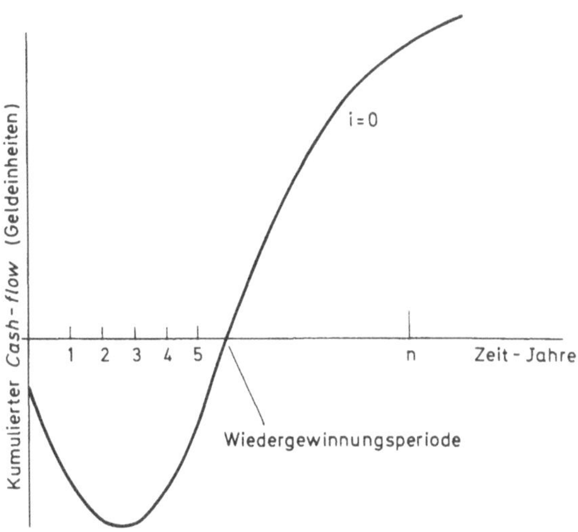

Abb. 4.25 Das Cash-flow-Profil für eine Offensivstrategie (Beispiel)

abzuwarten, wie sich die Marktattraktivität verschiebt; das Ziel dieser Strategie besteht darin, den *Cash-flow* zu maximieren. Die Erfahrung zeigt, daß in vielen Unternehmungen das zentrale Feld der Portfolio-Matrix mehr strategische Geschäftseinheiten aufweist als jedes andere Feld. In diesen Fällen gibt die Matrix keine klaren strategischen Richtlinien; die voraussichtliche Evolution der Marktattraktivität und das erkennbare Verhalten des Hauptkonkurrenten lassen jedoch im allgemeinen wenige Alternativen für die Ressourcenallokation zu (Abb. 4.26).

Die Felder, auf die sich die verschiedenen Strategien beziehen, sind nicht genau durch die quadratische und diagonale Gliederung bestimmt, die der Portfolio-Matrix zugrunde gelegt wird. Die Erfahrung zeigt, daß die Felder

- eine unregelmäßige Form haben,
- nicht klar und eindeutig abgegrenzt sind und
- in vielen Fällen überlappen.

Aus diesem Grunde muß jede Unternehmung laufend die Wettbewerbsvorteile ihrer strategischen Geschäftseinheiten mit den Marktcharakteristika vergleichen und pragmatisch nach geeigneten Grenzlinien suchen.

4.2.3.8 Die Anwendung der Portfolio-Matrix für Finanz- und Konkurrenzanalysen

Die Anwendung der Portfolio-Matrix ist nicht nur auf die Analyse der verschiedenen strategischen Geschäftseinheiten einer diversifizierten Unternehmung und auf die Festsetzung von Prioritäten für die Zuweisung der Ressourcen beschränkt; sie kann auch für die Analyse der Dynamik und des finanziellen Gleichgewichts des Produkt-Portfolios und für Konkurrenzanalysen eingesetzt werden.

Die allgemeine Form und Dynamik des Portfolios der strategischen Geschäftseinheiten einer diversifizierten Unternehmung erlauben einen Einblick in ihre finanzielle Situation. Befindet sich der Großteil der strategischen Geschäftseinheiten einer Unternehmung oder eines Unternehmungsbereiches in der Reifephase ihres Lebenszyklus (Defensiv- und/oder Abschöpfungsstrategien), werden mehr finanzielle Ressourcen erwirtschaftet als für die Verwirklichung der Offensiv- und/oder Investitionsstrategien benötigt werden; in diesem Fall wird die Leitung zusätzliche Offensiv- und/oder Investitionsstrategien formulieren oder als Bankier für andere Bereiche agieren. Umgekehrt benötigt eine Unternehmung oder ein Unternehmungsbereich für die Nutzung der offenstehenden Chancen mehr finanzielle Ressourcen als von den strategischen Geschäftseinheiten erwirtschaftet werden, wenn diese vorwiegend in Marktsegmenten mit hoher Attraktivität lokalisiert sind.

Die Gesamtstrategie der Unternehmung sollte darauf gerichtet sein, strategische Geschäftseinheiten mit Liquiditätsüberschuß und solche mit Liquiditätsdefizit im Gleichgewicht zu halten und mit dem Liquiditätsüberschuß der strategischen Geschäftseinheiten, die in der Reifephase sind oder in diese eintreten,

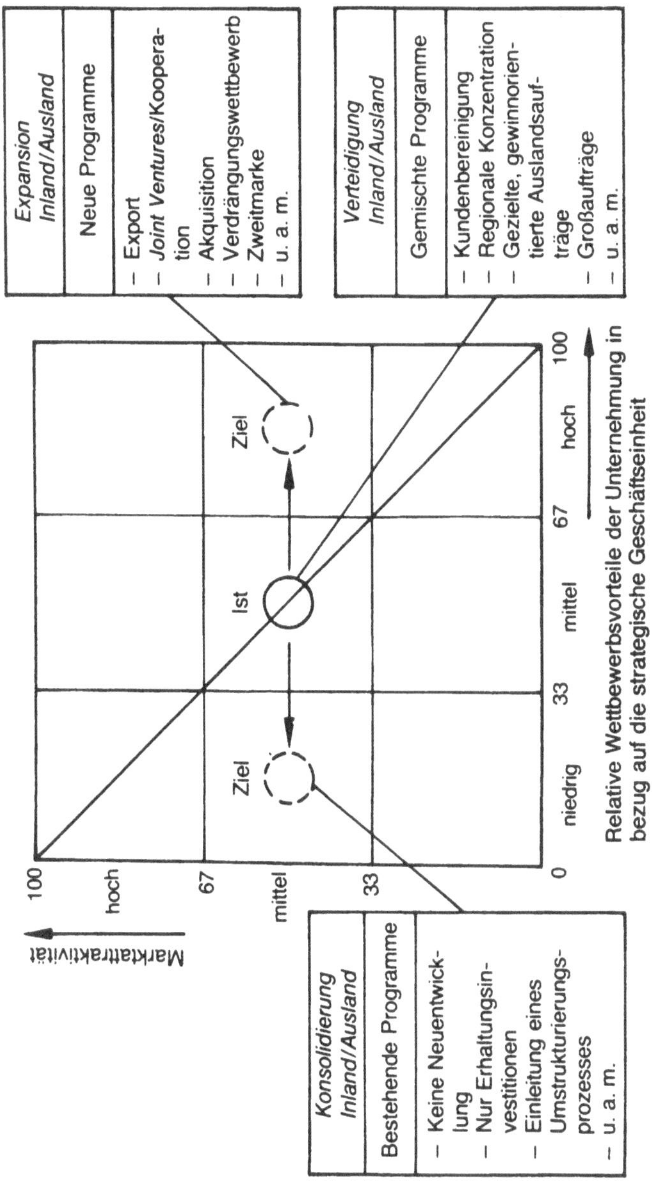

Abb. 4.26 Alternative Formulierungen des Ziel-Portfolios im Bereich der Übergangsstrategien (nach McKinsey)

einen regelmäßigen *Input* von erfolgversprechenden neuen Produkten zu verwirklichen.

Zur Ableitung optimaler Strategien ist neben dem eigenen auch das Portfolio der stärksten Konkurrenten zu untersuchen.

Um die Wettbewerbsorientierung zu gewährleisten, sind folgende Fragen zu beantworten[27]:

- Wer sind die wichtigsten Konkurrenten? Heute, in fünf Jahren?
- Was sind die Ziele und Investitionsprioritäten der wichtigsten Konkurrenten?
- Wie wichtig sind die Marktsegmente unserer Unternehmung für die Konkurrenten? Welche Verpflichtungen sind die Konkurrenten in diesen Marktsegmenten eingegangen?
- Was sind die relativen Stärken und Schwächen der wichtigsten Konkurrenten?
- Welche Schwächen machen die Konkurrenten verwundbar?
- Welche Änderungen werden die Konkurrenten voraussichtlich in ihren Strategien vornehmen?
- Welche Auswirkungen werden die Strategien der Konkurrenten auf den Industriesektor, den Markt und unsere Strategien haben?
- Welche Eventualmaßnahmen hat unsere Unternehmung geplant?

Die Darstellung des Gesamtportfolios der führenden Konkurrenzunternehmung dient erstens der Abschätzung der strategischen Möglichkeiten und zweitens der Festlegung des zweckmäßigsten Wettbewerbsverhaltens (Abb. 4.27):

Die *Konkurrenzanalyse* wird somit in vier Schritten durchgeführt (Abb. 4.28):

(1) Beschreibung der bestehenden Strategien der wichtigsten Konkurrenten,

(2) Beschreibung der wichtigsten Ressourcen (F & E-, Produktions-, Finanzierungs-, Führungspotential usw.), über die die Hauptkonkurrenten in der Vergangenheit verfügten und die für die Implementierung der unter (1) genannten Strategien eingesetzt wurden,

(3) Prognose der wichtigsten Ressourcen, die die Hauptkonkurrenten in Zukunft für die Erreichung der strategischen Ziele einsetzen werden, und Ermittlung ihrer voraussichtlichen Strategien,

(4) Formulierung von Annahmen über die Beweggründe und Selbsteinschätzung der Hauptkonkurrenten sowie über ihre Beurteilung der Branchenevolution.

Auf der Grundlage der Analyse der gegenwärtigen Strategien der wichtigsten Konkurrenten, der Abschätzung ihrer voraussichtlichen Strategien nach Maßgabe ihrer Stärken und Schwächen sowie der Beweggründe und Selbsteinschät-

[27] Vgl. hierzu M. G. Allen, Strategic Planning with a Competitive Focus, in: „The McKinsey Quarterly“, Autumn 1978, S. 6ff.

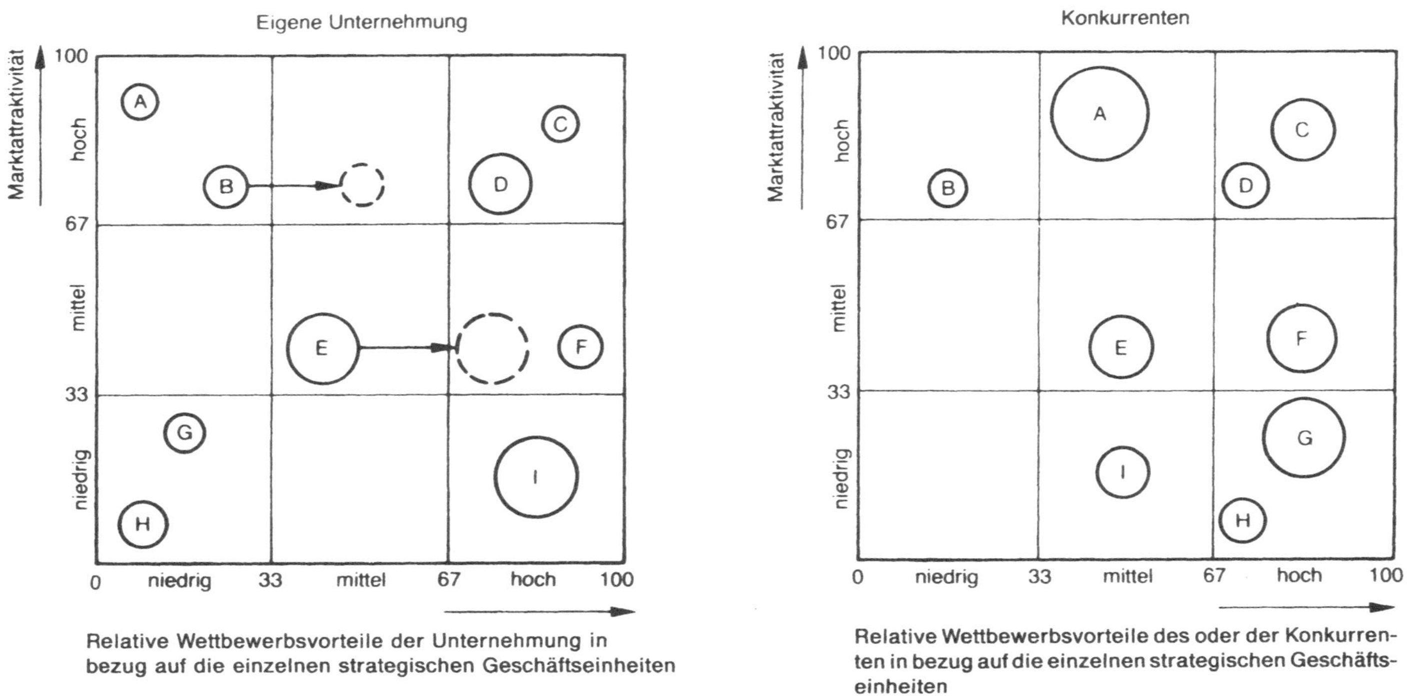

Strategien:
- A: Selektive Verbesserung der Wettbewerbsposition oder Aufgabe
- B, E: Überholen der Konkurrenz
- C, D, F: Beobachtung der Aktionen der Konkurrenz
- G, H: Graduelle Desinvestition
- I: Wettbewerbsvorteile halten

Abb. 4.27 Schema der Konkurrenzanalyse (nach McKinsey) (Beispiel)

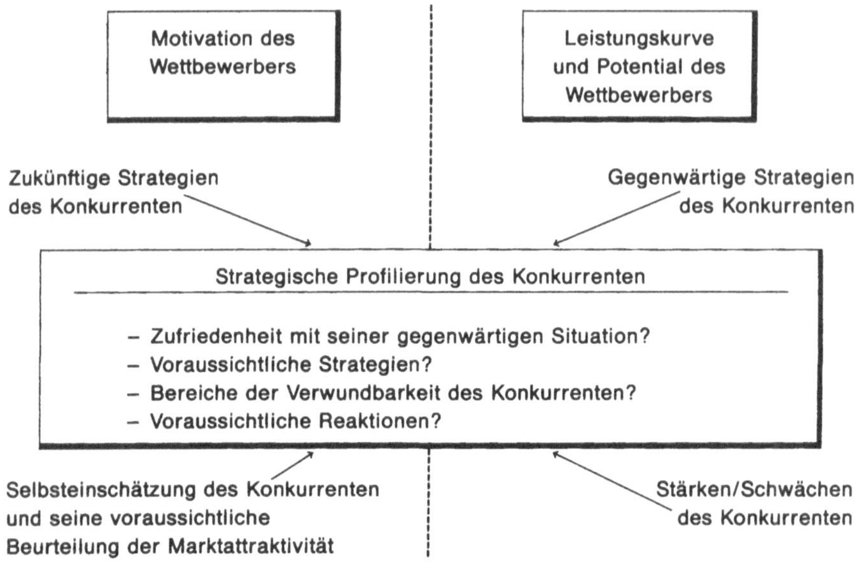

Abb. 4.28 Die Komponenten der Konkurrenzanalyse und -prognose (nach M.E. Porter)

zung ihrer Führungskräfte kann das *strategische Wettbewerbsprofil* für jeden einzelnen Hauptkonkurrenten bestimmt werden. Das strategische Wettbewerbsprofil zeigt auf, mit welchen voraussichtlichen Offensiv- und/oder Defensivmaßnahmen eines Konkurrenten zu rechnen ist; es gibt mit anderen Worten an, inwieweit ein Konkurrent mit seiner gegenwärtigen Position zufrieden oder nicht zufrieden zu sein scheint, in welchen Bereichen er sich Wettbewerbsvorteile erhofft, wo er am leichtesten getroffen werden kann, welche Initiativen er als Bedrohung seiner Gewinnaussichten auffassen wird, wie stark und mit welcher Wahrscheinlichkeit er auf Strategien unserer Unternehmung reagieren wird, in welchen Bereichen unsere Unternehmung ihre Marktposition ausbauen kann, ohne Reaktionen der Konkurrenten hervorzurufen und dgl. mehr[28].

Mit Hilfe der Portfolio-Methodik kann somit ein *qualitatives Bild der gegenwärtigen Situation und voraussichtlichen Entwicklung der Strategien der Konkurrenzunternehmungen* gezeichnet werden; die dazu notwendigen Informationen über Marktpositionen, Produktions- und F & E-Potentiale, Beweggründe der Führungskräfte usw. können einer Vielzahl von Quellen und Marktsignalen entnommen werden und sind eine Voraussetzung für die Strategieentwicklung auf der Ebene der Geschäftseinheiten und auf Unternehmungsebene. Die Matrix-Analyse erfüllt dadurch eine nützliche Funktion, daß sie diese Informationen kodifiziert und Bereiche aufzeigt, in denen Informationslücken bestehen. Ausgehend von den Portfolio-Darstellungen der wichtigsten Konkurrenten kann Einblick in deren wahrscheinliche zukünftige Aktionen gewonnen wer-

[28] Vgl. hierzu M.E. Porter, Competitive Strategy, a.a.O., S. 47ff.

den, wenn die Annahme berechtigt ist, daß ihre Investitionsentscheidungen der ökonomischen Logik folgen. Die Matrix-Analyse zeigt z. B. die Bereiche auf, in denen das Produktionspotential einer Konkurrenzunternehmung schwächer als ihre Marktposition ist; die Analyse weist somit darauf hin, daß die Konkurrenzunternehmung Marktanteile verlieren wird, wenn sie nicht ihre Position durch eine geeignete Kapazitätserweiterungspolitik stärkt. Umgekehrt zeigt die Matrix-Analyse die Bereiche, in denen die Produktionsstruktur eines Konkurrenten überdimensioniert ist und dieser somit wahrscheinlich Marktanteile gewinnen will.

Wertvolle Einsichten in das voraussichtliche Verhalten der Konkurrenten lassen sich schließlich aus der Kostenkurve einer Branche (Abb. 4.29) und aus der Analyse der strategischen Gruppe gewinnen, der eine strategische Geschäftseinheit angehört[29].

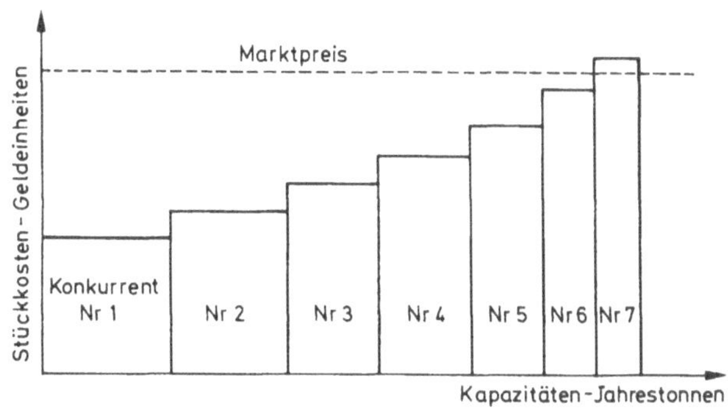

Abb. 4.29 Die Kostenkurve einer Branche (Beispiel)

4.3 Die Strategieentwicklung auf der Ebene der strategischen Geschäftseinheiten

Nicht nur in großen, sondern auch in mittelständischen Unternehmungen müssen zwei Arten von Strategien unterschieden werden:

(1) Strategien der Geschäftseinheiten der Unternehmung, d. h. für relativ autonome Produktlinien oder Arbeitsgebiete, das heißt für am Markt vergleichbare Produktfamilien, und
(2) Strategien der Gesamtunternehmung.

[29] Zu den strategischen Gruppen von Unternehmungen siehe H. H. Hinterhuber u. M. Kirchebner, Die Analyse strategischer Gruppen von Unternehmungen, In: ZfB, 53 (1983), S. 854–868.

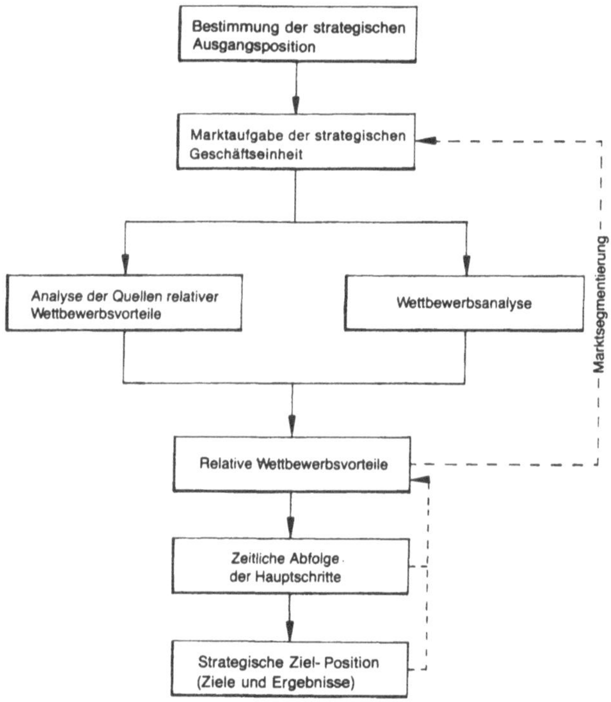

Abb. 4.30 Die Strategieentwicklung auf der Ebene der strategischen Geschäftseinheiten (modifiziert nach Hayes/Hill)

Die Geschäftseinheiten stellen gleichsam „Mikro-Unternehmungen" dar und sind die Zentren für integrierte Maßnahmen in der Unternehmung; ihrer Abgrenzung wird im Band 2, Kap. 2 ein breiter Raum gewidmet.

Die Strategie ist die Fortbildung einer zentralen Idee entsprechend den sich laufend ändernden Umständen; sie ist kein Aktionsplan. Die zentrale Idee ist, in jedem Marktsegment, in dem eine Geschäftseinheit der Unternehmung tätig ist oder in das eine Geschäftseinheit einzudringen beabsichtigt, zu den führenden Wettbewerbern zu zählen. Die Strategie einer Geschäftseinheit muß deshalb angeben (Abb. 4.30)[30]:

(1) die Analyse der Ausgangssituation (Abb. 4.31),
(2) die *Marktaufgabe*, d.h. die Produkte und/oder Dienstleistungen, die die Geschäftseinheit spezifischen Abnehmergruppen auf der Grundlage bestimmter Technologien zur Erfüllung bestimmter Funktionen anbieten will,

[30] Vgl. hierzu im einzelnen W.H. Neuman, J.P. Logan u. W.H. Hegarty, Strategy, Policy, and Central Management, a.a.O., S. 92ff.; siehe auch B. Yavitz u. W.H. Newman, Strategy in Action: The Execution, Politics, and Payoff of Business Planning, New York, London 1982, S. 18ff.; siehe ferner Hayes/Hill Inc. (Hrsg.), Competitive Analysis, Vols. 11, 12, 13 u. 14 (1981) und J.G. Thomas, Strategic Management, New York 1988, S. 147ff.

(3) die *Wettbewerbsvorteile*, auf die die Geschäftseinheit im Vergleich zu ihren Konkurrenten bei der Erfüllung der Marktaufgabe zurückgreifen kann (z. B. besser ausgebildete und motivierte Mitarbeiter, günstigeres Preis/Leistungs-Verhältnis der Produkte, größere Flexibilität in der Erfüllung der Kundenwünsche, wirksamere Beziehungen zu bestimmten Lieferanten und dergleichen mehr),
(4) die *Hauptschritte und ihre zeitliche Abfolge*, die notwendig sind, um die Geschäftseinheit aus ihrer gegenwärtigen Position in die gewünschte Richtung zu bewegen, und
(5) die strategische Ziel-Position, d. h. die *erwarteten Ziele und Ergebnisse* (Marktanteile, Preise, Stückkosten, finanzielle Kriterien u. dgl. mehr sowie entsprechende Anspruchsniveaus), damit die Fortschritte in der Verwirklichung der Strategie gemessen werden können.

Diese fünf Elemente der Strategie wirken, wie in Abb. 4.30 dargestellt, aufeinander ein und sollten sich gegenseitig verstärken.

Jede Strategie ist eine gut konzipierte, praktische Verpflichtung. Der strategische Plan wird für jede Geschäftseinheit von der dafür verantwortlichen Führungskraft oder dem dafür zuständigen Strategiekomitee erstellt.

Die strategischen Pläne der einzelnen Geschäftseinheiten sind die Grundlage, auf der, auf der Ebene der Unternehmungsleitung, die Zuteilung der Ressourcen erfolgt. Dadurch wird die Strategie zu einem integrierten und praktikablen Handlungsrahmen. Sie braucht deshalb nicht detailliert zu sein; wesentlich ist, daß die Strategie (1) auf der Analyse der *Quellen von Wettbewerbsvorteilen* aufbaut, mit denen sich die Unternehmung von ihren Konkurrenten abhebt, (2) mit Hilfe der *Wettbewerbsanalyse* die zentralen Erfolgsfaktoren ermittelt, von

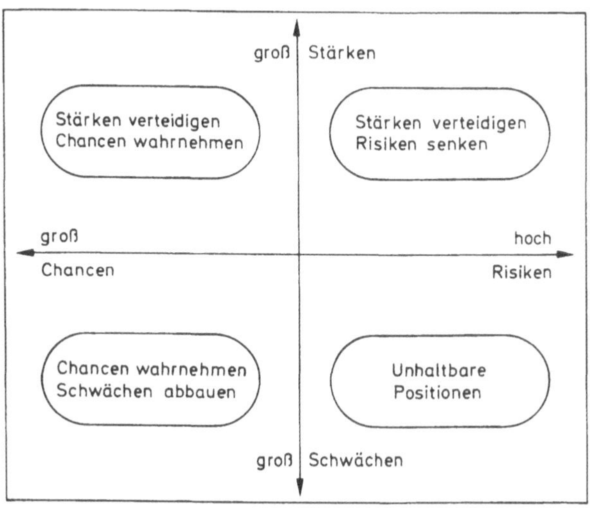

Abb. 4.31 Die Stärken/Schwächen- und Chancen/Risiken-Analyse für eine strategische Geschäftseinheit

denen der Erfolg der Strategie in einem bestimmten Marktsegment abhängt und (3) die *Hauptschritte* festlegt, die die Geschäftseinheit in ihrer gegenwärtigen Entwicklungsphase ausführen muß, wenn sie sich in die gewünschte Richtung mit der gewünschten Geschwindigkeit bewegen will. Die Selektivität, mit der Quellen von Wettbewerbsvorteilen ausgewählt, Hauptschritte festgelegt und unterstützende Maßnahmen bestimmt werden, ist enscheidend für die Identifizierung der Marktaufgabe und die Ermittlung der Wege, auf denen sich die Geschäftseinheit von ihren Konkurrenten abheben und die angestrebten *Ziele und Wirtschaftsergebnisse* erreichen kann.

Mit abnehmendem Differenzierungsgrad nehmen sowohl die Substituierbarkeit der Produkte als auch die Elastizität der Nachfrage zu; der Wettbewerb spielt sich damit vorwiegend über den Preis ab; die strategischen Geschäftseinheiten, die sich im 4. Quadranten der Abb. 4.32 befinden, bieten wenig differenzierte Produkte an, die außerdem zu Kosten hergestellt werden, die über denen der Konkurrenz liegen; diese Geschäftseinheiten werden früher oder später vom Markt verschwinden. Stark differenzierte Produkte sind dagegen den Initiativen der Konkurrenten und auch ihren Reaktionen auf die Strategien unserer Geschäftseinheit weniger ausgesetzt. Die Position der Geschäftseinheit, die stark differenzierte Produkte anbietet und niedrigere Kosten als die Konkurrenz hat, nähert sich tendenziell der eines Monopolisten; sie braucht keine schwerwiegenden Reaktionen der Konkurrenten auf die eigenen Strategien zu fürchten, muß

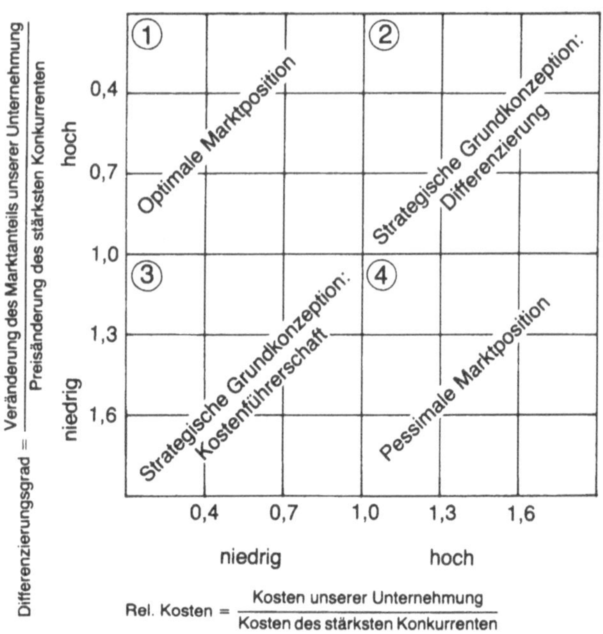

Abb. 4.32 Grundschema zur Ermittlung der Wettbewerbsposition der strategischen Geschäftseinheiten einer Unternehmung oder eines Unternehmungsbereiches

allerdings, im Unterschied zum Monopolisten, die Initiativen der Konkurrenten erleiden.

Grundsätzlich muß jede Geschäftseinheit entscheiden, a) mehr zu investieren, um sich stärker zu differenzieren und dadurch der Preiskonkurrenz auszuweichen (strategische Grundkonzeption der Differenzierung), oder b) weniger zu investieren, die Kosten zu senken und die direkte Auseinandersetzung mit Produkten aufzunehmen, denen der Käufer eine größere Substituierbarkeit zuschreibt (strategische Grundkonzeption der Kostenführerschaft). Die Unternehmung muß in jedem Fall eine bewußte Entscheidung treffen und die Initiativen vermeiden, die weder zu einer Erhöhung des Differenzierungsgrades ihrer Produkte noch zu einer Senkung ihrer Kosten führen (Abb. 4.32).

Die Strategie benutzt die Konzeption der Kostenführerschaft oder der Differenzierung als ein *Mittel*, aber sie erreicht ihre Zwecke nur durch wirksame Aktionspläne, d.h. die taktischen Erfolge.

4.3.1 Die Bestimmung der Ausgangsposition

Jede Strategieentwicklung beginnt mit der Bestimmung der Ausgangsposition: Welche Spielregeln gelten im Marktsegment: Kostenführerschaft oder Differenzierung? Wo steht die strategische Geschäftseinheit im Wettbewerb? Wie und unter welchen Bedingungen hat sie die heutige Wettbewerbsposition erreicht? Auf welchem Entwicklungspfad würde sie sich in Zukunft bewegen, wenn sie wie bisher geführt würde?

Zur Beantwortung dieser Fragen und somit zur *Bestimmung der Ausgangsposition* werden zwei Arten von Angaben benötigt:

(1) zur Ermittlung der (zukünftigen) Marktattraktivität Angaben über die voraussichtlichen Gewinnaussichten des Marktes, das erwartete Marktwachstum und Wettbewerbsklima, die Bedrohung durch Substitutionsprodukte und dgl. mehr;

(2) zur Ermittlung der (gegenwärtigen) relativen Wettbewerbsvorteile der Unternehmung in bezug auf die strategische Geschäftseinheit Angaben über das Preis/Leistungsverhältnis, den Kundendienst, das Image und dgl. mehr unserer Geschäftseinheit im Vergleich zu den Konkurrenten.

Mit diesen Angaben kann die strategische Ausgangsposition einer Geschäftseinheit bestimmt werden. Abb 4.14 zeigt die Positionierung einer strategischen Geschäftseinheit, für die sowohl die Marktattraktivität als auch die relativen Wettbewerbsvorteile der Unternehmung eher niedrig eingeschätzt werden.

4.3.2 Die Überprüfung der Marktaufgabe der strategischen Geschäftseinheit

Der Erfolg einer jeden Geschäftseinheit hängt vom Ausmaß ab, in dem es ihr gelingt, ein Marktbedürfnis besser als ihre Konkurrenten zu erfüllen; sie muß, mit anderen Worten, imstande sein, ein gleiches Produkt zu einem niedrigeren Preis, ein besseres Produkt zum gleichen Preis oder einem anderen Nutzen anzubieten, den der Abnehmer höher einschätzt als den Nutzen der Konkurrenzprodukte. In jeder Wettbewerbssituation kommt es auf die Unterschiede zu den Konkurrenten an. Die Sorgfalt in der Marktdefinition und die Präzision der Wettbewerbsanalyse bestimmen deshalb die Qualität der Strategie einer Geschäftseinheit.

Die Marktsegmentierung kann als Schlüsselelement jeder Strategie angesehen werden. Jede Strategie kann verbessert werden, wenn es gelingt, homogene Märkte in einzelne Marktsegmente aufzugliedern, in denen sich die jeweiligen Abnehmer in bezug auf die Marketingpolitik der Unternehmung anders verhalten als in einem benachbarten Marktsegment[31]. Der Ausgangspunkt für die Ermittlung der *Marktaufgabe* ist die Beantwortung der Frage, welche Produkte oder Dienstleistungen für welche Abnehmergruppen mit Hilfe welcher Technologien hervorgebracht bzw. bereitgestellt werden sollen. Das Gewinnpotential und die Entwicklungsperspektiven eines Marktes sind eine Funktion des Wirkens der folgenden sieben Wettbewerbskräfte[32]:

- Bedrohung durch neue Konkurrenten,
- Wettbewerbsverhalten der etablierten Unternehmungen,
- Bedrohung durch Substitutionsprodukte,
- Verhandlungsstärke und Kaufverhalten der Abnehmer,
- Verhandlungsstärke und Verhalten der Lieferanten,
- Verhandlungsstärke und Verhalten der Arbeitnehmer und ihrer Organisationen,
- Eingriffe des Staates.

Je intensiver die angegebenen Wettbewerbskräfte in einem Markt wirken, desto niedriger ist sein Gewinnpotential und desto ungünstiger erscheinen seine Entwicklungsperspektiven. Ziel der Strategie ist es, für eine Geschäftseinheit ein Marktsegment oder eine Nische zu finden, in der sich die Unternehmung im Hinblick auf die langfristige Verbesserung ihrer Gewinnaussichten am besten auf Dauer gegenüber dem Wirken der Wettbewerbskräfte verteidigen oder die Wettbewerbskräfte selbst zu ihren Gunsten beeinflussen kann.

[31] Vgl. zur Marktsegmentierung und Abnehmerselektionspolitik im einzelnen die Ausführungen im Abschnitt II.2.4

[32] Vgl. hierzu ausführlich M.E. Porter, Competitive Strategy, a.a.O., S. 7ff.

Die Marktnische ist ein, in der Regel, kleines Marktsegment, das sich aufgrund der besonderen Bedürfnisse und Produktverwendungen der Abnehmer mit begrenzten Ressourcen halten läßt; es kann ein Ausschnitt aus dem gesamten Produkt- oder Dienstleistungsangebot in der Branche oder eine Gruppe von Abnehmern sein, die nach bestimmten Kriterien, wie zum Beispiel Größe, Einkommen, Standort und anderen Merkmalen, ausgewählt werden. Eine Unternehmung wird für jede ihrer Geschäftseinheiten eine Marktnische aussuchen, deren Gewinnpotential und Wachstumsaussichten einerseits günstig sind und in der sie andererseits über eindeutige Wettbewerbsvorteile im Vergleich zu ihren Konkurrenten verfügt, um dieses Gewinnpotential auch auszuschöpfen.

Mit Hilfe einer klaren Bestimmung der Marktaufgabe für jede strategische Geschäftseinheit kann sich eine Unternehmung auf die spezifischen Tätigkeiten konzentrieren, die für die wirksame Erfüllung der Bedürfnisse der Abnehmer notwendig sind und dabei die Tätigkeiten eliminieren, die diesem Zweck nicht dienen. Änderungen im Verhalten der Wettbewerbskräfte müssen rechtzeitig erkannt werden, damit die Wettbewerbsvorteile auch gehalten werden können.

Die Konzentration auf eine Marktnische bedeutet nicht, daß eine Unternehmung ihre Tätigkeiten nur auf diese Marktnische allein begrenzen soll. Durch die Ausweitung der Marktaufgabe auf verwandte Bereiche lassen sich häufig *Synergieeffekte* ($2 + 2 \geqq 5$) erzielen; die Synergieeffekte nehmen in der Regel um so stärker ab, je weiter sich die Unternehmung von ihren gegenwärtigen Abnehmern und Produktlinien oder Technologien entfernt. Bei der Suche nach Kombinationen von Marktnischen, die sich gegenseitig in ihrem Wirtschaftsergebnis verstärken, gilt es allerdings zu beachten, daß die Synergieeffekte auch negativ sein können ($2 + 2 \leqq 3$). Negative Synergieeffekte lassen sich dadurch vermeiden, daß jede Geschäftseinheit einer Unternehmung, die in mehreren Marktnischen operiert, für jede Marktnische einen eigenen strategischen Plan entwikkelt, der dann in ein strategisches Gesamtkonzept der strategischen Geschäftseinheit eingeordnet wird.

4.3.3 Die relativen Wettbewerbsvorteile der Unternehmung in bezug auf die strategische Geschäftseinheit

Nach der Identifizierung von attraktiven Marktnischen im Einklang mit den Stärken der Unternehmung besteht das dritte Element einer jeden Strategie in der Ermittlung und/oder Entwicklung der Grundlagen, auf denen eine Position der Überlegenheit gegenüber den Konkurrenten aufgebaut und auch auf Dauer gehalten werden kann. Wenn eine Unternehmung Abnehmer an sich binden und Ressourcen anziehen will, muß die Geschäftseinheit in der Lage sein, wenigstens einige Teilaufgaben in ihrem Markt besser als ihre Konkurrenten zu erfüllen.

Relative Wettbewerbsvorteile sind Tätigkeiten, mit denen die Unternehmung ihren Produkten und/oder Dienstleistungen herausragende und auf Dauer haltbare Eigenschaften verleiht, die für die Abnehmer von größerem Wert sind als diejenigen der Konkurrenzprodukte[33]. Der Wettbewerb spielt sich nicht nur zwischen Unternehmungen, sondern vor allem zwischen den von den Unternehmungen angebotenen Produkten und/oder bereitgestellten Dienstleistungen ab; die Wettbewerbsvorteile beziehen sich auf den Ort, wo der Wettbewerb stattfindet, d.h. auf die Kauffaktoren.

Relative Wettbewerbsvorteile beziehen sich auf die Eigenschaften der Produkte und/oder Dienstleistungen, die für die Abnehmer von Wert sind; diese Eigenschaften leiten sich aus den Faktoren ab, die den Kauf eines Produktes und/oder die Inanspruchnahme einer Dienstleistung bestimmen (Abb. 4.33).

Die „Wertekette" von M.E. Porter oder das „Business System" der Unternehmungsberatungsfirma McKinsey sind praktikable Instrumente, die alle Tätigkeiten von der Forschung bis zur Verwendung des Produktes beim Endabnehmer in die einzelnen Elemente zerlegen und dadurch die Möglichkeit schaffen, spezifische Wettbewerbsvorteile im Vergleich zu den Konkurrenten zu finden (Abb. 4.34).

4.3.3.1 Die Quellen von relativen Wettbewerbsvorteilen

Quellen von relativen Wettbewerbsvorteilen sind:
- Produktdifferenzierung
- eine günstige Kostensituation,
- Eintrittsbarrieren,
- eine wirksame und flexible Organisation,
- ein guter Standort,
- hervorragend ausgebildete Mitarbeiter,
- eine wirksame *Corporate-Identity*-Konzeption,
- u.a.m.

Beispiele für relative Wettbewerbsvorteile (relativ = im Vergleich zur Konkurrenz) sind: niedrigere Stückkosten, günstigeres Preis/Leistungs-Verhältnis, Patente, schöneres Design, geringere Umweltbelastung und dgl. mehr.

Hat die Geschäftseinheit eine attraktive Marktnische gefunden, muß sie versuchen, mit Hilfe der Differenzierung oder Kostenführerschaft[35] ein führender Wettbewerber zu werden oder ihre führende Position nachhaltig zu verteidigen.

[33] „If two firms compete by providing products and or services that are identical in value to the same group of customers, both will become unprofitable with that customer group. Indeed, if there were no differences between competitors as far as the customer could see, then no competitor would have an advantage and there is no reason for any competitor to make a profit, and there is no way for such a stalemate to perpetually be stable. This important concept, that uniqueness valued by the market is essential for profitability, is a fundamental principle of microeconomics", Ph.H. Birnbaum u. A.R. Weiss, Competitive Advantage and the Basis of Competition, Working Paper No. 87–107, University of Southern California, Los Angeles 1988; siehe auch E.K. Browning u. J.M. Browning, Microeconomic Theory and Applications, 2. Aufl., Boston 1986, S. 72ff.

[34] Vgl. hierzu im einzelnen M.E. Porter, Competitive Advantage, New York 1985, S. 85ff.

[35] Vgl. hierzu M.E. Porter, Competitive Strategy, a.a.O., S. 35ff.

Kauffaktoren	Relative Wettbewerbsvorteile der Unternehmung in bezug auf eine strategische Geschäftseinheit
Produktqualität	Forschung und Entwicklung Produktionssystem Qualitätssicherungssystem ...
Preis	Kostensituation Standort Flexible Automatisierung ...
Liefertreue	Lagerhaltung Organisation ...
Technischer Kundendienst	Ausbildung der Mitarbeiter Pünktlichkeit Organisation ...
Sortimentsbreite	Forschung und Entwicklung Produktionspotential Kompatibilität ...
Image	**Corporate Identity** Referenzanlagen Marketing ...

Abb. 4.33 Der Zusammenhang zwischen Kauffaktoren und relativen Wettbewerbsvorteilen der Unternehmung in bezug auf eine strategische Geschäftseinheit

Die strategische Grundkonzeption der *Differenzierung* besteht darin, in einem Marktsegment durch Produkt und/oder Verfahrensinnovation sowie durch Standortanpassungen eine monopolähnliche Stellung einzunehmen.

Die *Kostenführerschaft* beruht auf dem Prinzip der Erfahrungskurven; ihr Ziel besteht darin, mit Hilfe vor allem von

- Rationalisierungsmaßnahmen,
- Verfahrensinnovationen,
- Standardisierung,
- Neuprojektierung des Produktes und dgl. mehr

die Stückkosten (in bezug auf Qualität, Kundendienst, Garantieleistungen) unter das Niveau der wichtigsten Konkurrenten zu senken und durch eine Politik relativ niedriger Preise Wettbewerbsvorteile zu realisieren.

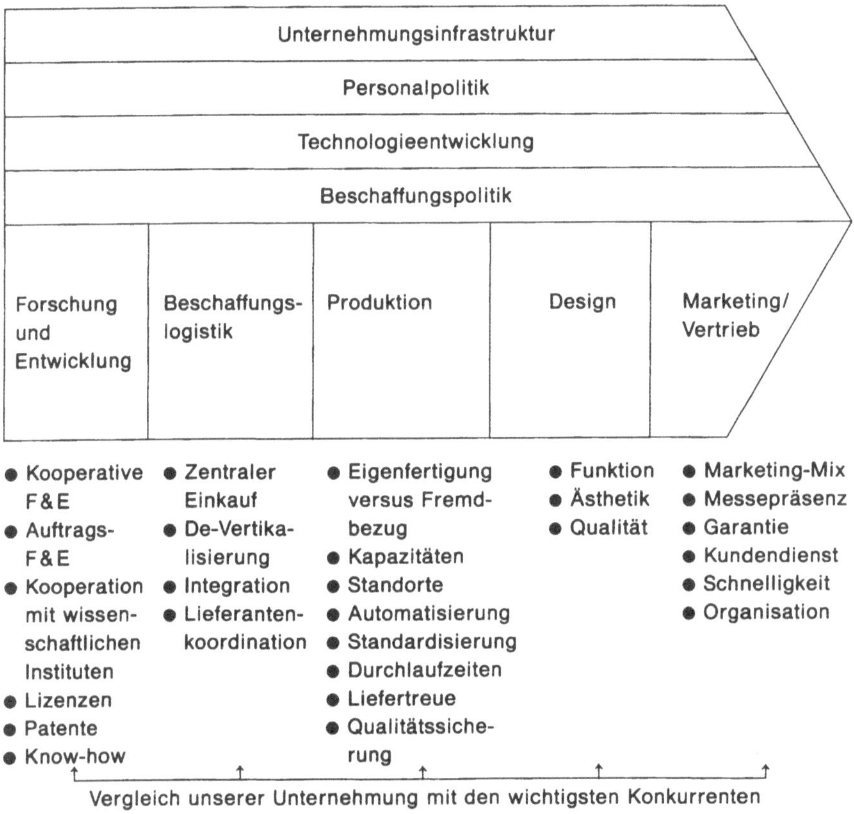

Abb. 4.34 Die „Wertekette" als Instrument zum Auffinden von Wettbewerbsvorteilen (modifiziert nach M.E. Porter)

4.3.3.2 Die Wettbewerbsanalyse

Was für eine Unternehmung gut ist, muß für eine andere Unternehmung noch lange nicht vernünftig sein. Während sich eine Unternehmung durch ihre Forschungs- und Entwicklungstätigkeit auszeichnet, kann eine andere Unternehmung ihre Wettbewerbsvorteile nicht in besseren Produkten, sondern in einem besseren Kundendienst finden. Jede Strategie ist einmalig, und eine Strategie, die sich nicht von der der Konkurrenten unterscheidet, muß von vornherein als schlecht bezeichnet werden.

Es gibt viele potentielle Quellen von Wettbewerbsvorteilen. Es ist kein Zeichen von Weisheit, wenn eine Unternehmung in zu vielen Bereichen gleichzeitig herausragen wollte. Zum Wesen einer jeden Stategie gehört, sich selektiv auf wenige, aber wichtige Quellen von Wettbewerbsvorteilen zu konzentrieren und die in Frage kommenden Wettbewerbsvorteile im Lichte der Wettbewerbsanalyse[36] auf ihre Durchführbarkeit zu prüfen. Für die erfolgreiche Bearbeitung einer Marktnische ist aber nicht nur die Überlegenheit bestimmter Schlüsselressourcen (hervorragende Mitarbeiter, Technik, finanzielle Mittel) entscheidend; die Möglichkeit der raschen Beschaffung der kritischen Ressourcen kann – genauso wie ihre Verfügbarkeit – eine Quelle von Wettbewerbsvorteilen sein, wenn für die Konkurrenten der Zugang zu diesen Ressourcen mit höheren Kosten verbunden ist und/oder einen längeren Zeitraum erfordert.

Die zentralen Erfolgsfaktoren und/oder die kritischen Ressourcen verschieben sich im Zeitverlauf in Abhängigkeit von Änderungen in den Wettbewerbsbedingungen, in der strategischen Ausrichtung der Unternehmung, dem Auftreten neuer Möglichkeiten oder dem Eintritt der Unternehmung in neue Märkte. Ein zentraler Aspekt der Strategie besteht darin, neue Möglichkeiten dadurch zu nutzen, daß rechtzeitig die erforderlichen Gewichtsverlagerungen in den Quellen der Wettbewerbsvorteile mit Hilfe der Wettbewerbsanalyse erkannt und die entsprechenden Fähigkeiten und Ressourcen aufgebaut werden. Wenn es der Unternehmung in ihrer Strategie nicht gelingt, ihre Stärken mit den zentralen Erfolgsfaktoren attraktiver Märkte in Einklang zu bringen, gehen diese Märkte an ihre Konkurrenten verloren.

4.3.4 Die zeitliche Abfolge der Hauptschritte

Die vierte strategische Überlegung betrifft die zeitliche Abfolge der Hauptschritte, mit denen die Lücke zwischen der gegenwärtigen Situation einer Geschäftseinheit einerseits und der angestrebten Marktstellung sowie den erforderlichen relativen Wettbewerbsvorteilen andererseits geschlossen werden kann; darüber hinaus gilt es zu überlegen, wie schnell die gewünschten Änderungen mit den knappen Ressourcen der Unternehmung herbeigefüht werden sollen. Die Eckpunkte der letzteren Überlegung liegen zwischen „zu viel – zu früh" und „zu wenig – zu spät"[37].

Beispiele für die Hauptschritte, mit denen eine Strategie von der Idee in konkrete Maßnahmen umgesetzt wird, sind Verfahrensinnovationen, Joint Ventures oder, allgemein, Initiativen, mit denen eine Unternehmung relative Wettbewerbsvorteile aufbauen und die angestrebte Marktposition erreichen kann. Wesentlich für den Erfolg der Strategie ist die zeitliche Abfolge dieser Hauptschritte: Durch eine zeitlich richtig gestufte Abfolge von Maßnahmen – stufenweise Verwirklichung großer Projekte in Abhängigkeit von den Reaktionen bestimmter Konkurrenten, rechtzeitige Einbeziehung einzelner Wettbewerber in das eigene strategische Konzept, Angebot vonBeteiligungen an Konkurrenten u.ä.m. – läßt sich die *Flexibilität* in der Ausführung der Strategie erhöhen; auf diese Weise können, ohne große Änderungen in der Gesamtausrichtung der Unter-

[36] Vgl. hierzu im einzelnen M.E. Porter, Competitive Strategy, a.a.O., S. 7ff.

[37] Vgl. hierzu W.H. Neuman, J.P. Logan u. W.H. Hegarty, Strategy, Policy, and Central Management, a.a.O., S. 100ff.

nehmung, die laufend neuen Elemente in einem strategischen Konzept berücksichtigt werden. Bei der Wahl der Hauptschritte gilt es, genauso wie bei den relativen Wettbewerbsvorteilen, selektiv vorzugehen und einen möglichst großen strategischen Spielraum offenzuhalten.

Ein kleines Beispiel kann die Zweckmäßigkeit der Wahrung eines strategischen Spielraumes veranschaulichen. Eine Unternehmung kann sich elektronische Rechenanlagen über *Leasing* beschaffen und im entsprechenden Zeitraum ihre Flexibilität beibehalten. Ihre Flexibilität ist verringert, wenn sie z.B. ein Drittel des Bedarfs an elektronischen Rechenanlagen durch Kauf heute decken und den Rest der Anlagen zeitlich gestaffelt kaufen würde. Die Unternehmung würde ihre Flexibilität völlig verlieren, wenn sie ihren gesamten Bedarf an elektronischen Rechenanlagen heute durch Kauf decken würde. Ein anderes Beispiel: Wenn eine Unternehmung ihre Produkte in bestimmten Regionen verkaufen will, muß sie häufig Fertigungseinheiten oder Montagebetriebe im Lande bauen; dadurch kommt in vielen Fällen das Exportgeschäft erst zustande. Hätte die Unternehmung ihr ganzes Potential für die Zukunft bereits in anderen Staaten angelegt, wären ihre Möglichkeiten (und somit ihre Flexibilität) für die zukünftige Entwicklung des Marktes in diesen Regionen gleich Null.

Dem Flexibilitätsgewinn stehen Kosten gegenüber, die es bei jeder strategischen Entscheidung abzuwägen gilt[38].

4.3.5 Die strategische Zielposition (Ziele und Ergebnisse)

Die bisher dargestellten vier Komponenten der Strategie – Bestimmung der Ausgangssituation, angestrebte Stellung der Geschäftseinheit in der Umwelt, erforderliche relative Wettbewerbsvorteile und zeitliche Abfolge der Hauptschritte – geben an, was wann getan werden muß und, als Folge, was nicht zu unternehmen ist. Sie sind Richtlinien für die Durchführungsplanung (Budgetplanung und Drei- oder Fünfjahresplanung). Die Strategie ist jedoch erst bestimmt, wenn die erwarteten Ziele und Ergebnisse festgelegt sind; es sind (1) die Kriterien auszuwählen, mit denen die Strategie beurteilt werden kann, (2) die erwarteten Ergebnisse der Strategie an Hand der unter (1) definierten Kriterien auszudrücken und (3) Überlegungen anzustellen, ob die erwarteten Ergebnisse den Mindesterwartungsniveaus der Unternehmung entsprechen[39].

Kriterien für die Beurteilung der Strategie sind: Kapitalwert, interner Zinssatz, ROI, Umsatzrentabilität, *Cash-flow*/Umsatz, Wertschöpfung, Marktanteil, Risiko, Stabilität der Wirtschaftsergebnisse, Image der Unternehmung u.a.m. Jede Strategie muß aufgrund einer Vielzahl von Kriterien beurteilt werden, die häufig widersprüchlich und mit Hilfe einer Gewichtung in eine Rang-

[38] Vgl. hierzu J. Rosenhead u. P. Wiedemann, A Note on Robustness and Interdependent Decision Making, in: „Journal of the Operations Research Society", 30, No. 9, S. 833–834 (1979).

[39] Vgl. hierzu W.H. Newman, J.P. Logan u. W.H. Hegarty, Strategy, Policy, and Central Management, a.a.O., S. 104ff.

ordnung zu bringen sind. Jede Strategie muß *operational* formuliert werden, d.h.: sie muß angeben, welche Produkte hervorgebracht und/oder welche Dienstleistungen bereitgestellt, welche Marktsegmente angesprochen, welche Marktanteile, Gewinn- und Umsatzkennziffern oder Kostenwerte zu welchen Zeiten erreicht werden müssen. Es sind deshalb alle von der Strategie vorgesehenen Maßnahmen in erwarteten Ausgaben und Einnahmen auszudrücken, wenn Wirtschaftlichkeitskriterien angewendet werden; ist die Arbeitsplatzsicherung ein Kriterium, müssen die vorgeschlagenen Maßnahmen hinsichtlich ihrer Auswirkungen auf die Mitarbeiterzahl quantifiziert werden. Die erwarteten Ergebnisse – Einnahmen, Ausgaben, Beschäftigungsgrad – sind Zielgrößen der Strategie und werden in *Bandbreiten*, häufig mit subjektiver Wahrscheinlichkeit versehen, ausgedrückt. Sie sind die Grundlage für die Beurteilung der Strategie.

Nach der Auswahl der Kriterien und der Ermittlung der erwarteten Ergebnisse auf der Grundlage dieser Kriterien kann die Entscheidung getroffen werden, ob die Strategie ausführbar ist oder nicht, je nachdem, welcher Erfüllungsgrad der Kriterien als befriedigend angesehen wird. Für kleine und mittlere Unternehmungen besonders wichtig ist die *maximale Verlustgrenze*; diese gibt den maximalen Verlust an, der, wenn er im Falle eines Mißerfolges der Strategie eintreten würde, die Existenz der Unternehmung gefährden würde. Durch die Wahl der maximalen Verlustgrenze wird bestimmt, ab welchem finanziellen Risiko Strategien von der Realisierung ausgeschlossen werden, auch wenn sie einen großen Gewinn in Aussicht stellen.

Es gilt, abschließend für jedes Kriterium ein *akzeptables Erfüllungsniveau* zu bestimmen. Welches Erfüllungsniveau als akzeptabel angesehen wird – soll z.B die Verzinsung des eingesetzten Kapitals höher als 20 % sein, die Wiedergewinnungsperiode unter vier Jahren liegen oder die Verlustwahrscheinlichkeit 5 % nicht übersteigen? –, hängt a) von den Wertvorstellungen der Unternehmungsleitung und b) von den Mindestanforderungen ab, die die Abnehmer, Mitarbeiter, Lieferanten, Kapitalgeber und Gesellschaft an die Unternehmung stellen.

Die *Strategien der strategischen Geschäftseinheiten* werden, zusammenfassend, mit den Strategien auf Unternehmungsebene abgestimmt; aus diesem Abstimmungsprozeß resultiert die Art und Weise, *wie* die Unternehmung mit einer bestimmten strategischen Geschäftseinheit in einer bestimmten Branche in den Wettbewerb eingreifen soll; es wird, mit anderen Worten, festgelegt,

(1) welche Position die strategische Geschäftseinheit im strategischen Ziel-Portfolio der Unternehmung einnehmen soll und welches Ausmaß an Ressourcen ihr zur Erreichung der angestrebten Position unter Berücksichtigung der voraussichtlichen Aktionen und Reaktionen der Konkurrenten zugeteilt werden muß, und
(2) wie die einzelnen Funktionsbereiche der Unternehmung oder eines Unternehmungsbereiches koordiniert werden sollen, damit der Nutzen aus den unter (1) bestimmten Ressourcen möglichst groß wird.

Die Formulierung der Strategien auf der Ebene der einzelnen strategischen Geschäftseinheiten beruht darüber hinaus

(1) auf der Analyse der Situation und Entwicklung der Branchen, in denen die strategischen Geschäftseinheiten tätig sind,
(2) auf der Portfolio-Methodik, mit deren Hilfe die Determinanten des Wettbewerbs in ihren Auswirkungen auf die Marktattraktivität mit den relativen Wettbewerbsvorteilen jeder einzelnen strategischen Geschäftseinheit zu aussagefähigen, klaren und kommunizierbaren Strategien verknüpft werden,
(3) auf der Berücksichtigung der von der Unternehmungsleitung vorgegebenen Randbedingungen, die ihre Beweggründe und Wertvorstellungen sowie die gesellschaftlichen Verpflichtungen der Unternehmung reflektieren, und
(4) auf der Berücksichtigung der Unternehmungskultur.

4.3.6. Der strategische Plan einer Geschäftseinheit

Formelhafte Planung ist zu vermeiden, weil dadurch der strategische Plan für die Wettbewerber transparent wird. Gleichwohl lassen sich eine Reihe von Gliederungspunkten für die Gestaltung des strategischen Planes einer Geschäftseinheit angeben (Abb. 4.35):
Von besonderer Bedeutung ist die Angabe der Führungskraft, die für die Umsetzung des strategischen Plans innerhalb der geplanten Zeiten und Kosten verantwortlich ist.

Der strategische Plan einer Geschäftseinheit kann auf wenigen Seiten zusammengefaßt werden; er ist vom Durchführungsplan (z.B. Investitionsplan, Kapazitätserweiterungsplan usw.) zu unterscheiden. Die strategischen Pläne mehrerer verwandter Geschäftseinheiten werden häufig im strategischen Plan einer SGE-Familie integriert und zusammengefaßt, der nach Abstimmung mit den Plänen anderer SGE-Familien den strategischen Plan der Unternehmung oder eines Unternehmungsbereiches ergibt.

4.3.7 Die Überprüfung des strategischen Plans

Nach welchen Kriterien kann die Durchführbarkeit einer Strategie beurteilt werden? Wie läßt sich feststellen, ob eine Strategie besser als eine andere ist? Es gibt keine allgemeingültigen Antworten auf diese Fragen. Die Beantwortung der folgenden Fragen in Verbindung mit der Analyse des *Cash-flow*-Profils – kumulierter *Cash-flow* in Abhängigkeit von der Zeit – erlaubt jedoch eine – in vielen Fällen intuitive – Beurteilung der Strategie.

(1) Kann die Strategie explizit dargestellt und klar und eindeutig kommuniziert werden?
(2) Erlaubt die Strategie die Verfolgung alternativer Ziele?
(3) Liegen „Wenn/Dann-Überlegungen" vor?
(4) Sind die „Wenn/Dann-Überlegungen" durch Wirtschaftlichkeitskriterien untermauert? (Kapitalwert und/oder interner Zinssatz, Wiedergewin-

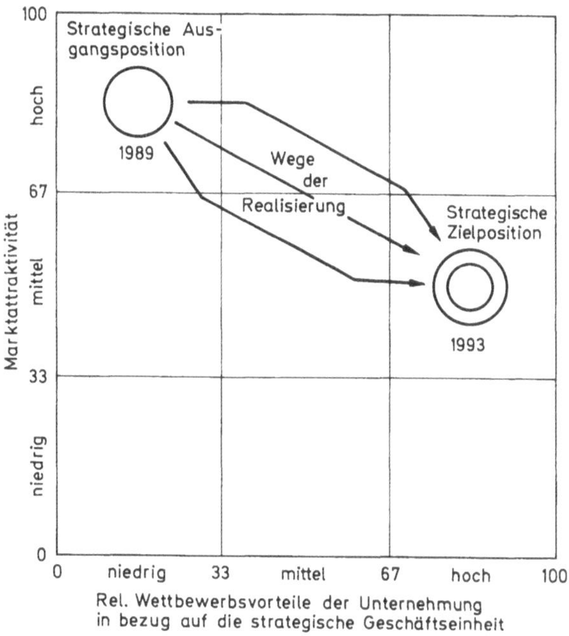

- Executive Summary
- Strategische Ausgangsposition:
  - Konkurrentenanalyse
  - Technische Entwicklung
  - Marktattraktivität (Zukunft)
  - Relative Wettbewerbsvorteile der Unternehmung in bezug auf die strategische Geschäftseinheit
- Strategische Zielposition:
  - Auftrag der strategischen Geschäftseinheit
  - Rolle der strategischen Geschäftseinheit in der Gesamtstrategie der Unternehmung
  - Strategie
  - Erwartete Ergebnisse
- Aktionsprogramme:
  - Marketing-Plan
  - F&E-Plan
  - Produktionsplan
  - .....
  - Organisationsplan
- Benötigte Ressourcen
- Wenn/Dann-Pläne
- Finanzwirtschaftliche Beurteilung des strategischen Plans:
  - Kapitalwert, interner Zinssatz oder durchschnittliche Jahreskosten
  - *Cash-flow*-Profil
  - Wiedergewinnungsperiode
- Strategisches Kontrollsystem
- Empfehlungen

Abb. 4.35 Gliederungsschema für den strategischen Plan einer strategischen Geschäftseinheit

nungsperiode, Sensitivitätsanalysen, kritische Werte, Analyse der Risiken und Kosten eines Fehlschlages sowie der Opportunitätskosten, Ermittlung des Risikos, das die Unternehmung eingeht, wenn die Strategie nicht durchgeführt oder verschoben wird.)

(5) Lassen sich die Wettbewerbsvorteile auf Dauer halten?
(6) Nützt die Strategie die in- und ausländischen Umweltchancen aus?
(7) Ist die Strategie konsistent mit den gegenwärtigen und zukünftigen Unternehmungsressourcen und -fähigkeiten?
(8) Sind die wesentlichen Direktiven und Aktionsprogramme widerspruchsfrei?
(9) Ist das Risiko für die Unternehmung tragbar, das mit der Strategie eingegangen wird?
(10) Bezieht sich die Strategie auf einen angemessenen Zeitraum?
(11) Trägt die Strategie zur Lösung gesellschaftspolitischer Probleme bei?
(12) Fördert die Strategie die Organisationsentwicklung, die Loyalität und den Einsatz der Mitarbeiter?
(13) Steht die Strategie in Einklang mit der Unternehmungskultur?
(14) Stimmt die Strategie mit den unternehmungspolitischen Grundsätzen überein?

4.3.8 Gleiche Informationen, verschiedene Strategien

Gleiche Informationen führen nicht zwangsläufig zu gleichen Entscheidungen in verschiedenen Unternehmungen mit gleicher Technologie und vergleichbarer Größe, die auf demselben Markt operieren. Die strategische Entscheidung ist das Ergebnis der *subjektiven* Beurteilung bestimmter Informationen; bei gleichem Informationsstand wird die Unsicherheit von den einzelnen Unternehmungen unterschiedlich beurteilt, so daß ihre Strategien auf unterschiedliche Weise mit dem Ziel der langfristigen Verbesserung der Gewinnperspektiven übereinstimmen.

Auch bei gleichem Informationsstand und bei gleicher Beurteilung des Unsicherheitsgrades unterscheidet sich das strategische Verhalten von Unternehmungen mit vergleichbarer Größe und Technologie in Abhängigkeit von der *Risikoneigung* der einzelnen Unternehmer oder obersten Führungskräfte. Die Risikoneigung ist im allgemeinen um so höher, je größer die Ressourcen der Unternehmung im Vergleich zum eingesetzten Kapital sind.

Der Kapitalmarkt finanziert bekanntlich keine Spieltätigkeiten; das Verhalten des Unternehmers, der sein Kapital in der Unternehmung riskiert, ist auch in der Regel nicht das eines Spielers. Angesichts der unterschiedlichen Stärke der Wettbewerbskräfte und der verschiedenen erreichbaren Produktivitätsniveaus kann das Verhalten des Unternehmers mit dem eines Versicherers verglichen werden, der sich gegenüber der Gesamtheit der eingegangenen Risiken abzudecken versucht. Die Führung einer Unternehmung orientiert sich im allgemeinen an der Idee, daß die Unternehmung imstande sein muß, unter jeder Bedingung zu operieren, die mit einer vernünftigen Wahrscheinlichkeit eintreten kann. Unter diesen Bedingungen können auch solche sein, die zu Verlusten führen. Diese Verluste sind jedoch Kosten gleichzusetzen, die getragen werden müssen, wenn langfristig die Gewinnperspektiven verbessert werden sollen, und die deshalb durch die Gewinnbeiträge anderer Strategien zu decken sind.

In jeder strategischen Entscheidung gibt es ein *objektives Element* (Höhe der Ressourcen) und ein *subjektives Element* (Größe des als angemessen angesehenen Verhältnisses zwischen Ressourcen und Risiko). Die Höhe der Ressourcen, die ein Unternehmer riskieren kann und will, ist ein zusätzlicher Grund, weshalb das strategische Verhalten von Unternehmungen mit ähnlicher Technologie, Risikoneigung und Produktivität unterschiedlich ist.

Dies weist auf einen der Hauptunterschiede im Verhalten der großen und kleinen Unternehmungen hin. Die große Unternehmung hat gegenüber der kleinen Unternehmung einen zweifachen Vorteil: Sie verfügt erstens über mehr Ressourcen im Vergleich zum Bedarf einer gegebenen Strategie; dadurch, daß eine größere Anzahl von Strategien verwirklicht wird, kann sie zweitens negative Wirtschaftsergebnisse mit positiven kompensieren, was der kleinen Unternehmung dagegen nicht möglich ist[40].

Der Übergang von der Gesamtheit der Informationen über eine bestimmte Strategie zur Ermittlung der Bedingungen, unter denen sich der Vollzug einer Strategie angesichts verschiedener Alternativen abwickeln kann, ist eine *kreative Leistung*. Diese kreative Leistung der für die Strategieformulierung und -durchsetzung verantwortlichen Führungskräfte kann durch kein noch so verfeinertes Informations- und Planungssystem ersetzt werden.

Zu einem bestimmten Zeitpunkt können in einem bestimmten Markt, auf der Grundlage der gleichen Informationen, verschiedene Strategien als zweckmäßig erachtet und somit verwirklicht werden. Kein organisatorischer Fortschritt und keine Verfeinerung der Portfolio- und Szenariotechnik können die Beurteilungen objektivieren, die jeder Unternehmer laufend im Hinblick auf eine Zukunft formulieren muß, die – das darf nie vergessen werden – unerkennbar bleibt.

4.4 Die Strategieentwicklung auf Unternehmungsebene

4.4.1 Die Hauptelemente der Gesamtstrategie der Unternehmung

Die Unternehmung ist bekanntlich ein Umwandlungssystem von Ressourcen, das die Ressourcen-Inputs (Arbeit, Ideen, Kapital, Rohstoffe usw.) unter Berücksichtigung zeitlicher und situativer Elemente in Outputs (Produkte, Dienstleistungen usw.) umwandelt, deren Wert in den Augen der Umweltgruppen, mit

[40] Vgl. hierzu H.H. Hinterhuber, Innovationsdynamik und Unternehmungsführung, a.a.O., S. 47ff.

denen die Unternehmung kooperiert, größer ist als die Summe der für ihre Hervorbringung notwendigen Ressourcen-Inputs. Auf diese Weise kann die Unternehmung die Ressourcen speichern, die sie für ihr Überleben und Wachsen benötigt. Jede Unternehmung verfügt, implizit oder explizit, über eine Strategie, wenn man darunter die konkrete Art und Weise versteht, wie sich die Unternehmung in die externe Umwelt einfügt, um ihre Ziele zu erreichen und den (für sie positiven) monetären Austausch von Ressourcen-Inputs und Outputs langfristig zu maximieren.

Unter *Strategie* werden allgemein der Entwurf und die Durchführung eines Gesamtkonzeptes verstanden, nach dem die Unternehmung in der Auseinandersetzung mit anderen Konkurrenten eine bestimmte Zielposition zu erreichen sucht; die funktionalen Politiken zählen zur Taktik und befassen sich mit den Einzelschritten des Gesamtkonzeptes.

Die Strategie ist der Gebrauch der Ressourcen der Unternehmung zum Zweck der langfristigen Verbesserung ihrer Gewinnaussichten mit dem Ziel, unter Berücksichtigung der Aktionen der Konkurrenten zukünftige Gewinnpotentiale zu schaffen, gegenwärtige Gewinnpotentiale zu halten sowie sich aus den Bereichen zurückzuziehen, die einen Beitrag weder zum gegenwärtigen noch zum zukünftigen Gewinn leisten. Dazu muß die Unternehmung ihre Kräfte so auf die richtigen Zielpositionen konzentrieren, daß sie dadurch in einer langfristigen Perspektive besser ist als ihre Konkurrenten.

Die *langfristige Verbesserung der Gewinnperspektiven* ist das Ziel und die Motivation sowohl der privaten als auch der staatlichen Unternehmung; dieses oberste Unternehmungsziel ist an die Beachtung einer Reihe von Randbedingungen gebunden, die sich aus den Beziehungen der Unternehmung zu den diversen Umweltgruppen ergeben und darüber hinaus allgemeine Restriktionen wie Liquidität, Umsatzwachstum, Kontinuität und dgl. mehr reflektieren. Die Formulierung der Ziele und Randbedingungen ist ein komplexer Prozeß, der von der Verhandlungsstärke der verschiedenen Umweltgruppen im Zeitverlauf sowie von den Beweggründen und Wertvorstellungen der obersten Führungskräfte der Unternehmung abhängt. Tabelle 1.2 zeigt ein Beispiel für die explizite Darstellung und Quantifizierung des obersten Unternehmungszieles sowie der wichtigsten Randbedingungen der privaten Unternehmung; bei der staatlichen Unternehmung treten zu den angeführten Randbedingungen die politischen Ziele hinzu, die die öffentliche Hand mit der Führung der staatlichen Unternehmung verfolgt[41].

Die Unternehmung ist bestrebt, unter Einhaltung einer Reihe von Randbedingungen ihre langfristigen Gewinnperspektiven zu verbessern; zu diesem Zwecke muß sie

(1) in der Lage sein, die vorhandenen Stärken zu maximieren, dabei aber möglichst kleine Risiken einzugehen und sich in bezug auf die Möglichkeiten der Marktsegmente oder -nischen, in denen sie tätig ist, zu evolvieren, und

[41] Vgl. hierzu R. M. Hammer, H. H. Hinterhuber u. J. Lorentz, Privatisierung – ein Allheilmittel? in: „HARVARDmanager", 10 (1988), Nr. 3, S. 39–47.

(2) versuchen, diese Umwelt so zu ändern, daß die Erreichung ihrer Ziele und die Einhaltung der dazu erforderlichen Randbedingungen weniger schwierig werden.

Die Formulierung der Unternehmungsstrategie ist ein Prozeß, der auf die Festlegung der grundsätzlichen Entwicklungsrichtung der Unternehmung ausgerichtet ist, an der sich die Vielzahl der laufend zu treffenden Entscheidungen orientieren muß, damit sich die Unternehmung als Ganzes in die gewünschte Richtung bewegt. Die Unternehmungsstrategie als Resultat dieses Prozesses bewirkt keine Durchführungsmaßnahmen, sondern eine Kette weiterer, zeitlich abgestufter Entscheidungen, die sich über Jahre erstrecken können und deren Grenzen zwischen „zu viel – zu früh" und „zu wenig – zu spät" liegen.

Die Verfolgung einer Strategie setzt voraus, daß ein bestimmtes Ziel durch eine Folge von Entscheidungen erreicht wird, die zu Zeitpunkten getroffen werden, in denen nach Wegfall bestimmter Unsicherheitselemente die ursprüngliche Richtung weiter präzisiert und den effektiven Entwicklungen angepaßt werden kann; sie ist, mit anderen Worten, auf die Einnahme einer mit der Zielrichtung kompatiblen Position gerichtet, von der aus nach Klärung spezifischer Probleme die anvisierten Ziele erreicht werden können. Eine strategische Entscheidung auf Unternehmungsebene muß deshalb zwei gegenläufige Anforderungen zu einer operativen Synthese verbinden: Sie muß erstens eine Kette von Entscheidungen, die zu verschiedenen Zeitpunkten und an verschiedenen Orten zu treffen sind, auf ein bestimmtes Ziel orientieren, und zweitens den Entscheidungszentren der strategischen Geschäftseinheiten den größtmöglichen Spielraum für die Berücksichtigung der laufend neuen Elemente lassen.

Es ist dies das Terrain, auf dem sich die unternehmerische Fähigkeit zeigt; strategische Entscheidungen müssen häufig in Unternehmungssituationen getroffen werden, in denen

(1) weder die Geschichte noch der gegenwärtige Zustand der Unternehmung oder einer strategischen Geschäftseinheit hinreichend bekannt sind, und
(2) sich der Zustand der Unternehmung oder einer strategischen Geschäftseinheit auf nicht vorhersehbare Art und Weise ändern wird, und zwar aufgrund a) des technischen Fortschritts, b) von Verschiebungen auf den Beschaffungs- und Absatzmärkten der Unternehmung, c) von Änderungen im Verhalten der in- und ausländischen Institutionen, von denen die Unternehmung abhängt, d) der Evolution der gesellschaftlichen Strukturen und Bedürfnisse und e) von Produktivitätsverläufen, die von den geplanten abweichen.

Wenn die Unternehmung überleben, wachsen und sich entwickeln will, muß sie auch unter diesen Bedingungen Entscheidungen fällen; dabei darf nicht vergessen werden, daß auch Nicht-Handeln eine Entscheidung ist. Sie muß deshalb versuchen, die Branchensituation und -entwicklung abzuschätzen, die Determinanten des Wettbewerbs zu analysieren und nach Möglichkeit zu quantifizieren.

Je wichtiger die Entscheidungen sind, desto weniger sind zuverlässige und klare Informationen verfügbar. Die Effizienz der Unternehmung zeigt sich in ihrer, im Vergleich zu den Konkurrenten, größeren Fähigkeit, (1) die Informationen auszuschalten, die aufgrund ihrer geringen Zuverlässigkeit oder Klarheit nicht verwendbar sind und (2), bei den brauchbaren Informationen, den Unterschied zwischen Realität und den verfügbaren nicht klaren und nicht zur Gänze zuverlässigen Informationen zu beurteilen. Kein organisatorischer Fortschritt und keine Verfeinerung der Beurteilungsinstrumente kann die Bewertungen objektivieren, die jede Unternehmung laufend in bezug auf eine Zukunft vornehmen muß, die – das darf nie vergessen werden – unerkennbar bleibt. Die unternehmerische Funktion besteht gerade in der

(1) Fähigkeit, Möglichkeiten zu erkennen und Prognosen vorzunehmen, die dem effektiv eintretenden Lauf der Ereignisse möglichst nahe kommen, und
(2) Kreativität und Professionalität, aus dieser Fähigkeit Nutzen zu ziehen.

Die *Gesamt- oder Unternehmungsstrategie*, die bekanntlich die Art und Richtung der Unternehmungsentwicklung festlegt, bestimmt im einzelnen[42],

(1) in welchen Märkten, Marktsegmenten oder Marktnischen die Unternehmung aus welchen Gründen tätig sein will, und
(2) wie die Gesamtheit der strategischen Geschäftseinheiten, die in den unter (1) definierten Märkten, Marktsegmenten und Marktnischen operieren, zu führen sind, damit die Unternehmung langfristig ihre Gewinnperspektiven verbessern kann.

Die *Auswahl der Märkte, Marktsegmente oder Marktnischen*, in denen die Unternehmung operieren soll, und derer, die dagegen auszuschließen sind, erfordert eine strategische Analyse der Determinanten des Wettbewerbs, um das Gewinnpotential und die Attraktivität bestehender und/oder neuer Märkte kritisch zu prüfen.
Die „*kontrollierte*" *dezentralisierte Führung einer Vielzahl von strategischen Geschäftseinheiten* erfolgt mit Hilfe der Portfolio-Analyse[43]. Die grundlegende Konzeption, an der sich die diversen Portfolio-Modelle orientieren, rechtfertigt drei allgemeine Bemerkungen:

(1) Die Unternehmungsleitung entscheidet über Strategien in den verschiedenen strategischen Geschäftseinheiten, in die die Unternehmung zum Zweck der strategischen Führung gegliedert ist, und nicht über Einzelprojekte.
(2) Die entwicklungsfähigen Branchen sind nicht diejenigen, in denen *kurzfristig* günstige Wirtschaftsergebnisse erzielt werden können, sondern diejeni-

[42] Vgl. Ch. W. Hofer, E. A. Murray, R. Charan u. R. A. Pitts, Strategic Management, 2. A., St. Paul, Minn. 1984, S. 12ff.

[43] Der Begriff Portfolio stammt aus dem italienischen Wort portafoglio und bezeichnet den Wertpapier- oder Wechselbestand einer Bank. Unter einem Portefeuille versteht man eine Kombination von Wertpapieren (Aktien, Investmentzertifikate, Renten), die von der erwarteten Rendite, dem voraussichtlichen Risiko und/oder der Aussicht auf Kursgewinne bestimmt wird. Die Bezeichnung Portfolio wird in der modernen Unternehmungsführungslehre auf die Produkt/Markt-Kombinationen einer Unternehmung angewendet, die analog zur Wertpapierzusammenstellung anhand bestimmter Kriterien bewertet werden.

gen, in denen die Unternehmung einen Marktanteil oder eine Marktposition erreichen und/oder auf Dauer halten kann, die den Einsatz von Verfahren mit hoher Produktivität erlauben und somit eine langfristige Verbesserung der Wirtschaftsergebnisse ermöglichen.

(3) Der Umstand, daß sich Produktionen erweitern, andere rückläufig sind und andere nach der in der Vergangenheit bereits angewandten Linie fortgesetzt werden, wirkt sich auf eine Verschiebung der Ressourcen zwischen Branchen aus, in die investiert wird, und Branchen, die, wenn sie nicht Gegenstand von Expansionsprogrammen sind, nur Erhaltungsinvestitionen erfordern oder sogar Desinvestitionen erlauben.

Die *Finanzsituation* der Unternehmung, d.h. ihre Fähigkeit, auf wirtschaftliche Weise die Programme zu finanzieren, die die Kombination aus Marktattraktivität und relativen Wettbewerbsvorteilen der Unternehmung für ihre diversen strategischen Geschäftseinheiten rechtfertigt, übt somit einen wesentlichen Einfluß auf die strategischen Entscheidungen der Unternehmungsspitze aus. Eine Unternehmung, die auf verschiedenen Märkten unter dem Aspekt der Produkte und der geographischen Regionen tätig ist, erscheint letzten Endes als Führungs- und Koordinationspol einer Vielzahl von Geschäften (strategischen Geschäftseinheiten), von denen jedes einem Markt entspricht.

Die Unternehmung muß darauf bedacht sein, durch Ausdehnung, Erhaltung, Einschränkung, Umstrukturierung oder auch Auflassung einzelner Geschäftseinheiten rechtzeitig Ressourcen von Branchen, die weniger attraktiv werden, zu den Branchen zu transferieren, in denen die Attraktivität in einer mittel- bis langfristigen Perspektive ansteigt.

Das strategische Grundproblem einer jeden Unternehmung besteht darin, der *Umweltdynamik* eine *Führungsdynamik* gegenüberzustellen; dies kann nach zwei Richtungen erfolgen: (1) durch Anpassung der Austauschverhältnisse zwischen Ressourcen-Inputs und -Outputs an die Bedürfnisse der einzelnen Umweltgruppen im Hinblick auf die langfristige Verbesserung der Gewinnperspektiven der Unternehmung, und (2) durch Änderung der Umwandlungstechnologie im Hinblick auf die Hervorbringung der gewünschten Leistungen. Durch die rasche Anpassung an die Wettbewerbskräfte kann die Unternehmung ihr Leistungsangebot erhöhen und ihren Dienst an der Gesellschaft verbessern.

Für das Verständnis der strategischen Führung ist es, zusammenfassend, zweckmäßig, eine Zweiteilung des strategischen Prozesses vorzunehmen: Die Formulierung der Strategien und die Ausarbeitung funktionaler Politiken betreffen einmal die *strategischen Geschäftseinheiten*, d.h. die Produktlinien, die sich an ähnliche Abnehmer wenden, ähnlichen Chancen und Bedrohungen ausgesetzt sind und mit spezifischen Konkurrenten im Wettbewerb stehen; jede strategische Geschäftseinheit kann als „Mikro-Unternehmung" im gesamten Unternehmungssystem aufgefaßt werden, die eine eigene Strategie verfolgt und zu diesem Zwecke Ressourcen der Unternehmung einsetzt; ihr Erfolgt hängt davon ab, wie gut sie sich der jeweiligen Umwelt anpaßt und wie effizient sie geführt wird. Die *Unternehmungsstrategie* dagegen betrifft die Zuteilung der

Ressourcen an die einzelnen strategischen Geschäftseinheiten, die Festlegung, welche Geschäftseinheiten expandieren, welche gehalten werden und welche schrumpfen sollen, den Eintritt in neue Märkte und die Unterstützung der Geschäftseinheiten, damit sich die Unternehmung als Ganzes mit der gewünschten Intensität in die gewünschte Richtung bewegt.

Die Formulierung der Strategien auf Unternehmungsebene erfordert eine *systematische und explizite Vorgehensweise* (Abb. 4.36); die folgenden sieben Phasen oder Elemente können unterschieden werden:

(1) Analyse der *Marktattraktivität* (Summe aller Anbieter im Markt)
(2) Analyse der *relativen Wettbewerbsvorteile (Stärken) der Unternehmung* in bezug auf jede einzelne strategische Geschäftseinheit
(3) Analyse des *Ist-Portfolios* der Unternehmung
(4) Bestimmung der *strategischen Ziele* (angestrebte Marktpositionen und daraus abgeleitete Gewinnziele) der Unternehmung
(5) Entwicklung *alternativer Strategien* zur Verwirklichung der strategischen Ziele
(6) Beurteilung der Strategien und *Entscheidungsanalyse*
(7) Erstellung des strategischen Ziel-Portfolios (*Strategieauswahl* und *Ressourcenallokation*).

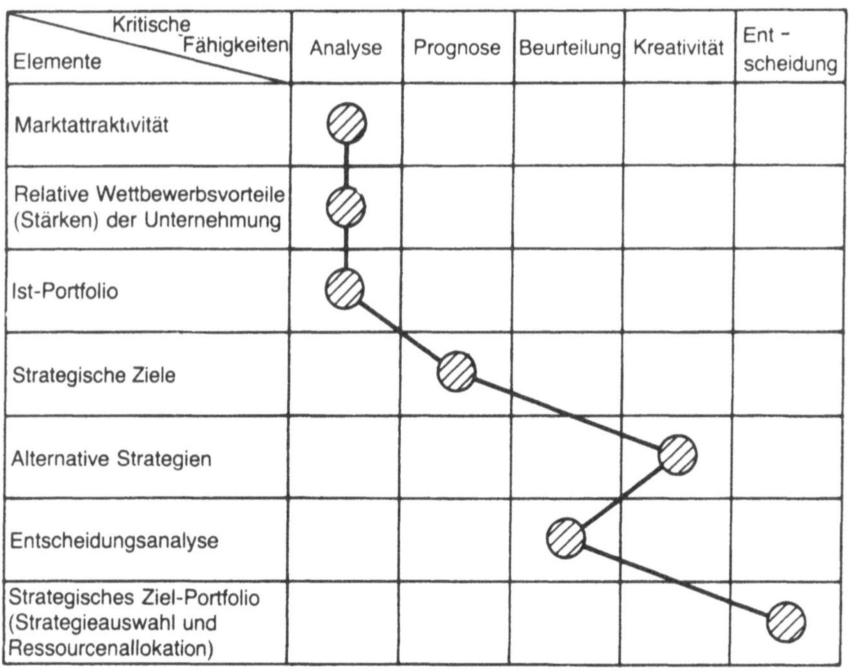

Abb. 4.36 Die Formulierung der Strategien (Prinzipschema)

Marktattraktivität und relative Wettbewerbsvorteile ergeben sich aus der Analyse der Ausgangsposition und des Ausblicks für die einzelnen strategischen Geschäftseinheiten; die operative Synthese von Umweltchancen, Unternehmungsressourcen, Wertvorstellungen der Unternehmungsleitung und gesellschaftspolitischen Verpflichtungen der Unternehmung erfolgt mit Hilfe der Portfolio-Matrix. Ausgehend von der kritischen Beurteilung und Überprüfung des Ist-Portfolios, werden die angestrebten strategischen Ziele bestimmt. Als nächster Schritt folgt die Entwicklung strategischer Alternativen, die hohe Anforderungen an die Kreativität, Phantasie und Innovationskapazität der technischen und unternehmerischen Führungskräfte stellt. Die Beurteilung der Strategien mit Hilfe der Entscheidungsanalyse setzt sowohl Analyse- als auch kritische Urteilsfähigkeit voraus. Der Prozeß der Strategieformulierung endet mit der Auswahl der Strategien und der Zuweisung der Ressourcen und findet seinen Niederschlag im strategischen Plan der Unternehmung.

4.4.2 Die Ausbalancierung des strategischen Gesamtportfolios als unternehmerische Aufgabe

Die Ausführungen im Abschnitt 4.3 haben die Strategieentwicklung auf der Ebene der Geschäftseinheiten einer Unternehmung behandelt. Auch kleine und mittlere Unternehmen können aufgrund ihres Wachstums, der Entwicklungsphase ihrer Märkte oder der Wettbewerbssituation aus mehreren Geschäftseinheiten bestehen, die in ihrer Gesamtheit allerdings nur dann stärker sind als die Summe der relativ unabhängig operierenden „Mikro-Unternehmungen", wenn sie durch eine Unternehmungsstrategie miteinander verbunden sind. Im Unterschied zur Strategie einer Geschäftseinheit liegt die Unternehmungsstrategie auf einer anderen Ebene und hat auch einen anderen Inhalt. Ihr Ziel besteht darin, eine wirksame und ausgewogene „Sammlung" von Geschäftseinheiten aufzubauen und/oder auf Dauer zu halten. Ein ausgewogenes Portfolio besteht aus Geschäftseinheiten, die zu zukünftigen Gewinnpotentialen der Unternehmung aufgebaut werden, kurz- und mittelfristig also eine negative *Cash-flow*-Bilanz aufweisen, und Geschäftseinheiten, die kurz- und mittelfristig den *Cash-flow* der Unternehmung erwirtschaften; Geschäftseinheiten, die keiner dieser beiden Kategorien zugeordnet werden können und auch keine Synergieeffekte zu anderen Geschäftseinheiten aufweisen, sind umzustrukturieren oder im Grenzfall aufzugeben. Dazu ist eine sorgfältige Zuteilung der Ressourcen der Unternehmung notwendig.

Die *Hauptelemente der Unternehmungsstrategie* sind deshalb[44]:

(1) das Ist-Portfolio,

(2) das strategische Ziel-Portfolio,

[44] Vgl. hierzu im einzelnen W. H. Newmann, J. P. Logan u. W. H. Hegarty, Strategy, Policy, and Central Management, a. a. O., S. 370ff.; siehe auch B. Yavitz u. W. H. Newman, Strategy in Action, a. a. O., S. 41ff.

(3) die Zuteilung der Ressourcen an die einzelnen strategischen Geschäftseinheiten nach ihrer Lage im strategischen Ziel-Portfolio der Unternehmung sowie die Angabe der Hauptschritte, um die Unternehmung aus ihrer gegenwärtigen Situation in die unter (2) definierte Position zu bringen, und
(4) die angestrebten Ziele und Zwischenziele, damit die Fortschritte in der Verwirklichung des strategischen Ziel-Portfolios in bestimmten Zeitabständen gemessen und die notwendigen Korrekturmaßnahmen rechtzeitig ausgeführt werden können.

Ein *ausgewogenes strategisches Ziel-Portfolio* zeichnet sich durch folgende Merkmale aus:
- Geschäftseinheiten in attraktiven Märkten,
- Synergieeffekte zwischen diesen Geschäftseinheiten,
- Ausgewogenheit zwischen Risiko und Gewinnerwartungen,
- Ausgewogenheit des *Cash-flow*.

Die Erarbeitung des strategischen Ziel-Portfolios fördert das strategische Denken in der Unternehmung. Wenn die Projektion in die Zukunft und Konsolidierung der laufenden Wirtschaftsergebnisse der einzelnen Geschäftseinheiten unter den vorhersehbaren Wettbewerbsbedingungen nicht mit dem strategischen Ziel-Portfolio übereinstimmen, muß entschieden werden, mit welchen Maßnahmen die Unternehmung in die bestmögliche Position gebracht werden kann. Diese Position ist das strategische Ziel der Unternehmung, das somit das strategische Ziel-Portfolio der Unternehmung, die relativen Wettbewerbsvorteile der einzelnen Geschäftseinheiten, ihre individuellen Wirtschaftsergebnisse und die konsolidierten Ergebnisse für die Gesamtunternehmung angibt.

Die Positionierung einer Geschäftseinheit in der Portfolio-Matrix beruht auf vielen *subjektiven* Beurteilungen. Die Marktattraktivität in ihrer Evolution ist die Resultierende aus folgenden Faktoren: Marktwachstum, Marktqualität (Stabilität der Nachfrage, Ein- und Austrittsbarrieren, Wettbewerbsverhalten der etablierten Unternehmungen, Bedrohung durch neue Konkurrenten und Substitutionsprodukte, Verhalten der Abnehmer, Lieferanten und Arbeitnehmer), Energie- und Rohstoffsituation, Umweltsituation (staatliche Vorschriften, politisches Risiko, Inflationsvulnerabilität). Die relativen Wettbewerbsvorteile der Unternehmung in bezug auf eine Geschäftseinheit hängen von folgenden Faktoren ab: relatives Marketingpotential (relativer Marktanteil, Produktqualität, Preis-Leistungs-Verhältnis, Kundendienst, akzessorische Leistungen), Produktionspotential (Produktivität, Kostensituation, Standort und Layout der Anlagen, günstiger Zugang zu Rohstoffen und Halbfertigprodukten), F & E-Potential, Qualität der Führungssysteme und Mitarbeiter sowie Finanzkraft der Unternehmung; relative Wettbewerbsvorteile der Unternehmung hängen vom Ausmaß ab, in dem sie sich gegenüber dem Wirken der Wettbewerbskräfte besser als ihre Konkurrenten abzuschirmen vermag.

Die Positionierung der einzelnen Geschäftseinheiten beruht auf dem strategischen Plan, der für jede Geschäftseinheit formuliert wurde, und ist die Grundlage für die Zuteilung der Ressourcen durch die Unternehmungsleitung. Ein gutes

Portfolio ist mehr als eine Sammlung von attraktiven Geschäftseinheiten. Durch die Kombination einer Geschäftseinheit mit anderen Geschäftseinheiten, den Einsatz spezifischer Stärken der Unternehmung in mehreren Bereichen, die Übertragung von Führungserfahrungen von einer Geschäftseinheit auf eine andere lassen sich auch in mittleren Unternehmungen *Synergieeffekte* erzielen. Die Möglichkeit, Synergieeffekte zu erzielen, beeinflußt die strategischen Entscheidungen, welche Geschäftseinheiten umzustrukturieren oder aufzugeben, welche dagegen zu zukünftigen Gewinnpotentialen aufzubauen oder gegebenenfalls durch Akquisition zu erwerben sind und welche nachhaltig verteidigt werden müssen.

Von besonderer Bedeutung für die Strategie auf Unternehmungsebene ist der *Risikoausgleich*. Jede Unternehmung muß bedacht sein, rechtzeitig Ressourcen von Marktsegmenten, die weniger attraktiv werden, zu den Marktsegmenten zu transferieren, in denen die Attraktivität in einer mittel- bis langfristigen Perspektive ansteigt. Eine ausgewogene Positionierung der Geschäftseinheiten in der Portfolio-Matrix erhöht die Gewinnstabilität der Unternehmung und senkt das Risiko.

Die *Ausgewogenheit des Cash-flow* ist eine weitere Dimension beim Aufbau eines strategischen Ziel-Portfolios. Die Eigenfinanzierungskapazität der Unternehmung ist die Resultierende aus den *Cash-flow*-Überschüssen der Geschäftseinheiten mit Defensiv-, Abschöpfungs- oder Desinvestitionsstrategien; diese Überschüsse können für den Aufbau zukünftiger Gewinnpotentiale, d.h. für Offensiv-, Investitions- und Wachstumsstrategien verwendet werden.

Das dritte Hauptelement der Unternehmungsstrategie ist die *Zuteilung der Ressourcen* an die einzelnen strategischen Geschäftseinheiten in Abhängigkeit von ihrer Position im strategischen Ziel-Portfolio der Unternehmung[45].

Die Verwirklichung des strategischen Ziel-Portfolios kann in drei *Hauptschritten* erfolgen:

(1) Formulierung von Investitions- und Wachstumsstrategien oder von Defensivstrategien für Geschäftseinheiten, die über bedeutende Wettbewerbsvorteile verfügen,
(2) Formulierung von Offensivstrategien für neue Geschäftseinheiten (eventuelle Akquisitionen eingeschlossen) und/oder von Abschöpfungs- oder Desinvestitionsstrategien für aufzugebende Geschäftseinheiten,
(3) Erstellung eines konsolidierten Planes für die Bereitstellung und Zuteilung der für (1) und (2) notwendigen Ressourcen.

Allgemein gilt, daß alle Geschäftseinheiten im langfristigen Interesse der Gesamtunternehmung zu beurteilen sind. Was die bestehenden und zu haltenden Geschäftseinheiten betrifft, so müssen zwischen der Unternehmungsleitung und den Führungskräften, die für die einzelnen Geschäftseinheiten zuständig sind, vereinbart werden:

(1) die Marktsegmente, in denen die Geschäftseinheit operiert,

[45] Vgl. hierzu die Ausführungen im Abschnitt 4.4.8.

(2) die erwarteten Wirtschaftsergebnisse (Wettbewerbsposition, Umsätze, ROI, Produktivitätsniveaus, *Cash-flow*),
(3) die Randbedingungen, unter denen die Führung einer jeden Geschäftseinheit zu erfolgen hat (Beziehungen zu anderen Geschäftseinheiten, Verhaltensregeln, Nutzung gemeinsamer Ressourcen), und
(4) die Ressourcen, die von der Unternehmung zur Verfügung gestellt werden, und die Ressourcen, die dagegen von der Geschäftseinheit selbst beschafft werden müssen.

Diese Vereinbarungen stellen die Verbindungsglieder zwischen der Unternehmungsstrategie und den Strategien der einzelnen Geschäftseinheiten dar (Abb. 4.37).

Darüber hinaus muß die Analyse des Portfolios einer Unternehmung angeben, welche Geschäftseinheiten im Hinblick auf die Schaffung zukünftiger Gewinnpotentiale neu aufgebaut werden müssen und welche dagegen aufzugeben oder umzustrukturieren sind; die Portfolio-Analyse kann auch die Zweckmäßigkeit von Akquisitionen aufzeigen und die Kriterien bestimmen, nach denen diese durchzuführen sind.

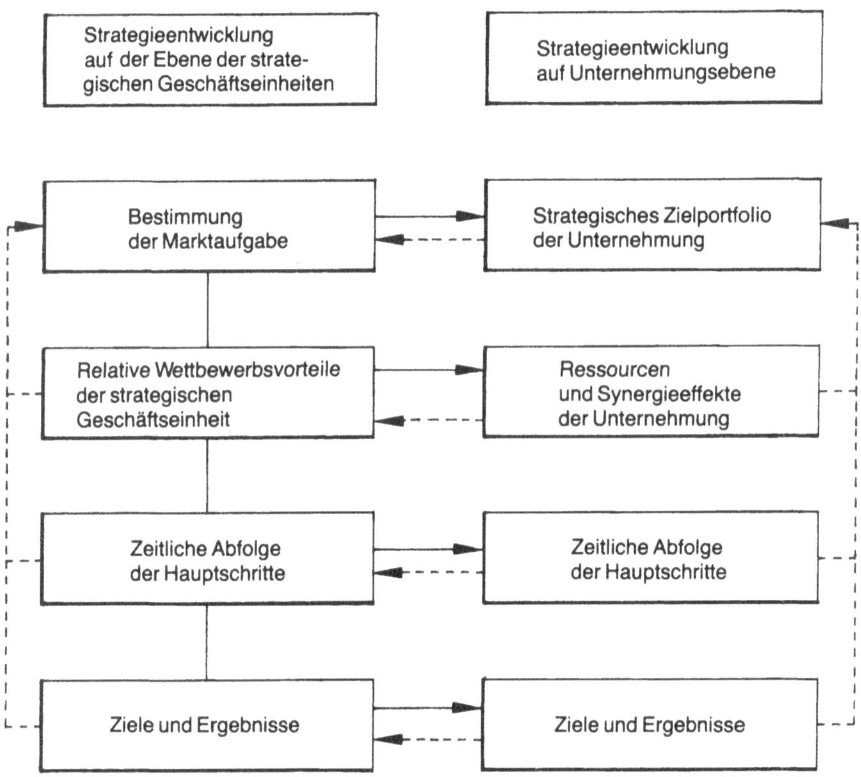

Abb. 4.37 Der Zusammenhang zwischen der Strategieentwicklung auf der Ebene der strategischen Geschäftseinheiten und auf Unternehmungsebene (nach Yavitz/Newman)

Eine gut konzipierte Unternehmungsstrategie enthält nicht nur Richtlinien für die koordinierte Führung bestehender Geschäftseinheiten, den Aufbau zukünftiger Gewinnpotentiale und die Aufgabe der Geschäftseinheiten, die keinen Beitrag zur langfristigen Verbesserung der Gewinnperspektiven der Unternehmung leisten; sie muß auch sicherstellen, daß die erforderlichen finanziellen, personellen und materiellen Ressourcen rechtzeitig verfügbar sind und den einzelnen Geschäftseinheiten nach Maßgabe ihrer Ziele im Interesse der Gesamtunternehmung zugeteilt werden.

Zur Unternehmungsstrategie gehört schließlich die *Vereinbarung der Ziele und Zwischenziele*, die von den Führungskräften zu bestimmten Zeitpunkten erreicht werden sollen. Die angestrebten Ergebnisse sind nicht nur quantitativer, sondern häufig auch qualitativer Art (Marktstellung in bestimmten Marktnischen, Produktqualität, Unternehmungsimage). Ohne realistische Ziele und Zwischenziele ist eine Steuerung und Überwachung der Unternehmungsstrategie nicht möglich; sie sollen eine Herausforderung für die Mitarbeiter auf allen Verantwortungsebenen sein.

4.4.3 Das Ist-Portfolio der Unternehmung

Die Bestimmung der Ausgangsposition ist ein entscheidender Teil der strategischen Planung. Die sorgfältige Erstellung des Ist-Portfolios der Unternehmung gibt wesentliche Impulse für den weiteren Planungszyklus, der in Abb. 4.38 mit Hilfe des Enneagramms dargestellt ist; die Vorgehensweise lehnt sich an die Methodik der Beratungsgesellschaft McKinsey an:

(1) Erstellung der *Ist-Portfolio-Matrix* der Unternehmung;

(2) Formulierung der *Norm-Strategien* für die verschiedenen strategischen Geschäftseinheiten je nach ihrer Lage in der Matrix;

(3) *Überprüfung des Ist-Portfolios* im Lichte der Norm-Strategien hinsichtlich
   - *Ausgewogenheit* des gegenwärtigen Gesamt-Portfolios,
   - *Übereinstimmung* der gegenwärtigen Strategien mit den Norm-Strategien,
   - *Abweichungen* und Ermittlung der Abweichungsursachen,
   - *Identifizierung kritischer Geschäftseinheiten* nach ihrer Lage in der Portfolio-Matrix und dem Verhältnis der gegenwärtigen Strategien zu den Norm-Strategien;

(4) *Entwicklung strategischer Alternativen* zur Verwirklichung der Norm-Strategien und deren Umsetzung in spezifische Wenn/Dann-Pläne;

(5) *Auswahl der geeigneten Alternativen* durch Prüfung der Konsequenzen der einzelnen Alternativen (Vergleich mit dem Gesamt-Portfolio der stärksten Konkurrenzunternehmung) und Bewertung der Alternativen nach Kosten/Nutzen- und Risiko-Kriterien (Entscheidungsanalyse);

(6) *Erstellung des strategischen Ziel-Portfolios* der Unternehmung;

(7) *Formulierung der Politiken und Aktionsprogramme für die funktionalen Bereiche*;

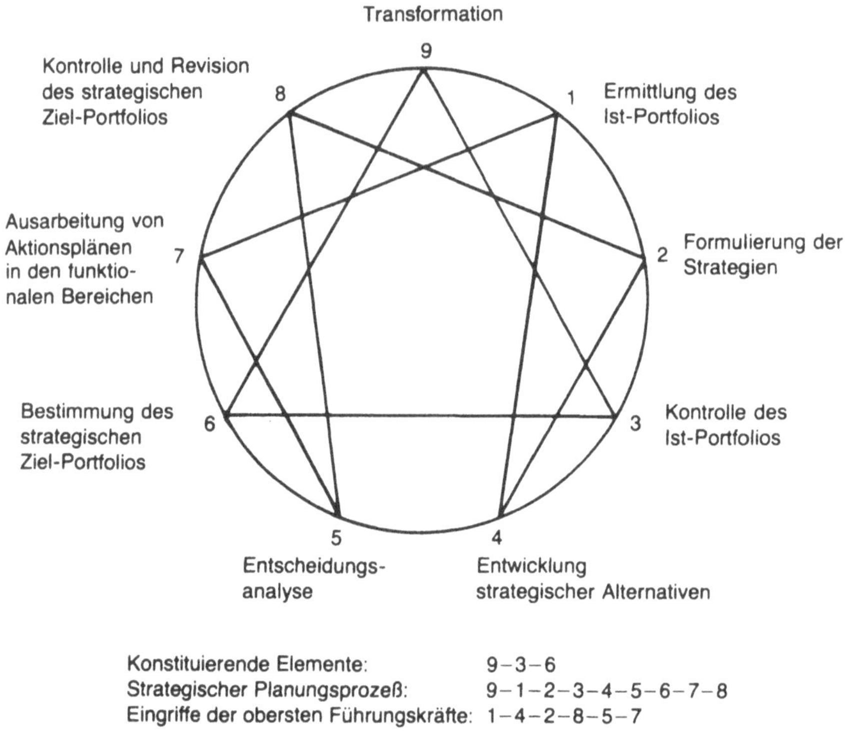

Abb. 4.38 Grundschema des strategischen Planungsprozesses

(8) *Überprüfung und Revision des strategischen Ziel-Portfolios der Unternehmung* in den funktionalen Bereichen und *Verabschiedung des strategischen Ziel-Portfolios* der Unternehmung durch die Unternehmungsleitung.
(9) Transformation der Unternehmung im Sinne der unternehmerischen Vision und der unternehmungspolitischen Grundsätze; als konstituierendes Element des Planungsprozesses bildet sie den Ausgangspunkt für einen neuen strategischen Planungszyklus.

Die Entwicklung eines Ziel-Portfolios ist ein kreativer Prozeß, der sich im Rahmen der systematischen Analyse der externen Chancen und Gefahren, internen Stärken und Schwächen, Wertvorstellungen der obersten Führungskräfte sowie gesellschaftspolitischen Verpflichtungen der Unternehmung vollzieht.

Welche strategischen Optionen bieten sich der Unternehmung an, um die Portfolio-Matrix so zu gestalten, daß ein ausgewogenes Verhältnis zwischen expandierenden strategischen Geschäftseinheiten mit hohem zukünftigen *Cash-flow* und strategischen Geschäftseinheiten mit hohem gegenwärtigen *Cash-flow* besteht und die Gewinnfähigkeit der Unternehmung somit nachhaltig gesichert ist? Auf diese Frage soll im einzelnen eingegangen werden.

Die Einordnung der strategischen Geschäftseinheiten in die Portfolio-Matrix hängt entscheidend von der Wahl der Bewertungskriterien der Marktattraktivität und der relativen Wettbewerbsvorteile der Unternehmung ab. Zur Positionierung sind deshalb situativ die besonders wichtigen Dimensionen der Marktattraktivität und der relativen Wettbewerbsvorteile an Hand der Umwelt- und Unternehmungsanalyse sowie der Wertvorstellungen der Unternehmungsleitung und der gesellschaftlichen Verpflichtungen der Unternehmung zu ermitteln[46]. Die Ist-Matrix für das Gesamt-Portfolio der Unternehmung in Abb. 4.15 oder 4.20 zeigt die Verteilung der strategischen Geschäftseinheiten auf die verschiedenen Portfolio-Felder. Je nach ihrer Lage in der Ist-Portfolio-Matrix ergeben sich für die strategischen Geschäftseinheiten unterschiedliche Norm-Strategien, d.h. unterschiedliche strategische Stoßrichtungen.

4.4.4 Die Norm-Strategien oder strategischen Stoßrichtungen der Unternehmung

1. *Abschöpfungs- oder Desinvestitionsstrategien* (Abb. 4.23)
Die einfachste Strategie besteht darin, die Gewinnpotentiale der bestehenden strategischen Geschäftseinheiten auf den gegenwärtigen Märkten durch Produktdifferenzierung, Rationalisierung usw. unter Ausnutzung der Erfahrungsökonomien abzuschöpfen. Desinvestitionsstrategien sind um so leichter zu verfolgen, je größer die Anzahl der strategischen Geschäftseinheiten und je diversifizierter die Unternehmung ist; sie sind allerdings in den seltensten Fällen über einen organisatorischen Konsens zu verwirklichen: Kollegialentscheidungen über die Aufgabe oder Umstrukturierung bestimmter strategischer Geschäftseinheiten tendieren zu bequemen, der Unternehmungsentwicklung nicht förderlichen Kompromissen, wenn sie von den Führungskräften vorbereitet und getroffen werden, die durch deren Ausführung in ihren Aufgaben, Befugnissen und Kompetenzen Einbußen erleiden.

In vielen Unternehmungen oder Unternehmungsbereichen, die in stagnierenden oder langsam expandierenden Märkten operieren, muß die Innovationsleistung darauf gerichtet sein, durch *Spezialisierung* auf bestimmte Marktsegmente eine führende Marktstellung zu erwerben (Politik der Marktnischen). Eine Strategie der Spezialisierung erlaubt in vielen Fällen, die begrenzten Ressourcen möglichst effizient einzusetzen und auch in stagnierenden Industriesektoren durch Differenzierung oder Kostenführerschaft hohe Gewinnpotentiale zu schaffen. Eine Strategie der Spezialisierung enthält aber zwei Arten von Risiken:

(1) Das Schicksal der Unternehmung oder der strategischen Geschäftseinheit wird mit dem eines bestimmten Marktsegmentes verbunden.

(2) Die aus einem hohen Spezialisierungsgrad resultierenden Erfahrungen können die Kreativität, Innovation und unternehmerische Initiative bei der Entwicklung alternativer Strategien negativ beeinflussen.

[46] Vgl. hierzu die Ausführungen im Abschnitt 4.1.

2. *Investitions- und Wachstumsstrategien* (Abb. 4.22)
Die *Erschließung neuer Wachstumsmärkte für die bestehenden Produktlinien* kann nach zwei Richtungen erfolgen:

(1) Internationale Expansion[47], und/oder
(2) Erschließung neuer Abnehmergruppen oder Anwendungsmöglichkeiten.

Mit den neuen Absatzmengen wird nach den Gegebenheiten der Erfahrungskurven ein zusätzliches Kostensenkungspotential erschlossen und damit eine Erhöhung des Gewinnpotentials auch für die Produkte verwirklicht, bei deren Herstellung gemeinsame Kostenelemente verwendet werden. Die auf diese Weise mögliche Politik relativ niedriger Preise kann zu einem verstärkten Wachstum auf den bisherigen Märkten führen.

Für die Verlagerung von Produktionen bzw. Teilefertigungen ins Ausland sprechen nicht nur die veränderten Kostenrelationen, sondern auch die Notwendigkeit der intensiven Bearbeitung der Märkte selbst und ihrer technischen Entwicklungen sowie die ortsnahe Auffächerung des Produktangebots, der Servicepalette und des Kundendienstes. In dem Maße, wie die Welt zu einem einzigen Markt zusammenzuwachsen beginnt, werden sich diese Merkmale der internationalen Wettbewerbsfähigkeit immer stärker durchsetzen. Die Standortwahl wird in Zukunft wesentlich davon bestimmt, inwieweit es den einzelnen Staaten gelingt, die für die Wissensvermehrung notwendige Infrastruktur bereitzustellen und die Menschen zu motivieren, sich bilden und weiterbilden zu lassen (Abb. 4.39).

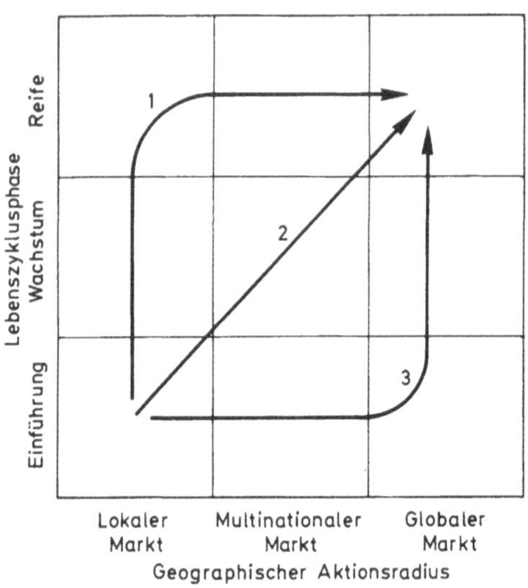

1: Traditioneller Entwicklungspfad (Beispiele: Farbfernseher, Automobile)
2: Diskontinuierlicher Entwicklungspfad (Beispiele: Motorräder, Photoapparate)
3: Entwicklungspfad „globaler" Produkte (Beispiele: Autoreifen, **Mainframe**, Flugzeuge, pharmazeutische Produkte, gehobene Geschenkartikel)

Abb. 4.39 Die Wege der Globalisierung (in Anlehnung an R. Varaldo)

[47] Vgl. hierzu die Ausführungen im Abschnitt II.1.7.

Die *Entwicklung neuer Produkte für die bisherigen Märkte* stellt eine weitere strategische Alternative dar. Wesentliche Erfolgsvoraussetzung ist, die Produkt- und Verfahrensinnovation sowie Standortanpassungen einzuführen, die notwendig sind, um relativ hohe Marktanteile in attraktiven Märkten zu sichern.

Diversifikationsstrategien tragen nicht zur Lösung der Probleme bei, die in den Arbeitsgebieten der Unternehmung auftreten. Die Diversifikation ist ein alternativer Weg, auf dem die Unternehmung ihre Ressourcen einsetzen kann, um neue, langfristige Gewinnpotentiale zu schaffen und eine bessere Risikoverteilung zu erzielen. Diversifikationsstrategien erfordern mit anderen Worten, daß sich die Unternehmung von stagnierenden und/oder unwirtschaftlichen Produkten trennt und die freigesetzten Ressourcen neuen Produkten für neue Märkte zuweist[48].

Die Diversifikationsstrategien sind im allgemeinen strategisch falsch, die darauf gerichtet sind:

(1) in ein langsam wachsendes oder stagnierendes Marktsegment einzudringen;
(2) den Marktanteil in einem gering wachsenden oder stagnierenden Marktsegment zu erhöhen;
(3) in ein Marktsegment einzudringen, das von einer oder wenigen Unternehmungen beherrscht wird, die das Kostensenkungspotential des hohen Marktanteils auszuschöpfen in der Lage sind (Phänomen der Erfahrungskurven)[49];
(4) ein neues Produkt mit einem relativ hohen Preis (mit Bezug auf Produktqualität, Lieferfähigkeit und -zeiten, Kundendienst usw.) einzuführen.

Mit Hilfe von *Akquisitions- oder Kooperationsstrategien* kann die Unternehmung sich das *Know-how* und die Erfahrung sichern, die notwendig sind, um erfolgreich in einen expandierenden Markt einzudringen, der nur von einer oder wenigen Unternehmungen beherrscht wird; Akquisition oder Kooperation sichern im Regelfall auch einen festen Marktanteil und ein sicheres Gewinnpotential, dessen Wert mit Hilfe der Erfahrungskurven approximativ bestimmt werden kann.

Diversifikation und *Konglomeration*, im allgemeinen durch keine wesentlichen technischen Beziehungen zur Hauptproduktion gekennzeichnet, bieten sich als Strategien an, wenn

(1) die bestehenden strategischen Geschäftseinheiten einem unaufhaltsamen Schrumpfungsprozeß unterliegen;
(2) die Gewinnpotentiale der bestehenden strategischen Geschäftseinheiten ausgeschöpft sind;
(3) die Unternehmung über hohe, nicht ausgeschüttete Gewinne verfügt.

[48] Vgl. hierzu A. Gälweiler, Unternehmensplanung, a. a. O., S. 280ff.; siehe auch M. E. Porter, Competitive Strategy, a. a. O., S. 344ff.

[49] Siehe dazu die Ausführungen im Abschnitt II.1.7

3. *Selektive Strategien* (Abb. 4.24)
Die Unternehmungsleistung bei den *Defensivstrategien* muß darauf gerichtet sein, (a) durch laufende Produktdifferenzierung und -verbesserung sowie durch Stärkung des Kundendienstes, Verkürzung der Lieferzeiten, preispolitische Maßnahmen und dgl. mehr die Konkurrenzunternehmungen abzuhalten, in die Marktsegmente einzudringen, in denen die Unternehmung selbst hohe Gewinnpotentiale verwirklichen will, und (b) die bestmögliche Rationalisierung und Kostensenkung der Produkte mit hohen Marktanteilen und niedrigen Wachstumsraten zu verwirklichen, um die hohen Marktanteile zu halten.
Die Unternehmungsleistung bei den *Offensivstrategien* – hierzu zählen auch die vertikale und laterale Entwicklung[50] – muß dagegen auf Produkt- und Verfahrensinnovationen sowie auf Standortanpassungen abgestellt sein, mit denen die Unternehmung eine Position der Stärke in sehr attraktiven Märkten aufbauen kann.

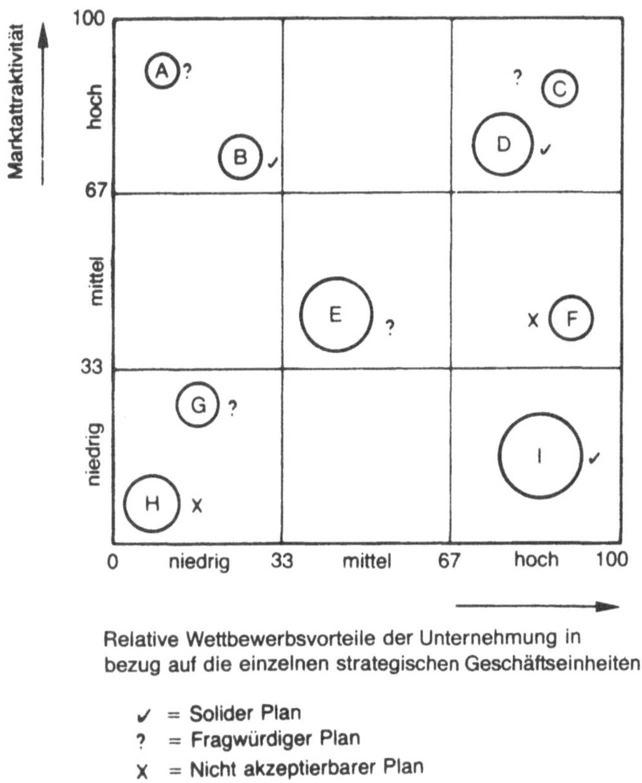

Abb. 4.40 Überprüfung des Ist-Portfolios (Beispiel)

[50] Vgl. hierzu R. Hammer, Unternehmensplanung, a. a. O., S. 144ff.

4.4.5 Die Überprüfung des Ist-Portfolios

Nach der Bestimmung des gegenwärtigen Portfolios der Unternehmung und der Formulierung der Norm-Strategien für die strategischen Geschäftseinheiten erfolgt die Überprüfung des *Ist-Portfolios* (Abb. 4.40) im Lichte der Norm-Strategien; zu prüfen sind:

(1) die Ausgewogenheit des gegenwärtigen Gesamt-Portfolios,
(2) der Grad der Übereinstimmung der gegenwärtigen Strategien mit den Norm-Strategien (Lagekonformität der Einzelstrategien),
(3) die Abweichungen und deren Ursachen,
(4) die Risikosituation in den einzelnen strategischen Geschäftseinheiten.

Kritische Geschäftseinheiten lassen sich an ihrer Lage in der Ist-Portfolio-Matrix und nach zusätzlicher Validitätsprüfung[51] erkennen; kritisch ist eine strategische Geschäftseinheit, wenn sie (Abb. 4.41):

(1) in der Übergangslage – dem mittleren Diagonalfeld der selektiven Strategien – liegt;

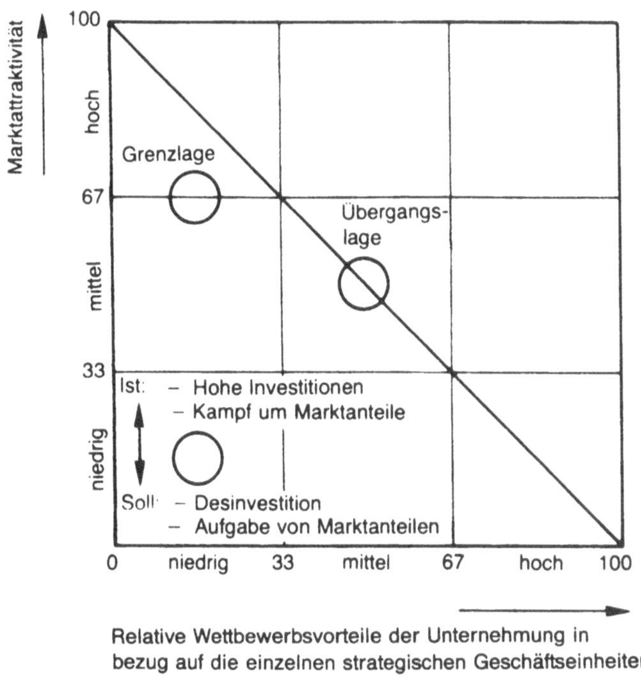

Abb. 4.41 Kritische strategische Geschäftseinheiten (nach McKinsey)

[51] Vgl. hierzu die Ausführungen im Abschnitt 4.4.7.

(2) sich nicht klar einordnen läßt (Grenzlage); oder
(3) die gegenwärtige Strategie von der lagekonformen Norm-Strategie abweicht (Soll-Ist-Vergleich).

Für die kritischen strategischen Geschäftseinheiten sind vordringlich Strategien zu entwickeln. Die Formulierung kritischer Fragen – Ist eine Umstrukturierung der Absatzkanäle möglich/vorteilhaft? (relative Wettbewerbsvorteile) – Müssen sich bestimmte Konkurrenten wegen fehlender Technologie und mangelnder Kontrolle über Zulieferer vom Markt zurückziehen? (Marktattraktivität) – kann dazu beitragen, die Möglichkeit der Verschiebung einer strategischen Geschäftseinheit aus einer Grenz- oder Übergangslage zu bestimmen. Allgemein gilt, daß in kritischen Bereichen die Ist-Strategie im Detail überprüft werden muß; Beispiele für zu prüfende Punkte sind[52]:

Aktionsbereiche	*Zu prüfende Punkte* (Beispiele)
Produktprogramm	Wesentliche Unterschiede gegenüber den wichtigsten Konkurrenten: – Differenzierung oder Kostenführerschaft? – Preis/Leistung-Verhältnis, Lebensdauer usw., – Imitation („Nachziehen“) oder Innovation („Überholen“), – Zeitplanung für Innovationen, – Sortimentsbereiche usw.
Investitionen	– Erfahrungsökonomien (niedrige Stückkosten) oder Flexibilität? – Gezielte Aufwendungen oder Gießkannenprinzip? – Angemessenheit der Investitionen mit Bezug auf den *Cash-flow*, – Rückwärts- oder Vorwärtsintegration usw.
Marketing	Wesentliche Unterschiede gegenüber den wichtigsten Konkurrenten: – Anzahl, Niveau, technische Qualifikation der Verkäufer, – Konzentration der Absatzkanäle, Veränderungen in Angebots- und Absatzkanalpolitik sowie in der Marktabdeckung, – Garantie- und Kundendienstleistungen, Preispolitik usw.

[52] Vgl. im einzelnen die Ausführungen im Abschnitt II.1.9.

4.4.6 Die Entwicklung strategischer Alternativen

Der nächste Schritt in der Verwirklichung des Ziel-Portfolios besteht in der *Entwicklung strategischer Alternativen.* Die Norm-Strategien geben eine Bandbreite für die dynamische, unternehmungsspezifische Weiterentwicklung strategischer Alternativen, funktionaler Politiken und Aktionsprogramme vor[53]. Zur Verwirklichung der Norm-Strategien müssen somit Konzepte erarbeitet und in konkrete Strategien übersetzt werden, wobei drei Wege zu berücksichtigen sind: Interne Entwicklung, Kooperation/*Joint Venture* oder Akquisition/ Verkauf.

Vor der *Auswahl der geeigneten Alternativen* sind

(1) die Konsequenzen der einzelnen Alternativen zu prüfen und
(2) die Alternativen nach Kosten-, Nutzen- und Risikokriterien zu bewerten.

Die Prüfung der Konsequenzen der einzelnen Alternativen erfolgt nach zwei Richtungen: *Nach außen* durch die Erfassung wesentlicher Umweltentwicklungen, z. B. in der Wettbewerbssituation durch die Analyse des Konkurrenzportfolios und die Erstellung des strategischen Ziel-Portfolios für die wichtigsten Konkurrenten, *nach innen* durch die Ermittlung der *Auswirkungen* auf die funktionalen Bereiche[54].

Zur Bewertung der Alternativen sind kritische Fragen herauszuarbeiten und die erwarteten finanziellen und imponderablen Auswirkungen in einer Entscheidungsanalyse gegenüberzustellen; dabei sollten – wie im Abschnitt 4.2.3.8 dargestellt – auch die Auswirkungen der erwogenen Strategie auf die wichtigsten Konkurrenten quantifiziert werden.

4.4.7 Die Beurteilung und Auswahl der Strategien

4.4.7.1 Kriterien für die Beurteilung der Strategien

Eine Strategie auf Unternehmungsebene hat anzugeben[55]:

(1) die Ausgewogenheit des strategischen Ziel-Portfolios der Unternehmung,
(2) mit welchen *Verfahren, Ressourcen* usw. die Produkte hervorgebracht oder Dienstleistungen bereitgestellt werden (Ressourcenzuteilung),
(3) welche Arten von *Synergie* in Forschung und Entwicklung, Produktion und Distribution genutzt werden und welche *Hauptschritte* in welcher zeitlichen Reihenfolge auszuführen sind, und
(4) welche *Ziele und Zwischenziele* zu erreichen und mit welchen *Kriterien* zu messen sind.

[53] Vgl. hierzu die Ausführungen im Abschnitt II.1.11.
[54] Vgl. hierzu im einzelnen die Ausführungen im Abschnitt 4.3.7.
[55] Vgl. hierzu die Ausführungen im Abschnitt 4.4.1.

Aufgrund der Multidimensionalität und Hauptschritte der Strategie – Ausgangsposition, strategisches Ziel-Portfolio, Ressourcenzuteilung, Hauptschritte, Ziele und Kriterien – ist bei ihrer Formulierung weniger auf den Grad der Detaillierung und der Vollständigkeit zu achten als vielmehr auf die Herausstellung der *Erfolgsfaktoren* und *Aktionspläne* Wert zu legen, von denen die Erreichung der strategischen Ziele abhängt. Die Aufgabe der Strategien besteht vorzugsweise darin, Produkt/Markt-Kombinationen zu ermitteln und die Wege aufzuzeigen, auf denen die Unternehmung sich von den Konkurrenten abheben und rechtzeitig sozial nützlichen und gewinnbringenden Gebieten zuwenden kann.

Nach welchen Kriterien kann nun eine Strategie beurteilt werden? Wie kann die Unternehmungsleitung feststellen, ob eine Strategie besser als eine andere ist? Es gibt keine allgemeingültigen Antworten auf diese Fragen. Die Beantwortung einiger wichtiger Fragen erlaubt jedoch eine – häufig intuitive – Beurteilung und Auswahl der Strategien[56].

1. *Kann die Strategie identifiziert und explizit dargestellt werden? Ist der Primat der Unternehmungspolitik gesichert?*

Um wirksam zu sein, muß die Strategie explizit dargestellt werden können und spezifisch genug sein, bestimmte Aktionen einzuleiten und andere auszuschließen; sie muß ein lösungswürdiges Problem lösen und möglichst wenig neue Probleme schaffen. Die Strategie muß, mit anderen Worten, kommunizierbar sein und mit der Unternehmungspolitik übereinstimmen.

2. *Nützt die Strategie die in- und ausländischen Umweltchancen aus?*

Eine Strategie, die nicht in Einklang steht mit der gegenwärtigen und sich abzeichnenden Umwelt – Bezugslinien sind die Preispolitik, Produktqualität, Investitionspolitik usw. –, ist eine schlechte Strategie; da die Umwelt sich laufend ändert, muß in regelmäßigen Abständen der Grad der Übereinstimmung (1) der in der Vergangenheit festgelegten Strategien mit der gegenwärtigen Umweltsituation und (2) der heute festgelegten Strategien mit der zukünftigen Umweltsituation ermittelt werden. Die Festlegung einer Strategie kann mit der Verfolgung eines sich bewegenden Zieles verglichen werden: Zu berücksichtigen ist nicht nur die gegenwärtige Position, sondern auch die Richtung und Geschwindigkeit der Bewegung.

3. *Ist die Strategie konsistent mit den gegenwärtigen und zukünftigen Unternehmungsressourcen und -fähigkeiten?*

Unter dem Gesichtspunkt des Aktionspotentials müssen zwei Arten von *kritischen Ressourcen und Fähigkeiten* unterschieden werden:

a) Ressourcen und Fähigkeiten mit einem *limitationalen* Charakter hinsichtlich der Erreichung der Ziele, und

[56] Vgl. hierzu die Ausführungen von K.R. Andrews, The Concept of Corporate Strategy, a.a.O., S. 48ff.

b) Ressourcen und Fähigkeiten, mit denen eine Position der Stärke aufgebaut werden kann.

Drei Arten von kritischen Ressourcen im Sinne von limitationalen oder kompetitiven Aktionspotentialen sind für die Beurteilung des Eignungsgrades einer Strategie von Bedeutung:
- finanzielle Ressourcen (= *Cash-flow*);
- personelle Ressourcen (= Fähigkeiten);
- materielle Ressourcen (= Anlagen, Verfahren, Rohstoffe).

Die Verfügbarkeit dieser drei Arten von strategischen Ressourcen muß festgestellt und innerhalb des Planungshorizontes gesichert sein, wenn die Unternehmung Nutzen aus den voraussichtlichen Änderungen der Umweltbedingungen ziehen will. Damit wird eine der Hauptschwierigkeiten deutlich, die bei der Formulierung einer jeden Strategie auftritt: Die Einrichtung eines Gleichgewichtes zwischen strategischen Zielen und verfügbaren Ressourcen. Die kritische Schätzung der für die Erreichung bestimmter Ziele notwendigen Ressourcen und Zeitpunkte ihres Einsatzes sowie der Wahrscheinlichkeit ihrer Verfügbarkeit stellt hohe Anforderungen an die Unternehmungsleitung; diese muß entscheiden: a) welcher Anteil der Unternehmungsressourcen heute erfaßbaren Chancen zuzuweisen ist und b) welcher Anteil für die Nutzung in Zukunft eintretender Chancen bereitgehalten werden soll.

Dazu braucht man eine zielbewußte und risikobereite Unternehmungsleitung, die entschlossen ist, an den gesetzten Zielen festzuhalten, sie wohl den geänderten Bedingungen anzupassen, sie aber nicht durch Unschlüssigkeit gesamthaft zu verwässern.

4. *Sind die wesentlichen Leitlinien und Aktionsprogramme für die divisionalen und/oder funktionalen Bereiche, aus denen sich die Strategie zusammensetzt, widerspruchsfrei?*

Die Notwendigkeit, eine Strategie so explizit und spezifisch zu formulieren wie es praktikabel ist, gewinnt besondere Bedeutung im Zusammenhang mit der Beurteilung der Kohärenz, Kompatibilität und Synergie der wesentlichen Leitlinien und Aktionsprogramme, aus denen sich die Strategie zusammensetzt.

5. *Ist das Risiko für die Unternehmung tragbar, das mit der Strategie eingegangen wird? Sind „Aushilfen" vorgesehen?*

Die Verbindung von Strategien und verfügbaren Ressourcen bestimmt das Ausmaß des Risikos, das die Unternehmung eingeht. Die Höhe des Risikos ist direkt proportional a) dem Ausmaß an Ressourcen, deren Verfügbarkeit nicht gesichert ist, b) der Länge des zeitlichen Horizontes der Ressourcenbindung und c) dem Anteil der einer Strategie zugewiesenen Ressourcen an den Gesamtressourcen der Unternehmung[57]. Das mit jeder Strategie eingegangene Risiko muß

[57] Vgl. hierzu die Ausführungen im Abschnitt 4.3.5.

deshalb mit den Ressourcen der Unternehmung und mit den Wertvorstellungen der obersten Führungskräfte in Einklang stehen. Ohne Wenn/Dann-Überlegungen ist eine Strategie nicht vollständig.

6. *Bezieht sich die Strategie auf einen angemessenen Zeitraum?*
Eine Strategie ist bestimmt, wenn Ziele und Zwischenziele sowie die Zeitpunkte angegeben sind, zu denen die Ziele und Zwischenziele erreicht werden müssen. Bei der Wahl eines geeigneten Zeithorizontes muß das „organisatorische Trägheitsmoment" der Unternehmung berücksichtigt werden; mit anderen Worten: Je größer (kleiner) die Unternehmung ist, desto länger (kürzer) sind die Anpassungszeiten und desto mehr (weniger) muß sich der strategische Zeithorizont in die Zukunft erstrecken. Je größer der Zeithorizont, desto größer ist auch der Freiheitsspielraum in der Auswahl der taktischen Aktionsprogramme.

7. *Entspricht die Strategie den Wertvorstellungen und Zielen der obersten Führungskräfte?*
Konflikte zwischen den Wertvorstellungen, persönlichen Präferenzen und Zielen der obersten Führungskräfte und den strategischen Plänen sind ein Zeichen der Gefahr; die Erfolgswahrscheinlichkeit einer Strategie nimmt in dem Ausmaß zu, in dem sich die obersten Führungskräfte für die Strategie einsetzen und eine Geisteshaltung wecken und fördern, die der Zukunft zugewandt ist und langfristiges Planen als Grundlage allen Handelns und als stabilisierendes Element auf allen Ebenen anerkennt.

8. *Trägt die Strategie zur Lösung gesellschaftspolitischer Probleme bei?*
Eng verbunden mit den persönlichen Präferenzen der obersten Führungskräfte ist das ethische Kriterium der gesellschaftspolitischen Verpflichtungen der Unternehmung.

9. *Fördert die Strategie die Organisationsentwicklung, die Loyalität und den Einsatz der Mitarbeiter? Stimmt die Strategie mit der Unternehmungskultur überein?*
Eine Unternehmung, die nicht nur überleben, sondern in ihrem Industriesektor eine führende Rolle spielen will, muß die Strategien im Hinblick auf den Beitrag beurteilen, den sie zur Schaffung eines „Betriebsklimas" leisten, das die Kreativität, Initiative und persönliche Entfaltung der Mitarbeiter fördert. Eine Strategie kann nicht allein aufgrund der erzielten Ergebnisse beurteilt werden; folgende Fragen können dazu dienen, den Beitrag der Strategien zur Organisationsentwicklung zu beurteilen:
- In welchem Ausmaß besteht unter den Führungskräften Einigkeit über die Unternehmungsziele und -strategien?
- Werden die Anträge auf Ressourcenzuweisungen rechtzeitig gestellt, so daß weder Eilprogramme zur Kostensenkung noch die Streichung geplanter Programme notwendig werden?

- Werden neue Arbeitsgebiete rechtzeitig entdeckt, so daß eine Vielzahl von strategischen Alternativen geprüft werden kann?
- Steht die Strategie im Einklang mit den grundlegenden Werten der Unternehmungskultur?

10. *Welche Anzeichen lassen die Aufnahme der Strategie im Markt oder Marktsegment rechtzeitig erkennen?*

Eine Strategie ist schlecht konzipiert, wenn sie nicht in einer den Unternehmungsressourcen angemessenen und den Aktionsprogrammen entsprechenden Zeit zu konkreten Ergebnissen führt. Jede Strategie muß deshalb ein Frühwarnsystem von Indikatoren enthalten, die Abweichungen von den geplanten Zielen und Zwischenzielen rechtzeitig zu korrigieren erlauben[59].

Grundsätzlich sind folgende Fragen für die Beurteilung der Strategien zu beantworten[59]:

(1) Welche Alternative löst am besten das strategische Problem?
(2) Welche Alternative schafft die beste Verbindung zwischen Umweltchancen und Unternehmungsressourcen?
(3) Welche Alternative bietet den größten Wettbewerbsvorteil?
(4) Welche Alternative erfüllt am besten die persönlichen Präferenzen der Unternehmungsleitung?
(5) Welche Alternative entspricht am besten den Vorstellungen der obersten Führungskräfte hinsichtlich der gesellschaftlichen Verpflichtungen der Unternehmung?
(6) Welche Strategie minimiert die Schaffung neuer Probleme?
(7) Welche Alternative stärkt den Loyalitätssinn der Mitarbeiter gegenüber der Unternehmung?
(8) Welche Alternative stimmt am besten mit der Unternehmungskultur überein?
(9) Welche Alternative fügt sich am besten in die Unternehmungspolitik ein?

Die Konzeption und explizite Formulierung einer Strategie, mit der die Unternehmung eine führende Marktposition einnehmen, ihre vorhandenen und potentiellen Ressourcen mit den Umweltchancen in Einklang bringen und die verschiedenen funktionalen Politiken und Aktionsprogramme harmonisieren kann, stellt hohe Anforderungen an die Führungskräfte der Unternehmung. Auch wenn ein System von Zielen, funktionalen Politiken und Aktionsprogrammen den oben dargestellten Kriterien entspricht, ist damit eine notwendige, aber keine hinreichende Bedingung für den Erfolg einer Strategie erfüllt. Die analytische Beantwortung des Fragenkataloges und die Einrichtung eines funktionierenden Frühwarnsystems kann aber dazu beitragen,

[58] Vgl. hierzu R. Hammer, Strategische Planung und Frühaufklärung, München, Wien 1988, S. 216ff.

[59] Vgl. hierzu F. F. Gilmore, Formulating Strategy in Smaller Companies, in: D. J. McCarthy, R. J. Minichiello u. J. R. Curran (Hrsg.), Business Policy and Strategy, a. a. O., S. 344; vgl. hierzu auch die Ausführungen im Abschnitt 4.3.7.

Tabelle 4.7 Prinzipschema der Entscheidungsanalyse nach Kepner-Tregoe: Bestimmung des Zielerfüllungsgrades strategischer Alternativen

Kriterien		Strategische Alternativen								
		A			B			C		
Muß-Kriterien		Informationen		Ja/Nein	Informationen		Ja/Nein	Informationen		Ja/Nein
1. Explizite Formulierbarkeit										
2. Umweltkonsistenz										
3. Eignung im Lichte der verfügbaren Ressourcen										
4. Widerspruchsfreiheit mit funktionalen Politiken und Programmen										
5. Tragbarkeit des Risikos										
6. Herausforderung für Organisationsentwicklung										
Wunsch-Kriterien	Gewichtung	Informationen	Wertezahl	Gew. Wertezahl	Informationen	Wertezahl	Gew. Wertezahl	Informationen	Wertezahl	Gew. Wertezahl
Kapitalwert (i = 20%) → Max.!										
Interner Zinssatz → Max.!										
Übereinstimmung mit den Wertvorstellungen der Führungskräfte										
Wiedergewinnungsperiode → Min.!										
Beitrag zur Lösung sozialer Probleme										
Beitrag zum Unternehmungswachstum (absolut oder in % des Marktes)										
Investitionsbedarf										
Sicherheit der Arbeitsplätze										
Existenz von Warnsignalen für die Marktaufnahmefähigkeit										
Unternehmungsidentität										
Angemessenheit des Zeithorizonts										
Summe der gewichteten Wertezahlen										

Tabelle 4.8 Prinzipschema der Entscheidungsanalyse nach Kepner-Tregoe: Abschätzung der möglichen nachteiligen Auswirkungen der strategischen Alternativen

Strategische Alternative A				Strategische Alternative B				Strategische Alternative C			
Bedrohung	Eintritts-wahrschein-lichkeit p_s	Trag-weite T	$T \times p_s$	Bedrohung	Eintritts-wahrschein-lichkeit p_s	Trag-weite T	$T \times p_s$	Bedrohung	Eintritts-wahrschein-lichkeit p_s	Trag-weite T	$T \times p_s$
Mathematischer Erwartungswert der Bedrohungen											

Entscheidung: Begründeter Kompromiß zwischen maximaler Zielerfüllung und minimalen negativen Auswirkungen

- den unternehmerischen Handlungsspielraum zu vergrößern,
- eigene Zielvorstellungen zu entwickeln und daraus echte soziale Probleme abzuleiten, zu deren gewinnbringender Lösung die Unternehmung beitragen kann,
- klare strategische Alternativen aufgrund eigener Zielvorstellungen zu entwickeln.

4.4.7.2 Die Auswahl der Strategie

Die Auswahl der Strategie ist der schwierigste Schritt im Prozeß der Strategieformulierung. Die in den Tabellen 4.7 und 4.8 dargestellte Entscheidungsanalyse strategischer Alternativen veranschaulicht die Vorgehensweise für die Ermittlung der zweckmäßigsten Strategie; sie zeigt, daß die Entscheidung über die zu verwirklichende Strategie letzten Endes von der *Persönlichkeit* der obersten Führungskräfte geprägt wird. Die persönlichen Ziele und Ambitionen der obersten Führungskräfte und die gesellschaftspolitischen Verpflichtungen, welche diese der Unternehmung zuweisen, bestimmen nicht nur die Auswahl der Kriterien und die Festsetzung ihrer Gewichtungen, sondern auch die den verschiedenen Alternativen zugeordneten Zielerreichungsgrade (Wertezahlen) und möglichen negativen Auswirkungen.

Jede Entscheidung für eine bestimmte Strategie – anzubietende Produkte, zu beliefernde Märkte, einzusetzende Mittel und Verfahren, auszunutzende Synergieeffekte, zeitlich abzustufende Aktionsprogramme, zu erreichende Ziele und Zwischenziele – erfordert:

(1) einen Kompromiß zwischen der *Maximierung der Möglichkeiten* und *Minimierung der Risiken*,
(2) die Wahl zwischen *risikoreichen Innovationstrategien* mit hohen potentiellen Gewinnen und *risikoarmen Imitationsstrategien* mit niedrigen potentiellen Gewinnen, und
(3) die Beurteilung der *potentiellen Aktionen und Reaktionen der qualifizierten Konkurrenten* auf die strategischen Aktionen der Unternehmung.

Der Kompromiß zwischen der Maximierung der Möglichkeiten – z. B. durch Diversifikation – und Minimierung der Risiken – z. B. durch Spezialisierung auf bestimmte Arbeitsgebiete – entzieht sich der logischen Analyse; er beruht auf der Risikoneigung, Charakterfestigkeit, Verantwortungsfreude und Professionalität der Entscheidungszentren der Unternehmung.

Das Dilemma des Timing – Innovation oder Imitation – ist ebenfalls eine Frage der Persönlichkeit der Entscheidungszentren der Unternehmung; frühzeitige strategische Aktionen setzen die Bereitschaft der obersten Führungskräfte voraus, Risiken einzugehen.

Die strategische Aktion ist entweder eine Herausforderung für oder Antwort auf die Strategien der Konkurrenten; die neue Strategie der Innovation oder Imitation darf nicht nur nicht schlechter als die bestehenden Unternehmungsstrategien sein, sondern muß auch den möglichen Strategien der Konkurrenten

Rechnung tragen, deren Verhalten durch die neue Strategie beeinflußt werden kann. Die Art der Strategie bestimmt somit die Wahrscheinlichkeit und das Ausmaß der strategischen Aktionen und Reaktionen der Konkurrenten[60].

Deshalb müssen die Auswirkungen der erwogenen Strategie auf die wichtigsten Konkurrenten quantifiziert werden. Eigene Erfahrungswerte, kulturelle Reflexionen und professionelle Fähigkeiten der obersten Führungskräfte, Planabweichungen, Zielvorstellungen der Umweltgruppen, objektivierte Erfahrungen und allgemeine Erkenntnisse sowie wissenschaftliche Modelle sind die Quellen, die (1) Probleme liefern, die lösungswürdig sind, und (2) die Kriterien bestimmen, mit deren Hilfe die zu verwirklichende Strategie ausgewählt und operational formuliert werden kann.

4.4.8 Das strategische Ziel-Portfolio der Unternehmung

Nach der Erarbeitung der Einzelstrategien werden für alle strategischen Geschäftseinheiten Strategie und angestrebte Positionsänderung im strategischen

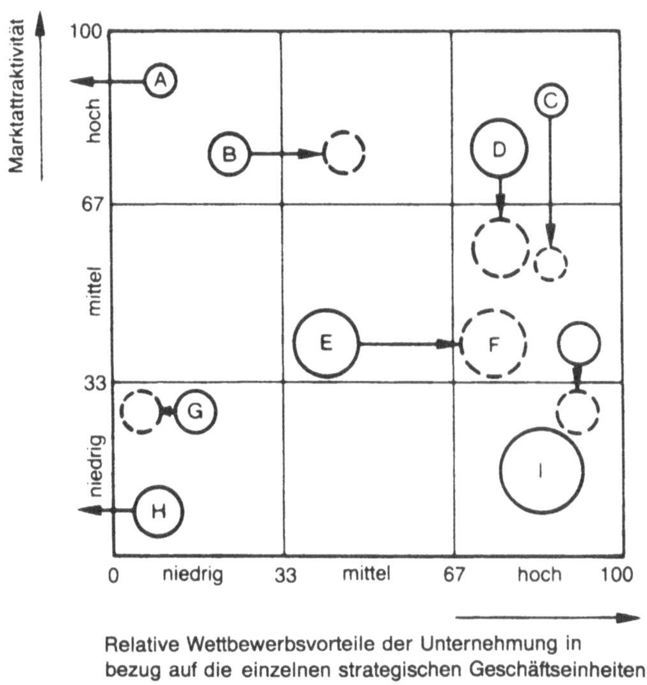

Abb. 4.42 Das strategische Ziel-Portfolio einer Unternehmung oder eines Unternehmungsbereiches

[60] Vgl. hierzu H. E. R. Uyterhoeven, R. W. Ackerman u. J. W. Rosenblum, Strategy and Organization, a. a. O., S. 64 ff.

Ziel-Portfolio dargestellt (Abb. 4.42). Die langfristige Gewinnentwicklung muß durch

- eine klare strategische Ausrichtung und ausgeglichene Struktur des Ziel-Portfolios in bezug auf *Cash-flow* und Risiko (Abb. 4.43)
- eine lagekonforme Ressourcenallokation (Abb. 5.46)
- ein Denken in Wenn-/Dann-Konstellationen und entsprechenden *Contingency*-Plänen
- Synergieeffekte zwischen den diversen strategischen Geschäftseinheiten

gewährleistet sein.

Mit Hilfe der Politiken und Aktionsprogramme für die funktionalen Bereiche muß das strategische Ziel-Portfolio so unternehmungsindividuell gestaltet, überprüft oder neugefaßt werden, daß klar ersichtlich wird, ob es als Ganzes durchführbar ist und eine gesunde, harmonische Entwicklung der Unternehmung gewährleistet (Abb. 4.44)[61]. Ein strategischer Plan, synthetisch durch das

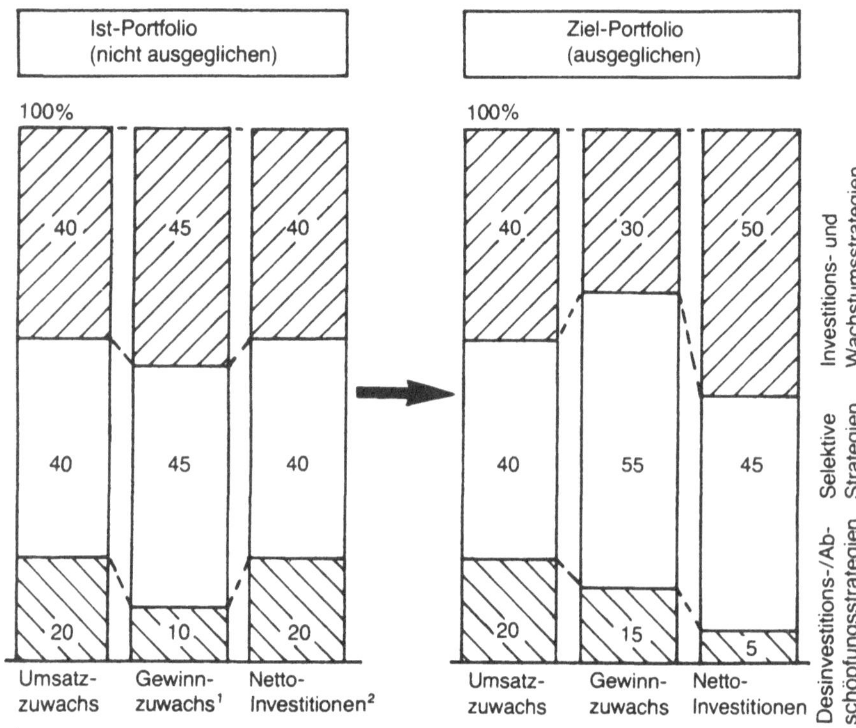

[1] Gewinnzuwachs für Investitions- und Wachstumsstrategien zu hoch, da durch kurzfristige Gewinnrealisierung langfristige Gewinnpotentiale gefährdet.
[2] Netto-Investitionen für Desinvestitions-/Abschöpfungsstrategien zu hoch.

Abb. 4.43 Prinzipdarstellung der Überprüfung des strategischen Ziel-Portfolios einer Unternehmung (nach McKinsey)

[61] Vgl. hierzu die Ausführungen im Abschnitt 4.4.10.

Stufen	Merkmale	Beispiele
Norm-Strategien: – Investitions- und Wachstumsstrategien – Selektive Strategien – Abschöpfungs- oder Desinvestitionsstrategien	– Grundlegende Ziele und Mittel – Kurzfristig/langfristig – Quantitativ/qualitativ – Regelmäßige Überprüfung – Veränderungen selten	„Investition in Erhöhung des Marktanteils, um ein langfristiges Gewinnpotential zu schaffen" „Rationalisierungs- und Produktdifferenzierungsinvestitionen durchführen, um kurzfristigen Gewinn zu sichern" „Abschöpfung bestimmter Marktsegmente, um Mittel freizusetzen"
Strategische Alternativen	– Konzepte zur Verwirklichung der Norm-Strategien – Unternehmungsspezifisch – Ausgerichtet auf Synergieeffekte – Kritisches Bindeglied zwischen strategischen Zielen und wichtigen operativen Maßnahmen	„Gegenwärtigen Marktanteil durch Stärkung des Verkaufs und Kundendienstes halten, um technisch aufzuholen" „Folgeaufträge hereinholen, um Erfahrungsökonomien zu nutzen"
Politiken und Aktionsprogramme für die funktionalen Bereiche	– Spezifische Richtlinien, Vorgehensweisen, Aktionsprogramme und Mittelzuteilung – Kontroll- und Entscheidungspunkte – Eventualmaßnahmen/Kontingenzpläne	„Investition von . . .Geldeinheiten in die Entwicklung der Produkte A, B, C und D, um bis 31. 12. 1992 das Programm zu vervollständigen" „Einführung der Prozeßinnovation X im Fertigungsbetrieb N bis 30. 6. 1992, um die Stückkosten auf einer 70%-Erfahrungskurve zu senken"

Abb. 4.44 Drei-Stufen-Vorgehen zur Verwirklichung des strategischen Ziel-Portfolios (nach McKinsey)

strategische Ziel-Portfolio ausgedrückt, ist durch folgende Merkmale gekennzeichnet:

(1) Klarheit der strategischen Ausrichtung;
(2) Ausgewogenheit der Struktur der strategischen Geschäftseinheiten, aus denen sich das Ziel-Portfolio zusammensetzt, in bezug auf *Cash-flow* und Risiko;
(3) Ausgewogenheit in der Nutzung der Fähigkeiten und Kapazitäten in den funktionalen Bereichen;
(4) Synergie zwischen strategischen Geschäftseinheiten und den zu ihrer Führung notwendigen Mitteln und Verfahren;
(5) Ausgeglichenheit der geographischen Entwicklungen;
(6) Ausgewogenheit der Strategien mit Bezug auf ihre Positionierung im Markt-Lebenszyklus;
(7) Vollständigkeit der Wenn/Dann-Analysen (Analyse der möglichen negativen Auswirkungen und Ausarbeitung von *Contingency*-Plänen).

Die Alternativenumsetzung kann auf drei Wegen erfolgen: Durch interne Entwicklung, Kooperation/Fusion oder Akquisition/Desinvestition. Die Abb. 4.45 zeigt, daß die Wachstumsrate der Unternehmung im Jahr 1989 über der geplanten Entwicklung von 15% p.a. liegt. Im Jahre 1994 werden die kurzfristigen Arbeitsgebiete ihre Aufgabe erfüllt haben – ihr geringerer Gewinnbeitrag, bezogen auf das Jahr 1989, wird aber mehr als kompensiert sein durch die Leistungen der Wachstumsbereiche. Der in der Abb. 4.45 dargestellte Ausblick ist somit als günstig zu beurteilen, da die Gewinnperspektiven der Unternehmung auf strategischen Geschäftseinheiten in starken Marktpositionen und attraktiven Branchen beruhen.

4.4.9 Die Szenariotechnik als integrierender Bestandteil der Strategieplanung

Ausblicke auf gesellschaftliche, wirtschaftliche und technische Entwicklungen in der Zukunft lassen sich entweder in Prognosen oder in Szenarios fassen. In einer Zeit der Instabilität und des Übergangs gewinnt die Szenarioplanung gegenüber der Prognose immer mehr an Bedeutung.

Die Aufgabe der Szenarios besteht darin,

- die Entscheidungskriterien der Abnehmer und alternative Strategien der Konkurrenten zu analysieren,
- Konfrontationen auszudiskutieren,
- unterschiedliche Auffassungen bei strategischen Entscheidungen zu gemeinsamen Aktionsplänen zusammenzubringen, und
- es für Führungskräfte leichter zu machen, über die Zukunft der Unternehmung, ihre Unternehmungspolitik, ihre Strategien und ihre Unternehmungskultur besser und konstruktiver nachzudenken.

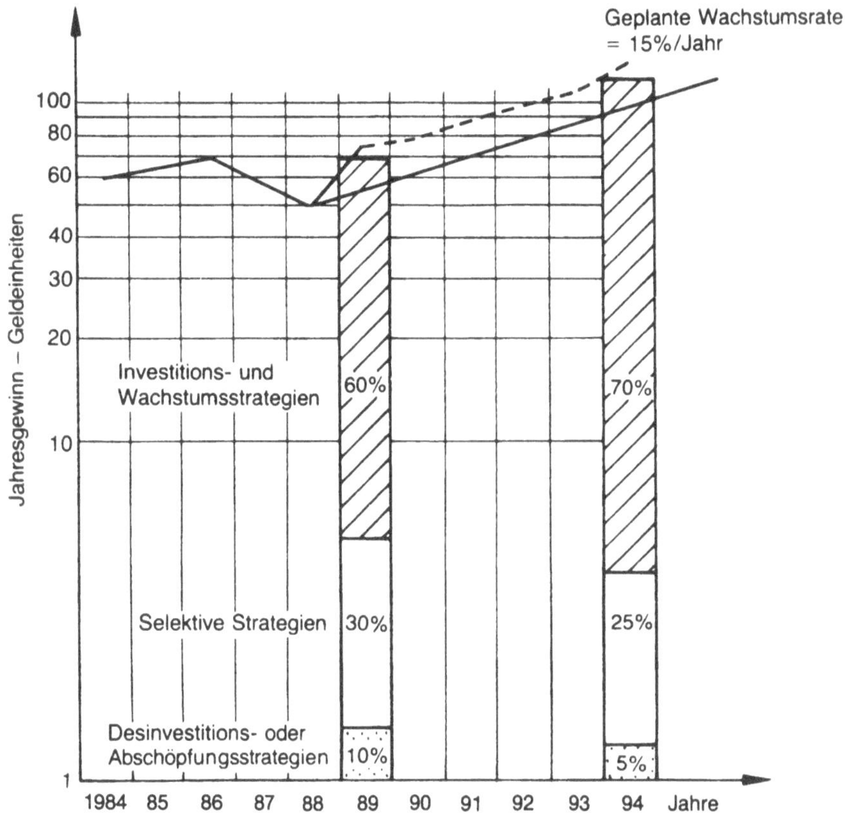

Abb. 4.45 Der Beitrag der Portfolio-Strategien zur mittelfristigen Gewinnentwicklung der Unternehmung (Beispiel)

Die Vorteile der Szenarioplanung sind:

- sie macht die Unsicherheitsfaktoren offenkundig,
- sie besitzt den Charakter eines Hilfsmittels, das die Formulierung strategischer Alternativen erleichtert,
- sie nimmt den Führungskräften die Entscheidungsfindung nicht ab,
- sie kann mit relativ geringen Kosten ausgeführt werden,
- sie vermeidet die Gefahr, daß die Strategie an ganz bestimmte Voraussetzungen gebunden wird, deren Annahmen durch unternehmungsinterne und -externe Entwicklungen schnell widerlegt werden können.

Die Strategieentwicklung auf der Ebene der Geschäftseinheiten und auf Unternehmungsebene beruht auf expliziten oder impliziten Annahmen über (1) die Evolution der Branchen, in denen die Unternehmung tätig ist oder in die sie einzudringen beabsichtigt, und (2) die Produktivitätsniveaus, die die Unternehmung zu erreichen imstande ist. Die Szenariotechnik (lat. scenarium =

Szenenfolge im Drama) ist ein nützliches Instrument, das wirksam vor allem in jungen Branchen eingesetzt werden kann, um, ausgehend von einer vorgegebenen Situation, aufzuzeigen, wie sich eine zukünftige Branchensituation als Abfolge hypothetischer Ereignisse in einem bestimmten Zeitraum entwickeln könnte; die Szenariotechnik dient aber auch der Beschreibung denkbarer, zukünftiger Branchen- oder Unternehmungssituationen[62]. Sie kann mit geringem Aufwand auch in kleinen und mittleren Unternehmungen eingesetzt werden und wird im allgemeinen in folgenden Schritten ausgeführt:

(1) Abschätzung der Evolution der Produktfunktionen und verwendbaren Technologien (Preis/Leistungs-Verhältnis, Nutzen oder Wertschöpfung für die Abnehmer, Kosten usw.) und Feststellung kritischer Verzweigungen,
(2) Bestimmung der Größe und Charakteristiken der Märkte, die sich für jede der kritischen Verzweigungen abzeichnen,
(3) Rückkoppelung mit den Evolutionslinien der Produktfunktionen und Technologien,
(4) Abschätzung der Auswirkungen der Szenarios der Produktfunktionen, Technologien und Märkte auf das Verhalten der Wettbewerber und
(5) Rückkoppelung des Verhaltens der Wettbewerber mit den Evolutionslinien der Märkte einerseits und den Entwicklungen der Produktfunktionen und Technologien andererseits.

Durch die gleichzeitige Berücksichtigung unterschiedlicher Aspekte einer sich alternativ entwickelnden Branche und durch die kreative Beschreibung zukünftig möglicher Wettbewerbssituationen und Produktivitätsniveaus kann eine Unternehmung

(1) die Schlüsselereignisse ermitteln, die anzeigen, welches Szenario sich tatsächlich abwickelt,
(2) die Strategien auf der Ebene der Geschäftseinheiten und der Gesamtunternehmung rechtzeitig den neuen Entwicklungen anpassen und
(3) die Flexibilität und Innovationskraft der Unternehmung erhöhen.

Allerdings ist es nicht ratsam, mehr als zwei Szenarios aufzustellen. Bei drei Szenarios wird das mittlere Szenario zwangsläufig als eingleisige Prognose gewählt. Man kann ein mittleres Szenario benutzen, um eine weitere Dimension der möglichen Entwicklung – z. B. die Evolution der gesellschaftlichen Strukturen – unter Beibehaltung der wirtschaftlichen und technischen Parameter eines der beiden anderen Szenarios zu berücksichtigen. Szenarios sind, zusammenfassend, so quantitativ wie möglich zu fassen. Sie müssen die wichtigsten unternehmungsexternen und -internen Faktoren berücksichtigen und in sich schlüssig sein. Darüber hinaus sollten sie auch Eventualitäten einbeziehen, die in einer Prognose wegen ihrer geringen Eintrittswahrscheinlichkeit unberücksichtigt bleiben.

[62] Vgl. hierzu R. Hammer, Strategische Planung und Frühaufklärung, a. a. O., S. 252ff.

4.4.10 Der strategische Plan der Unternehmung

Der strategische Plan der Unternehmung ist die Resultierende aus den strategischen Plänen der strategischen Geschäftseinheiten, in die die Unternehmung zum Zwecke der strategischen Führung gegliedert ist. Der strategische Plan besteht aus folgenden Elementen:

- Leitbild der Unternehmung und Aufgabenbereiche der strategischen Geschäftseinheiten (Beiträge zur Lösung gesellschaftlicher Probleme)
- Umweltanalyse und -prognose für jede strategische Geschäftseinheit
- Konkurrenzanalyse und -prognose für jede strategische Geschäftseinheit
- Stärken/Schwächen-Analyse und -Prognose der strategischen Geschäftseinheiten sowie von der Unternehmungsleitung vorgegebene Randbedingungen und in der Gesamtunternehmung nutzbare Synergiemöglichkeiten
- Ziele und Strategien der strategischen Geschäftseinheiten
- Konsolidierung und Projektion in die Zukunft der Strategien der strategischen Geschäftseinheiten (Strategisches Ziel-Portfolio der Unternehmung)
- Aktionspläne und Budgets für die Umsetzung der Strategien in den funktionalen Bereichen
- Für die Realisierung der Strategien und Aktionspläne benötigte Ressourcen
- Analyse potentieller Chancen und Probleme und Planung von Eventualmaßnahmen (*Contingencies*, „Wenn/Dann"-Pläne)
- Finanzwirtschaftliche Beurteilung des strategischen Planes.

Der strategische Plan der Unternehmung kann wie in Abb. 4.46 dargestellt gegliedert werden.

- Executive Summary
- Strategische Ausgangssituation
- Leitbild oder Auftrag der Unternehmung
- Strategisches Ziel-Portfolio
  * *Cash-flow*-Entwicklung
  * Risikosituation
  * Synergieeffekte
  * Validitätstests der SGE-Strategien
- Ressourcenallokation
- Wenn/Dann-Pläne
- Budget und Drei- oder Fünf-Jahres-Plan
- Kritische Kontrollpunkte
- Empfehlungen

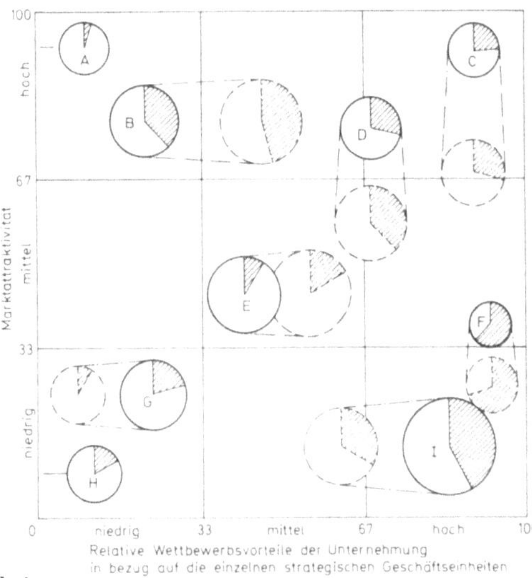

A, B, C, ...: Strategische Geschäftseinheiten
Die Größe eines jeden Kreises ist proportional zur Größe der Branche, der schraffierte Ausschnitt gibt den Marktanteil der SGE an, die gestrichelten Linien kennzeichnen die geplanten Marktpositionen.

Abb. 4-46 Gliederungsschema für den strategischen Plan der Unternehmung

Der Umfang des strategischen Planes einer Unternehmung sollte in Abhängigkeit von der Anzahl der strategischen Geschäftseinheiten oder SGE-Familien 40–50 Seiten nicht überschreiten. Die SGE-Pläne können als Anlagen beigelegt werden.

Mit Hilfe des strategischen Planes wird in periodischen Abständen und auf einheitliche Art und Weise die Gesamtheit der Ziele und Strategien der Unternehmung dargestellt; dadurch können eventuell bestehende Koordinationsfehler ermittelt und die notwendigen Korrekturmaßnahmen rechtzeitig eingeleitet werden.

Diese Darstellung der Gesamtheit der bestehenden Ziele und Strategien läuft im Grunde auf die Bestimmung der zweckmäßigsten Positionen hinaus, die die Unternehmung in allen Märkten, in denen sie operiert, zu erreichen für möglich hält. Der strategische Plan, im Sinne des strategischen Ziel-Portfolios, präsentiert sich somit als eine Festsetzung von Marktzielen und eine Formulierung von Strategien, die von drei Arten von Angaben getragen sind:

- über die durchzuführenden Investitionen, den entsprechenden Kapitalbedarf und die Kriterien für dessen Deckung (*Cash-flow*-Analyse);
- über die erforderlichen Aktionspläne in den divisionalen und/oder funktionalen Bereichen;
- über die notwendigen Organisationsstrukturen.

Der strategische Plan muß darüber hinaus ein Überwachungssystem vorsehen, mit dem

- sachliche und personelle Realisationsfehler rechtzeitig festgestellt und auch der Weiterbestand der Prämissen, auf denen der strategische Plan beruht, laufend überprüft werden können,
- ergänzende und Korrekturmaßnahmen rechtzeitig ausgelöst werden, wenn die Planungsprämissen nicht zutreffen.

Der strategische Plan hat, mit anderen Worten, auch als Grundlage für Korrekturmaßnahmen zu dienen; er ist das Bezugssystem für das strategische *Controlling* oder das *Management Auditing*.

Im Hinblick auf diese Überwachungstätigkeit gewinnt in allen Unternehmungen die Funktion des strategischen *Controllings* zunehmende Bedeutung. Es handelt sich hierbei um eine Tätigkeit, die unmittelbar der Unternehmungsspitze unterstellt ist und das Ziel verfolgt, die Übereinstimmung der Unternehmungstätigkeiten mit den Zielen und Strategien festzustellen. Mit Hilfe des strategischen *Controllings* soll die Vitalität des Unternehmungssystems maximiert werden, d.h. es soll sichergestellt werden, daß die Unternehmungsentwicklung in Übereinstimmung mit den Zielen und Strategien erfolgt, neue Ereignisse rasch registriert werden, die die Strategien als überholt oder revisionsbedürftig erscheinen lassen, und die verschiedenen Unternehmungseinheiten rasch auf diese Ereignisse reagieren. Dem strategischen *Controlling* kommt somit die Bedeutung eines kritischen Durchdenkens aller Unternehmungstätigkeiten zu.

Ist der strategische Plan einer Unternehmung bestimmt, so kann die Führung nicht als Summe von Tätigkeiten aufgefaßt werden, die lediglich der Ausführung der im strategischen Plan enthaltenen Angaben dienen. Bereits im Augenblick der Verabschiedung des strategischen Planes wird der dem strategischen Plan zugrundegelegte Bezugsrahmen durch unternehmungsinterne und -externe Ereignisse modifiziert sein. Dadurch müssen die Strategien geändert werden. Da der strategische Plan einen langen Zeitraum abdeckt, nimmt die Signifikanz des strategischen Unternehmungsplanes mit zunehmender zeitlicher Entfernung von seiner Verabschiedung ab.

Auf welchen Zeitraum soll sich der strategische Unternehmungsplan beziehen? Aus den vorangegangenen Ausführungen ergibt sich, daß seine Dauer gleich dem Zeitraum sein muß, der für die Erreichung der strategischen Ziele erforderlich ist. Der vom strategischen Plan abgedeckte Zeitraum wird deshalb nicht nur von Unternehmung zu Unternehmung verschieden sein, sondern auch in derselben Unternehmung im Zeitablauf in Abhängigkeit von den in den verschiedenen Bereichen geplanten Tätigkeiten eine unterschiedliche Dauer aufweisen.

Die Bestimmung des Zeitintervalles zwischen zwei aufeinanderfolgenden Formulierungen des strategischen Planes ergibt sich zwangsläufig aus seiner Verwendung; wie oben dargestellt, ist der strategische Plan im Grunde nichts anderes als die Explizitierung – zu einem bestimmten Zeitpunkt – der Gesamtheit der Strategien und wichtigsten operativen Entscheidungen, die zu diesem Zeitpunkt in der Unternehmung laufen. Da die Zukunft nicht vorhersehbar ist und somit zwangsläufig neue Entscheidungen im Hinblick auf nicht vorhergesehene Ereignisse getroffen werden müssen, reflektiert der zeitliche Abstand zwischen zwei Formulierungen des strategischen Planes die Dynamik der Unternehmungs- und Umweltsituation. Die Zeitabstände sind somit proportional dieser Dynamik: Kurze Zeitabstände bei großer Dynamik, lange Zeitabstände bei kleiner Dynamik. Häufig wird jedoch ein jährlicher Abstand gewählt; die Formulierung des strategischen Planes wird somit zu einer wiederkehrenden Tätigkeit.

Der strategische Plan ist somit kein auszuführendes Projekt, sondern ein Instrument (1) für die Führung der Unternehmung auf dem von der Unternehmungsleitung bestimmten Kurs und (2) für die entsprechende Steuerung der Entscheidungsprozesse in den divisionalen und/oder funktionalen Bereichen.

Seine Zweckmäßigkeit liegt

- in der periodischen Überprüfung des Zustandes, in dem sich das Unternehmungssystem aufgrund der getroffenen Entscheidungen befindet. Diese Überprüfung erfolgt dadurch, daß die Kohärenz der im Zeitablauf verfolgten Strategien festgestellt und das eventuelle Fehlen von Strategien in den Bereichen aufgedeckt wird, die für die erfolgreiche Führung der Unternehmung notwendig sind;
- in der expliziten Darstellung der gewählten Strategien, so daß die Entscheidungszentren, die zu ihrer Formulierung beigetragen haben, das resultierende strategische Gesamtkonzept kennen und somit auf eine bewußtere Weise zur Erreichung der beschlossenen Ziele beitragen können.

Wenn das der Wesenskern des strategischen Planes ist, dann wird offensichtlich, daß sein Hauptnutzen in der allgemeinen Reflexion besteht, die durch seine Ausarbeitung bewirkt wird, und erst sekundär in der Verfügbarkeit von Unterlagen besteht, die durch seine Erstellung erarbeitet werden. Der strategische Plan ist, wie erwähnt, ein *Progress Report*, der von denen erstellt wird, die ihn auch ausführen; er ist keine Mitteilung von Zielen und Strategien an diejenigen Führungskräfte, die diese Ziele und Strategien realisieren müssen.

Der strategische Plan ist somit das Instrument, mit dessen Hilfe das Bild des Unternehmungssystems zu einem bestimmten Zeitpunkt dargestellt wird. Der strategische Plan ist gleichzeitig ein Entscheidungs- und ein Überwachungsinstrument, da er die Möglichkeit schafft,

- Korrekturmaßnahmen in bezug auf die laufenden Tätigkeiten einzuleiten
- neue Tätigkeiten anzustoßen und
- einen Bezugsrahmen für zukünftige Kontrollmaßnahmen einzurichten.

Die Praxis des strategischen Planes wird in Zukunft sicher weite Anwendung finden, und zwar wegen des zunehmenden Gewichtes der Investitionen und der langen Zeiträume, die für die Schaffung von Unternehmungsstrukturen notwendig sind, mit denen der den Investitionen innewohnende Nutzeffekt realisiert werden kann. Die periodische Formulierung des strategischen Planes fördert die strategiegerechte Ausarbeitung der funktionalen Politiken (Marketing-, F&E-, Produktionspolitik usw.); sie vermindert außerdem das Risiko, das in der gegenwärtigen, sich rasch ändernden Welt besonders hoch ist, daß die Unternehmung Ziele verfolgt und Strategien formuliert, die lediglich auf Trendextrapolationen der Vergangenheit beruhen.

Schließlich verlangt der Umfang, den die Machtbefugnisse und Verantwortlichkeiten der Unternehmungsleitung erreicht haben, daß effiziente Formen der Überwachung und Verbindung zwischen dieser und dem Wirtschaftssubjekt, d.h. dem unternehmerischen Letztentscheidungsträger, eingerichtet werden. Der strategische Plan kann auch diesem Zwecke dienen. Für die Nutznießung staatlicher Förderungsmaßnahmen (Investitionsanreize, Exportförderung, Sonderkredite und dergleichen mehr) kann der strategische Plan schließlich dadurch von Bedeutung sein, als er die Stellungnahme der Unternehmung auf eine kohärente Weise auszudrücken erlaubt.

4.5 Der Prozeß der Strategieformulierung in der multidivisionalen Unternehmung

4.5.1 Das Zusammenwirken der Führungskräfte in den Divisionen und in der Gesamtunternehmung bei der Formulierung der Strategien

Die strategische Planung kann, wie wir gesehen haben, auf die Beantwortung der folgenden Fragen reduziert werden:

(1) Welches sind die Leitlinien der Unternehmungspolitik?
(2) Auf welchen Märkten und mit welchen Produkten kann die Unternehmung zu den führenden Wettbewerbern zählen?
(3) Wie sollen die Ressourcen – Personal, Finanzmittel, Anlagen usw. – auf die strategischen Geschäftseinheiten verteilt werden?
(4) Welche Produkt/Markt-Kombinationen sollen in den verschiedenen strategischen Geschäftseinheiten so gefördert werden, daß eine starke Marktposition, eine relative Sicherheit gegenüber den Aktionen der Konkurrenzunternehmungen sowie langfristig ein möglichst hoher Gewinn erzielt werden können?

Die Frage (1) betrifft die unternehmungspolitischen *Bedingungen*, unter denen die Unternehmung langfristig ihren Gewinn maximieren kann: Wachstum, Unabhängigkeit, Flexibilität, Risiko, Humanisierung der Arbeit, *generelle* Bereiche, in denen die Unternehmung operieren soll usw.

Die Kenntnis der Unternehmungspolitik ermöglicht es, die *spezifischen* Bereiche zu ermitteln, in denen die Unternehmung tätig werden soll, um die Unternehmungsziele zu erreichen.

Die Beantwortung der Fragen (1) und (2) hängt von den Umweltmöglichkeiten, Unternehmungsressourcen, gesellschaftspolitischen Verpflichtungen der Unternehmung und den Wertvorstellungen der obersten Führungskräfte ab, d.h. von dem Leitbild, dem die Unternehmung in der Intuition der obersten Führungskräfte in einer mittel- bis langfristigen Perspektive entsprechen soll. Der Zweck der Strategien – diese sind eine gut konzipierte, praktische Verpflichtung – besteht darin, lösungswürdige Aufgaben für die Unternehmung zu identifizieren und Wege und Mittel aufzuzeigen, mit denen die Unternehmung sich von den Konkurrenzunternehmungen abheben und einen Gewinn erzielen kann.

Die *Allokation der Ressourcen*, auf die sich die Frage (3) bezieht, erfolgt mit Hilfe der Portfolio-Methodik. Allgemein gilt:

– Die Unternehmungsleitung darf nicht die Kontrolle über den *Cash-flow* verlieren, der in den diversen Geschäftseinheiten hervorgebracht wird; die freigesetzten Mittel müssen unter den strategischen Geschäftseinheiten so verteilt werden, daß die übergeordneten Unternehmungsziele erreicht werden können.

– Drei Arten von strategischen Geschäftseinheiten müssen unterschieden werden:
  a) strategische Geschäftseinheiten, in denen ein neues Gewinnpotential geschaffen wird: Diese Geschäftseinheiten sind *Netto-Verbraucher von Finanzmitteln* (*Cash-flow*), d.h. sie verbrauchen in einer kurz- bis mittelfristigen Perspektive mehr Finanzmittel als sie hervorzubringen in der Lage sind (Abb. 4.22);
  b) strategische Geschäftseinheiten, in denen alte Gewinnpotentiale genutzt oder abgebaut werden: Diese Geschäftseinheiten sind *Netto-Erzeuger von Finanzmitteln (Cash-flow)*, d.h. sie erwirtschaften mehr Finanzmittel als sie verbrauchen (Abb. 4.23);
  c) strategische Geschäftseinheiten, die mit Hilfe von selektiven Strategien entweder (a) oder (b) zugeordnet werden müssen (Abb. 4.24) bzw. aufzugeben sind, wenn sie weder zum gegenwärtigen noch zum zukünftigen Gewinn beitragen.

Die verschiedenen strategischen Geschäftseinheiten eines Unternehmungsbereiches oder einer Unternehmung sind nicht autonom; mit der Aufteilung der Unternehmungstätigkeiten in eine Reihe von strategischen Geschäftseinheiten wird das Ziel verfolgt, *Synergieeffekte* zu fördern. Die agglomerative Verbindung der verschiedenen strategischen Geschäftseinheiten in der Unternehmung soll bessere Resultate ergeben als die kombinierten Ergebnisse der individuellen Einheiten (Abb. 4.47).

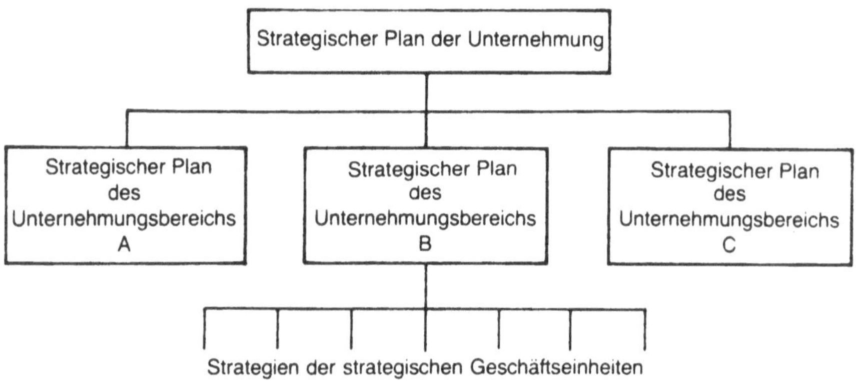

Abb. 4.47 Die Konsolidierung der strategischen Pläne in der divisionalen Unternehmung

Welche Art von Synergie kann nun gefördert werden? Die wichtigste Art der Synergie ist die Liquiditäts- (*Cash-flow*) und Wachstums-Synergie:

– Die strategischen Geschäftseinheiten mit schlechten Wachstumsperspektiven (niedriger Marktattraktivität) und unbedeutenden Wettbewerbsvorteilen (mit Bezug auf die stärkste Konkurrenzunternehmung) sind im allgemeinen nicht in der Lage, den *Cash-flow* gewinnbringend zu reinvestieren, den sie

hervorbringen; der Kapitalwert der neuen Investitionen in diesen Geschäftseinheiten ist in der Regel kleiner als der Kapitalwert, der erzielt werden kann, wenn die freigesetzten Mittel in Geschäftseinheiten mit hohen Wachstumsraten investiert werden.
- Die strategischen Geschäftseinheiten mit guten Wachstumsperspektiven (hoher Marktattraktivität) sind potentiell in der Lage, eine hohe Verzinsung des investierten Kapitals zu erwirtschaften, nicht jedoch, mit den eigenen Operationen den notwendigen Kapitalbedarf aufzubringen.

Der Synergieeffekt, den die Unternehmungsleitung fördern muß, besteht darin, die Finanzierungs- und Wachstumspotentiale der verschiedenen strategischen Geschäftseinheiten so auszubalancieren, daß
- die strategischen Geschäftseinheiten mit niedriger Marktattraktivität Finanzmittel für die Geschäftseinheiten mit hoher Marktattraktivität bereitstellen, und
- die strategischen Geschäftseinheiten mit hoher Marktattraktivität eine höhere Verzinsung erzielen als die, die durch Reinvestition des *Cash-flow* in den strategischen Geschäftseinheiten mit niedriger Marktattraktivität erwirtschaftet werden könnte.

Mit der Frage (4), schließlich, werden die spezifischen Strategien für jede strategische Geschäftseinheit angesprochen. Der Schlüsselbegriff in diesem Zusammenhang heißt *Segmentierung*:
- Auswahl der Produkt/Markt-Kombinationen, in denen die Unternehmung die Konkurrenz entweder durch Differenzierung oder Kostenführerschaft beherrschen kann,
- Erzielung eines hohen Gewinnbeitrages in einer langfristigen Perspektive,
- Entwicklung ausreichender technischer Fähigkeiten und Kenntnisse, um die Unternehmung gegenüber Aktionen der Konkurrenzunternehmungen abzusichern.

Nur wenige Unternehmungen sind in der Lage, alle Produkte und Märkte in ihren Tätigkeitsbereichen erfolgreich abzudecken. Auch wenn eine Unternehmung in einer strategischen Geschäftseinheit relativ klein ist im Vergleich zu den Konkurrenzunternehmungen, kann sie gewinnbringend operieren, wenn sie sich auf ein enges Spektrum von Produkten und Märkten konzentriert, um in einem sorgfältig ausgesuchten Produkt/Markt-Segment eine führende Rolle einzunehmen (Politik der Marktnischen).

Die ersten drei Fragen finden eine Antwort auf Unternehmungs- und nicht auf Divisionalebene. Warum sollte sich aber die Unternehmungsleitung mit der Frage (4) beschäftigen, die sich auf die spezifischen Strategien in einem bestimmten Unternehmungsbereich oder in einer bestimmten strategischen Geschäftseinheit bezieht? Drei Gründe sprechen dafür:

(1) Die Divisionen oder Unternehmungsbereiche sind grundsätzlich *operative Einheiten*; ihre Führungskräfte sind in der Regel aktions- und nicht strate-

gisch orientiert; sie werden im allgemeinen aufgrund kurzfristig erzielter Ergebnisse beurteilt[63].

(2) Die Unternehmungsbereiche verfügen in der Regel nicht über ausreichende zentrale Stabsstellen für die Beurteilung der
- unternehmungsexternen Entwicklungen
- unternehmungsinternen Faktoren (finanzielle Ressourcen, Anforderungen der anderen strategischen Geschäftseinheiten usw.), die die Aktionen der Konkurrenzunternehmungen beeinflussen können,
- eigenen Stärken und Schwächen auf eine objektive Weise,
- Fähigkeiten der anderen Divisionen, die in einem Synergieeffekt zur Entwicklung neuer Produkte und/oder zum Eindringen in neue Märkte beitragen können.

(3) Im Hinblick auf die Ausrichtung der Divisionen auf die Unternehmungsziele muß die Unternehmungsleitung *von Beginn an* in die Divisionspläne involviert sein, damit eine entsprechende Orientierung der strategischen Geschäftseinheiten vorgenommen werden kann. Die Notwendigkeit für eine frühzeitige Einschaltung der Unternehmungsleitung in die Divisions*pläne* ist analog zu der für eine frühzeitige Ermittlung der Divisional*leistungen*; der letzteren Notwendigkeit wird in vielen divisional organisierten Unternehmungen dadurch Rechnung getragen, daß die *Controllers* in den Unternehmungsbereichen direkt an den *Controller* der Gesamtunternehmung berichten. Die strategische Führung der großen Unternehmung beruht auf dem Prinzip der *kontrollierten Dezentralisierung*.

Die Produkt/Markt-Strategien können deshalb nicht von den Führungskräften der Divisionen oder der Unternehmungsleitung allein formuliert werden; ihre Formulierung erfordert eine intensive Interaktion zwischen beiden Führungsebenen[64].

Abbildung 4.48 veranschaulicht den Prozeß der Strategieformulierung in der multidivisionalen Unternehmung im zeitlichen Ablauf; der strategische Prozeß ist durch folgende Elemente gekennzeichnet[65]:

(1) *Bestimmung der strategischen Ausgangsposition und des Ausblicks auf Unternehmungsebene*; das strategische Planungskomitee besteht aus den obersten Führungskräften der Unternehmung und dem Leiter des Zentralbereiches „Strategische Planung und Innovation“[66];

(2) *Umwelt- sowie Stärken/Schwächen-Analyse der Unternehmung in bezug auf jede einzelne strategische Geschäftseinheit* (SGE);

(3) *Formulierung des strategischen Planes der SGE* unter Berücksichtigung von (1) und (2);

[63] Vgl. hierzu die Ausführungen im Abschnitt II.2.3 und im Abschnitt II.5.

[64] Vgl. hierzu die Ausführungen im Abschnitt II.3.3.

[65] Vgl. hierzu im einzelnen M. G. Allen, How to Organize and Manage the Planning Function, Fairfield, Conn. 1975; vom selben Verfasser siehe auch: Diagramming GE's Planning for What's Watt, in: Planning Review 5 (1977), Nr. 5, S. 3–8.

[66] Vgl. zur Gliederung der multinationalen Unternehmung H. H. Hinterhuber, Innovationsdynamik und Unternehmungsführung, a. a. O., S. 148ff.

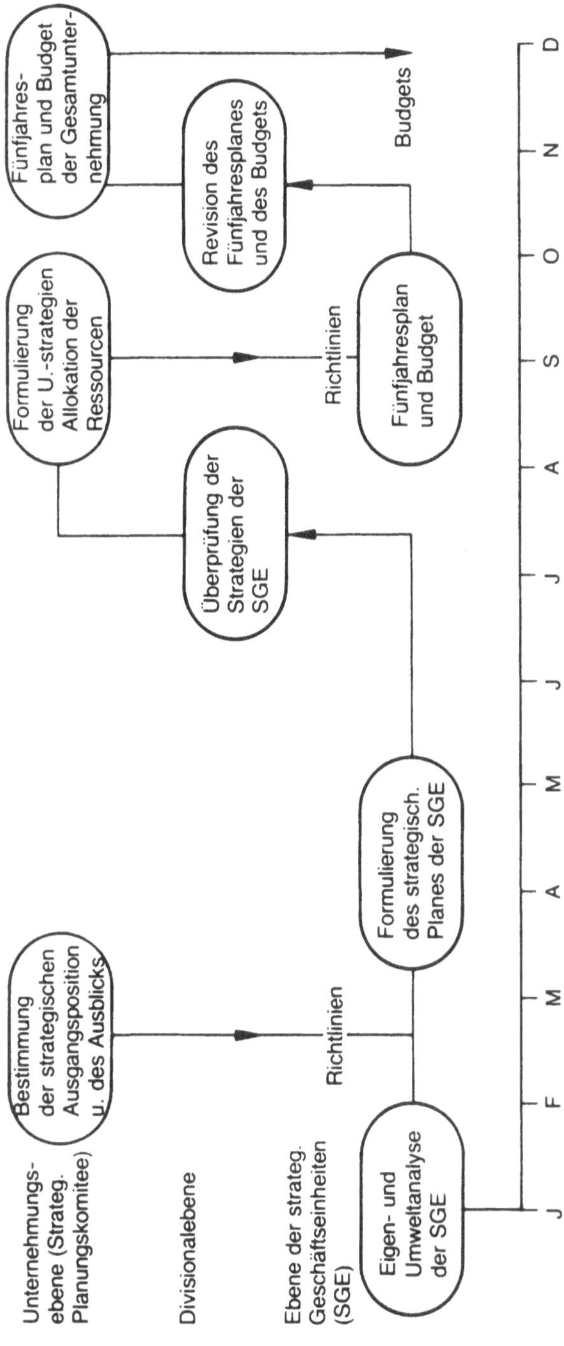

Abb. 4.48 Der Prozeß der Strategieformulierung in der multidivisionalen Unternehmung

(4) *Überprüfung der strategischen Pläne* der SGEen auf Divisionalebene;
(5) *Formulierung der Gesamtstrategie, Allokation der Ressourcen* und Erstellung von Richtlinien für die SGEen durch die Unternehmungsleitung;
(6) *Formulierung des Aktionsplanes (Budgets) und Fünfjahresplanes* durch die SGE;
(7) Revision der Fünfjahrespläne und Budgets auf Divisionalebene;
(8) Erstellung des Fünfjahresplanes und Budgets der Gesamtunternehmung durch die Unternehmungsleitung und ihre Stabsstellen;
(9) Implementierung der Budgets.

4.5.2 Die Formulierung des strategischen Planes einer strategischen Geschäftseinheit

Der strategische Plan der strategischen Geschäftseinheit ergibt sich aus der Kombination von Umwelt- und Eigenanalysen der SGE sowie Unternehmungsperspektiven, die vom strategischen Planungskomitee auf der Ebene der Gesamtunternehmung erarbeitet werden. In der Einführungsphase der strategischen Planung (Jahr 1 der Abb. 4.49) ist im allgemeinen eine starke Führung durch die Unternehmungsleitung bei der inhaltlichen Gestaltung der Pläne der strategischen Geschäftseinheiten notwendig, die im allgemeinen einen vorgegebenen Fragenkatalog hinsichtlich der Bestimmung ihrer strategischen Ausgangsposition beantworten.

Die entscheidende Frage bei der Erstellung der strategischen Pläne der strategischen Geschäftseinheiten ist: Soll die SGE auf einem Wachstumskurs gesteuert, die Gewinnspanne abgeschöpft oder die Schließung bzw. Umstrukturierung erwogen werden?

Nach einer Phase, in der die Unternehmungsleitung allgemeine Themen zur Portfolio-Analyse vorgibt, kann eine standardisierte Analyse der wesentlichen Steuerungsgrößen eingeführt werden:
(1) Marktattraktivität
(2) relative Wettbewerbsvorteile (im Vergleich zu den stärksten Konkurrenzunternehmungen)
(3) Synergieattraktivität (*Cash-flow*)
(4) Preispolitik
(5) Kostensenkungsprogramme/Differenzierungsprogramme
(6) Investitionen.

Im einzelnen liegen dem Stufenplan für die inhaltliche Gestaltung der strategischen Pläne der strategischen Geschäftseinheiten folgende Überlegungen zugrunde (Abb. 4.49):

→

Abb. 4.49 Die Anforderungen an das Berichtswesen für die Erstellung des strategischen Planes einer strategischen Geschäftseinheit (SGE)

Jahr 1:
Der von der Unternehmungsleitung vorgegebene Fragenkatalog umfaßt:
- Aufgabenbereiche der strategischen Geschäftseinheit (Beiträge zur Lösung gesellschaftlicher Probleme)
- Umweltanalyse
- Konkurrenzanalyse
- Stärken/Schwächen der Unternehmung in bezug auf die strategische Geschäftseinheit sowie von der Unternehmungsleitung vorgegebene Randbedingungen

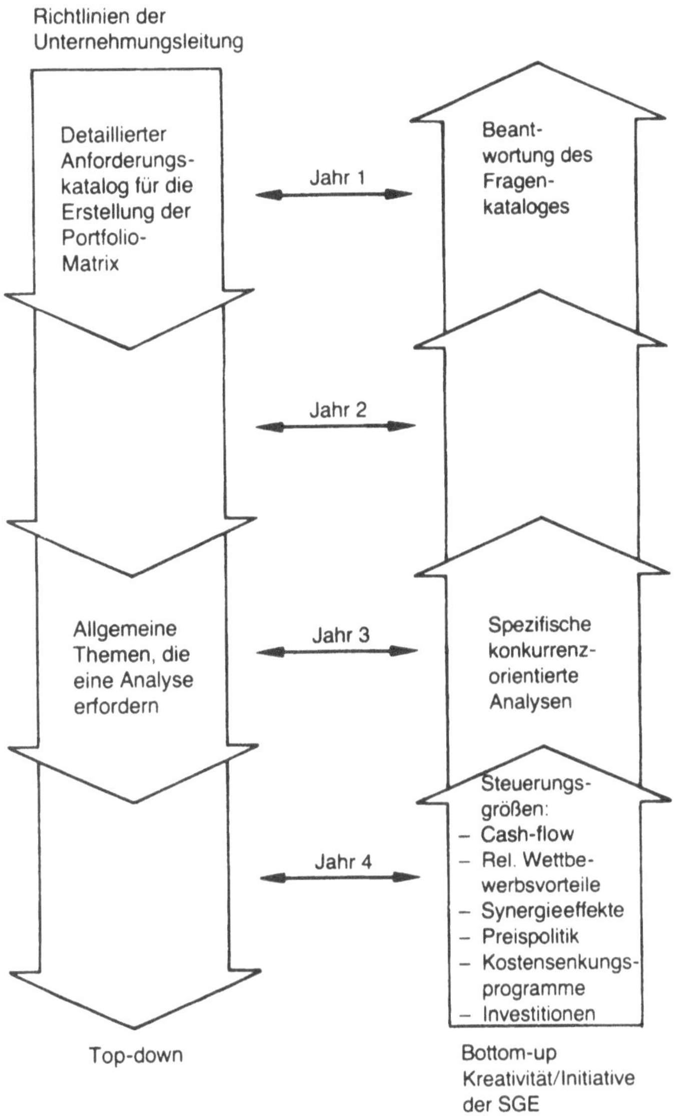

- Ziele der strategischen Geschäftseinheit
- Strategien
- Programme
- Ressourcen
- Chancen, Probleme
- *Contingencies* („Wenn/Dann"-Pläne)
- Langfristige Finanzprognosen (= finanzwirtschaftliche Beurteilung der obigen zehn Elemente des strategischen Planes)

Jahr 2:
Lockerung der Spezifikationen im Hinblick auf die Förderung der Kreativität und Initiative

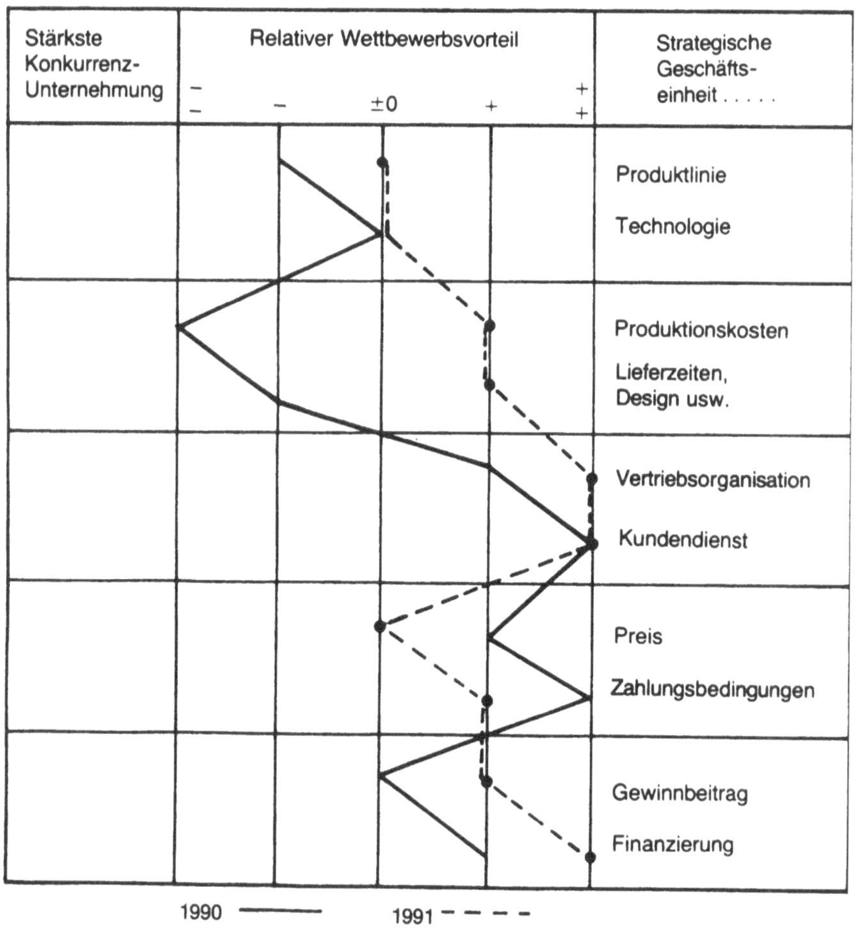

Abb. 4.50 Wettbewerbsprofil einer strategischen Geschäftseinheit

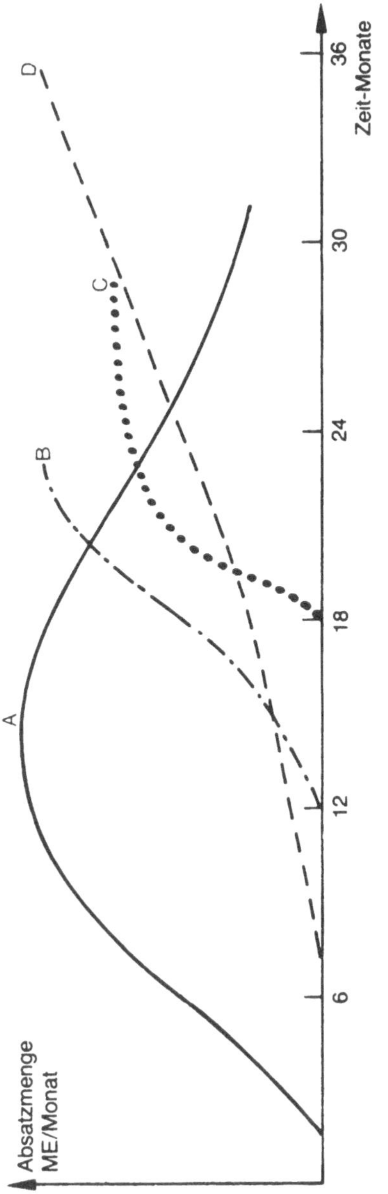

Art von Abnehmern (Charakteristiken des Lebenszyklus)	Hohes Volumen Rasche Durchdringung Stetiges Wachstum A	Neue Industriezweige Hohes Volumen Rasches Wachstum unsichere Zukunft B	Rasche Sättigung Schnelles Wachstum C	Langsames, stetiges Wachstum Substitutionsmärkte D
Typische Anwendungen	.....	.....	.....	.....
Entwicklungszeiten	18–24 Monate	12–24 Monate	3–6 Monate	6–12 Monate

Abb. 4.51 Profil der Marktsegmente in einer strategischen Geschäftseinheit (Beispiel)

Jahr 3:
Spezifische, konkurrenzorientierte Analysen in Form von Wettbewerbsprofilen (Abb. 4.50); dabei werden die Fähigkeiten der Unternehmung verglichen mit denen der stärksten Konkurrenzunternehmung. Im Mittelteil des Wettbewerbsprofils wird der relative Wettbewerbsvorteil (im Vergleich zur stärksten Konkur-

renzunternehmung) mit Bezug auf ein bestimmtes Jahr ausgedrückt; die gestrichelte Kurve zeigt die Unternehmungssituation nach Durchführung bestimmter Maßnahmen wie Verbesserung der Produktlinien, des Kundendienstes, Senkung der Produktionskosten und dgl. mehr.

Jahr 4:
Die für die Geschäftseinheit verantwortlichen Führungskräfte bestimmen selbst die strategischen Zielpositionen sowie die Wege und Mittel zu ihrer Erreichung.

Bei der Entwicklung strategischer Pläne für die einzelnen Geschäftseinheiten kann eine *Segmentierung* des Arbeitsgebietes, z.B. in Kundenanwendungen, von Bedeutung sein. Die stark ausgezogene Linie in Abb. 4.51 zeigt neue Anwendungen, die sich rasch ausbreiten und ebenso schnell wieder abfallen; die gestrichelten Kurven dagegen beziehen sich auf Produkte mit langen Entwicklungszeiten und relativ stabilen Absatzperspektiven. In jeder strategischen Geschäftseinheit sollten die Marktsegmente so ausgewogen sein, daß rückläufige Entwicklungen durch Wachstumsprodukte mehr als kompensiert werden.

Zur überschlägigen Beurteilung der kritischen Faktoren für die strategische Planung in den verschiedenen strategischen Geschäftseinheiten wurde das Schema der Abb. 4.52 aufgestellt. Es deutet die Schwierigkeit an, z.B. eine Stra-

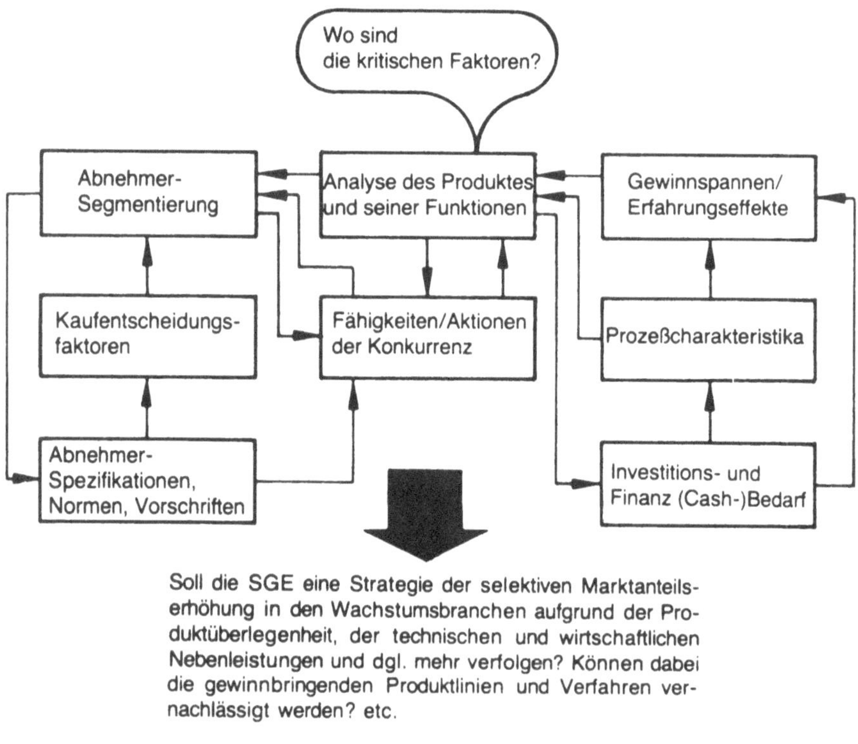

Abb. 4.52 Kritische Faktoren in der strategischen Geschäftseinheitsplanung

tegie zu entwickeln, mit der selektiv der Marktanteil in bestimmten Wachstumsbereichen, die sich durch eine Überlegenheit des Produktes, der technischen und wirtschaftlichen Nebenleistungen und dgl. mehr auszeichnen, erhöht werden kann, ohne daß dabei der Gewinnbeitrag der bestehenden Produktlinien und Verfahren zurückgeht. Die entscheidenden Fragen sind: Wachstum, Abschöpfung oder Desinvestition?

Abb. 4.53 zeigt den Vorgang der Planerstellung in der Praxis: Die Führungskräfte tendieren häufig dazu, die Prognosen für das Folgejahr in einer pessimistischen Perspektive zu erstellen, um durch die Zuweisung zusätzlicher Ressourcen günstigere Ergebnisse in der Zukunft zu erzielen, die mit rosigen Erwartungen ausgefüllt wird. Die Führungskräfte schieben mit anderen Worten den erhofften Wiederaufschwung des Gewinnwachstums Jahr für Jahr in die nächste Planperiode; dieses Wunschdenken trägt den strategischen Problemen einer Unternehmung in einer Zeit der Instabilität nicht Rechnung.

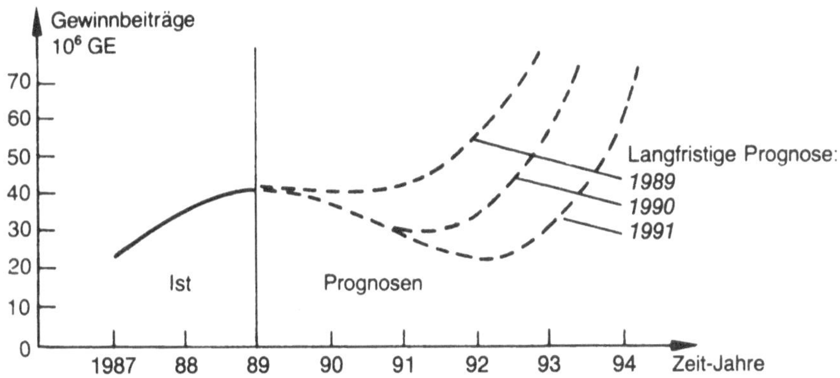

Abb. 4.53 Die Psychologie bei der Erstellung der langfristigen Prognosen

4.5.3 Die Überprüfung der strategischen Pläne der strategischen Geschäftseinheiten durch die Divisionsleitung

Aufgabe der Überprüfung (Abb. 4.48) ist es, Phantasiekonzeptionen von authentischen Gewinnpotentialen zu unterscheiden.

Für die Überprüfung der strategischen Pläne der strategischen Geschäftseinheiten kommen in Frage (Abb. 4.54):

(1) *Rechnerunterstützte Modelle:*
- Input-Output-Modelle
- Total- und Partialmodelle der Unternehmung
- Empirische Untersuchungen, wie z.B. PIMS[67].

[67] Vgl. hierzu S. Schoeffler, R.D. Buzzel u. D.F. Heany, Impact of Strategic Planning on Profit Performance, in: „Harvard Business Review“, 52 (1974), Nr. 2, S. 137–145; siehe auch R.D.

Computer-Modelle

- Input-Output-Modelle
- Partial- und Totalmodelle
- PIMS
- usw.

Abweichungsanalyse

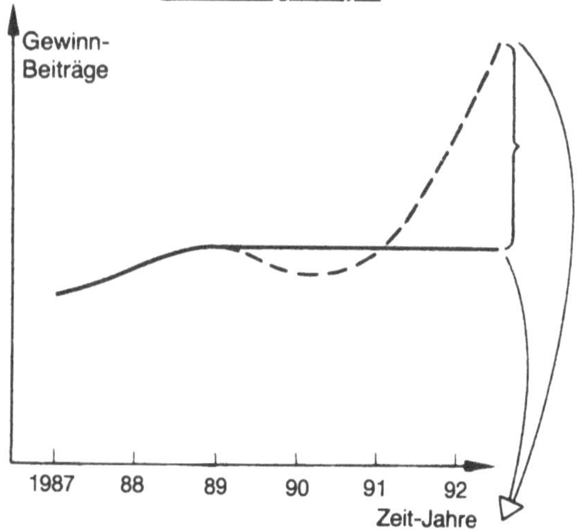

Quellen zukünftiger Leistungssteigerungen

Mengen:

- Preis
- Marktanteil
- Marktwachstum
- usw.

Kosten:

- Energie und Rohstoffe
- Materialien
- Löhne und Gehälter
- usw.

Abb. 4.54 Gültigkeitstests für die Überprüfung der strategischen Pläne

Der Nutzen der mathematischen Modelle für die Überprüfung der strategischen Pläne durch die Divisions- oder Unternehmungsleitung liegt vor allem in der Objektivierung der strategischen Entscheidungen[68]; von der Leitung benötigt und akzeptiert ist im allgemeinen eine rigorose *Analyse der Quellen zukünftiger Wettbewerbsvorteile und der Strategien*, mit denen diese verwirklicht werden können. Naturgemäß bieten die mathematischen Modelle einen viel größeren Nutzen bei der Überprüfung der Aktionspläne der strategischen Geschäftseinheiten.

Buzzell u. B.T. Gale, The PIMS Principles: Linking Strategy to Performance, New York 1987, S. 30ff.

[68] Vgl. hierzu F. Hanssmann, Quantitative Betriebswirtschaftslehre, 2. A., München, Wien 1985, S. 96ff.; siehe auch H.H. Hinterhuber u. W. Popp, Strategy as a System of Expedients, in: Long Range Planning 21, Nr. 4 (1988), S. 107–120.

(2) *Abweichungsanalysen und Analyse der Quellen zukünftiger Wettbewerbsvorteile*

Auf der Divisions- oder Unternehmungsebene werden im allgemeinen rigorose Analysen der Quellen zukünftiger Wettbewerbsvorteile verlangt – verbunden mit der Angabe spezifischer Strategien, um diese Konkurrenzvorsprünge zu verwirklichen.

Welche Änderungen müssen eintreten, um den gewünschten Aufwärtstrend zu verwirklichen? Ist zum Beispiel eine Preiserhöhung von 5 % p.a. vereinbar mit einer Erhöhung des Marktanteils? In Tabelle 4.9 sind die Schritte und Ergebnisse des *Validitätstests* der Geschäftseinheitspläne nach folgender Methodik zusammengefaßt:

- Strategische Geschäftseinheit...
- Gegenüberstellung von geplanten Strategien und Perspektiven der Divisionsleitung
- Umsatz- und Gewinnprognosen der strategischen Geschäftseinheit
- Quellen zukünftiger Wettbewerbsvorteile:
  - Preis/Leistungsverhältnis
  - Marktanteil
  - Marktwachstum
  - Kosten/Differenzierung
- Wichtigste Aktionen und Entscheidungen.

Mit Hilfe der in Tabelle 4.9 dargestellten Vorgehensweise gewinnen die divisionalen Führungskräfte ein „Gefühl" für die Qualität des Planes – ob er durchdacht oder nur ein Zahlenspiel ist, das für die strategische Geschäftseinheit zusammengestellt wurde. Als Resultat dieser Vorgehensweise ergeben sich eine Reihe von Aktionen und Entscheidungen. Soll die strategische Geschäftseinheit die Preise erhöhen und die Fixkosten senken, wenn dabei Marktanteile verloren gehen? Die Leitung der strategischen Geschäftseinheit will die Absatzmengen erhöhen und nicht die Preise, die Unternehmungsleitung zieht aufgrund ihrer Marktübersicht eine Abschöpfungsstrategie – Preiserhöhungen und Kostensenkungen – vor. Mit Hilfe eines derartigen dialogischen Austausches wird die Validität eines strategischen Planes geprüft.

4.5.4 Die Allokation der Ressourcen durch die Unternehmungsleitung

Zwei grundlegende Dimensionen bestimmen, wie wir gesehen haben[69], die Prioritäten hinsichtlich der Zuweisung der finanziellen Ressourcen:

(1) Marktattraktivität und
(2) relative Wettbewerbsvorteile der Unternehmung (im Vergleich zu den stärksten Konkurrenzunternehmungen) in bezug auf jede einzelne strategische Geschäftseinheit.

[69] Vgl. hierzu die Ausführungen im Abschnitt 4.2.3.

Tabelle 4.9 Gliederungsbeispiel für einen Validitätstest

Validitäts-Test		
Strategische Geschäftseinheit A	*Marktattraktivität*:	Niedrige Gewinnperspektiven des Industriezweiges
	rel. Wettbewerbsvorteil:	Gefährdung der Stärken der SGE
	Synergieattraktivität:	Kurzfristig positiver, mittelfristig negativer *Cash-flow*
Strategischer Plan Die Strategie zielt auf eine gleichzeitige Verbesserung der Marktposition und der Gewinnsituation	*Perspektiven der Divisionsleitung* Mit Hilfe einer selektiven Investitionspolitik sollte die Priorität auf die Wiedergewinnung und Erhaltung der Kapitalrentabilität gelegt werden	

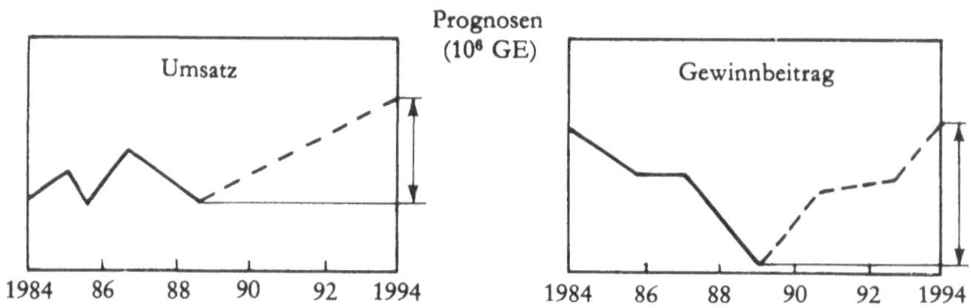

Wesentliche Quellen der Verbesserung				
Quellen der Veränderung	1989–1995 (10⁶ GE) Veränderungen		Wichtigste Annahmen/ Aktionen	Gültigkeit/ Plausibilität
	Umsatz	Ergebnis		
Gesamt Preis	61 GE 23 GE	7 GE 12 GE	● 5% p. a. Preiserhöhung	● 1988 – 4%; 1989 – 3% ● Kapazitätsauslastung des Industriezweiges < 80% ● Gleichzeitige Erhöhung des Marktanteiles
Marktanteil	17	4	● 30–35% bei Industrieanwendungen ● 20–25% bei kommerziellen Anwendungen	● Keine Erhöhung des Niveaus 1988–89 ● 0,5% Erhöhung/Jahr bei geringfügigem Preisanstieg ● Hohe Preissensitivität ● Zunehm. Anteil neuer Produkte

Marktwachstum	10	2	● 7% p. a.	● 2% p. a. 1988–89 1,5 × 10^6 GE 1988 ● 20% in neuen Märkten
Kosten ● Produktivität ● Anstieg der Arbeitskosten	 1	 1 (12)	 ● 3% p. a. ● 5% p. a. ● Anteil der Overheads 25%	 ● 70% von 3% p. a. durch Verfahrensinnovation ● 1989? ● Overhead 1988 gleich wie 1987 bei 10% niedrigerem Volumen

Wichtigste Aktionen und Entscheidungen		
	Empfehlungen	
	Strategische Geschäftseinh.	Divisions-leitung
1. Sollten die Preise erhöht und die geplanten Kosten des Programms gesenkt werden, auch wenn dadurch weder die Absatzmenge noch der Marktanteil erhöht werden können?	Nein	Ja
2. Sollte die strategische Geschäftseinheit A organisatorisch mit der Geschäftseinheit X verbunden werden, um die Overheads zu senken und die Kapazitätsausnutzung zu erhöhen?	Nein	Ja/Prüfung
3. Sollte die strategische Geschäftseinheit H aufgelöst/fusioniert werden?	Nein	?/Prüfung
4. Output: *Prioritäre strategische Entscheidungen* ● Verkauf der strategischen Geschäftseinheiten Y und Z ● Organisatorische Verbindung der strategischen Geschäftseinheiten A und X ● Schließung der Anlagen M und N ● Konzentration der Investitionen in der strategischen Geschäftseinheit B ● Auflösung der strategischen Geschäftseinheit H		

Investitionen für zukünftiges Wachstum werden in den strategischen Geschäftseinheiten lokalisiert, die mittlere bis starke Positionen in attraktiven Märkten aufweisen. Selektivität ist in den strategischen Geschäftseinheiten angebracht, die entweder durch schwache Positionen in sehr attraktiven Märkten oder durch starke Positionen in wenig attraktiven Märkten gekennzeichnet sind. Abschöpfungs- bzw. Desinvestitionsstrategien werden für die strategischen Geschäftseinheiten formuliert, die in unattraktiven Märkten operieren oder deren Wettbewerbsposition schwach ist.

Die Schwierigkeit der Entscheidung über die Allokation der Ressourcen liegt in der Definition des Marktsegmentes und in der Bestimmung der Marktattraktivität. Die konventionellen Methoden der Wirtschaftlichkeitsrechnung (Kapitalwertmethode, Methode des internen Zinssatzes oder Annuitätsmethode) erlauben kein Urteil darüber, ob ein Industriezweig eine Investitionstätigkeit

Portfolio-Analyse – Strategische Geschäftseinheit X

Marktattraktivität	Rel. Wettbewerbsvorteile
Markt	
● Marktdimension: Inlandmarkt 1988 63 × 10^6 GE ● Marktwachstum: *Menge* / *Preis* / *Ergebnis* 1989–94 : GE 28 / –6 / 22 Wachstumsr. p. a. 8% / –3% / 5% 1984–89 : GE 16 / 7 / 23 Wachstumsr. p. a. 6% / 2% / 8%	● Umsatz: Inlandmarkt 1988 11 × 10^6 GE ● Wachstum: *Menge* / *Preis* / *Ergebnis* 1984–89: GE 11 / –1 / 10 Wachstumsr. p. a. 12% / –2% / 10% 1979–84: GE –5 / 3 / –2 Wachstumsr. p. a. –2% / 1% / –1%
Wettbewerb	
● Hoher Konzentrationsgrad: 5 Unternehmungen = 82% ● Starke Auslandskonkurrenz: Japan produziert 40% von Produkt A ● Instabile Konkurrenzsituation: – 3 Unternehmungen vom Markt verschwunden – 2 Unternehmungen zum Kauf angeboten – Unternehmung C erhöht ihren Marktanteil von 0% auf 10% in 5 Jahren	● Die SGE X liegt mit einem Marktanteil von 31% an 3. Stelle; Produkt B hat einen Marktanteil von 16,5% ● 80% des Umsatzes im Jahr 1983 ist von einem Preisstopp betroffen ● Der Eintritt in das Marktsegment D ist geplant ● Die SGE hat einen Marktanteil von 2% im Zeitraum 1984–89 verloren
Gewinnchancen	
● Der Marktführer – Unternehmung Y – weist einen kleinen Gewinn aus ● *Break-even* oder Verlust bei den anderen Unternehmungen	● Die SGE hat im Jahre 1988 den *Break-even-Point* erreicht; 1987 Verlust
Technische Faktoren	
● Patentschwierigkeiten kurzfristiger Natur bei Produkt B ● Patentprobleme bei neuem Produkt E	● Verzögerung der Aktivitäten bei Produkt B ● Lizenzierung vielleicht notwendig
Andere Faktoren	
● Umweltprobleme ● Kapazitätsauslastung der Branche: 50–70%	● Verringerung der Umweltbelastung enthält große Chancen für die SGE ● Kapazitätsauslastung in der SGE im Jahre 1988 54%

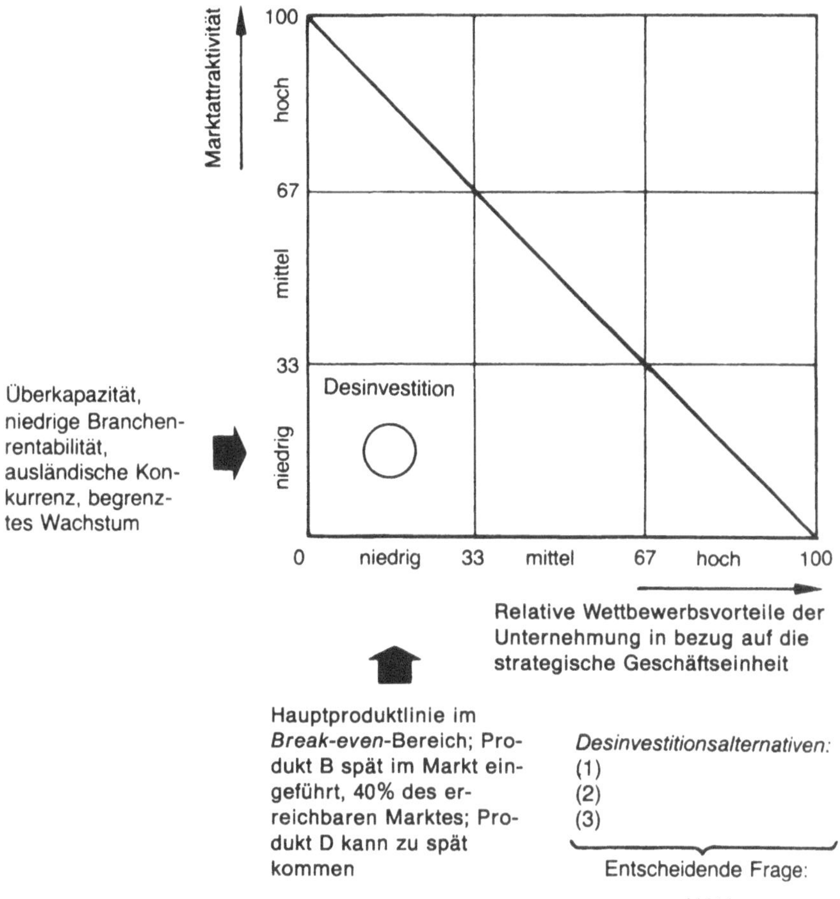

Abb. 4.55 Beispiel einer Portfolio-Analyse und Portfolio-Matrix für eine strategische Geschäftseinheit (Desinvestitionsstrategie)

überhaupt rechtfertigt; sie liefern nützliche Kriterien für eine Wirtschaftlichkeitsanalyse, müssen aber durch eine Gesamtbetrachtung der Entwicklungsperspektiven des betreffenden Industriezweiges ergänzt werden. Dies trifft vor allem dann zu, wenn eine Auswahl zwischen Investitionsentscheidungen in sehr verschiedenen Märkten zu treffen ist.

Die häufig angewandte Methode, Marktattraktivität mit Marktwachstum und die relativen Wettbewerbsvorteile mit dem relativen Marktanteil gleichzusetzen, setzt voraus, daß die anderen Einflußfaktoren für die Strategieformulierung in weiteren Analyseschritten außerhalb der Marktwachstums-Marktanteils-Matrix Berücksichtigung finden.

In vielen Unternehmungen hat sich die Portfolio-Analyse durchgesetzt, die für unternehmerische Entscheidungen in ein bis zwei Seiten je strategischer Geschäftseinheit zusammengefaßt wird. Die Abb. 4.55 und 4.56 veranschauli-

Portfolio-Analyse – Strategische Geschäftseinheit A

Markt

Marktattraktivität

- Marktdimension: Inlandmarkt 1988: 2.057 × 10^6 GE
- Wachstum:

	Menge	*Preis*	*Ergebnis*
1989–94 : GE	2.093	740	2.833
Wachstumsr.	15%	6%	21% p. a.
1984–89 : GE	920	470	1.390
Wachstumsr.	18%	10%	28% p. a.

- Inlandmarkt expandierend: Wachstum und Diversifikation
- Auslandsmarkt: Ähnliche Größe und Wachstum, identische Produkte

Rel. Wettbewerbsvorteile

- Umsatz: Inlandmarkt 1988: 300 × 10^6 GE (14,4%)
- Wachstum:

	Menge	*Preis*	*Ergebnis*
1989–94 : GE	278	91	369
Wachstumsr.	13%	5%	18% p. a.
1984–89 : GE	82	72	154
Wachstumsr.	8%	7%	15% p. a.

- Marktführer auf dem Inlandmarkt
- Auslandsmarkt: 3% des Marktes, 1994: 6%

Wettbewerb

Marktattraktivität

- *Hohe Konzentration* in den diversen Segmenten:
  Inlandmarkt:
  Produkt X: 4 Unternehmungen 78%
  Produkt Y: 4 Unternehmungen 45%
  Produkt Z: 4 Unternehmungen 60%
  Auslandsmarkt:
  Produkt X: 4 Unternehmungen 86%
- *Marktsituation:* Instabil
  Marktverschiebungen durch US-Konkurrenten, Unternehmung H versucht, in den Inlandmarkt einzudringen (Akquisition)
  Unternehmung C in Schwierigkeiten: Marktanteil um 6% in 5 Jahren gesunken
  Führungsprobleme bei Konkurrenten F u. G
  Unternehmungen F/G/H: 33% des Inlandmarktes bei Produkt X: 2 x 1988

Rel. Wettbewerbsvorteile

- Führend bei Produkt X: Marktanteil 37%
  Konkurrent C = 2. (19%)
- An 3. Stelle bei Produkt Y (Marktführer D = 20%, Konkurrent E = 11%): 8% Marktanteil
- In Markt Z erst eingetreten, kein Konkurrent bietet jedoch ein System an
- An 4. Stelle im Auslandsmarkt Z (5%) nach dem Marktführer F (33%), G (27%), H (20%)
- Einmalige Aufholmöglichkeiten:
  Kaum Qualitätsunterschiede
  Konkurrent A verfügt jedoch über den besseren Kundendienst

Gewinnchancen

Marktattraktivität

- Marktführer F: mäßiger Gewinn (ROI...%)
- Nicht preissensitiv – wenn Marktführer

Rel. Wettbewerbsvorteile

- Gleiche ROI; Erhöhung um 3 Pkt. 1989
- Gewinnspannen hoch bei Produkten X u. Y

Technische Faktoren	
● Intensiver technischer Fortschritt ● Ausgedehnte Möglichkeiten für neue Produkte Bescheidene Ansprüche an die orientierte Grundlagenforschung	● Starke und beschleunigte technische Anstrengungen, Personalengpässe ● 18 × 10^6 und 30 × 10^6 GE für experimentelle Entwicklung (75% für X) in 1988 und 89 (gegenüber einem Durchschnitt von 10 x 10^6 GE in den letzten 5 Jahren) ● Begrenztes technisches Risiko

Andere Faktoren	
● Konjunkturunabhängig ● Chancen für Absatz und Kundendienst ● Zunehmende staatliche Intervention Preisdruck? ● Nachfrage übersteigt Angebot ● Keine „Systemdominierung" in diesem stark expandierenden Sektor zu erwarten	● 1988 100 × 10^6 GE Auftragseingänge ● Identifizierung der Chancen für Service ● Hohes Steigerungspotential der Produktivität bei neuen Produkten und Dienstleistungen ● Einmaliges Timing: 1989–90 kritisch ● Starkes Unternehmungsimage ● Großer technischer Vorsprung

Verstärkung der Grundlagen, auf denen ein hohes zukünftiges Gewinnpotential mit begrenztem Risiko aufgebaut werden kann

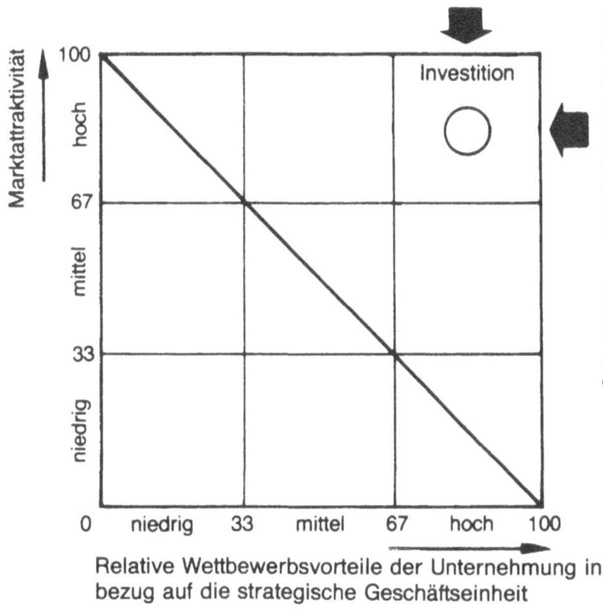

Einmalige internationale Wachstumschancen für neue Produkte, Märkte und Dienstleistungen. Beiträge zur Lösung sozialer Probleme. Kein Konkurrent mit dominierenden Problemlösungen. Kritisches Timing

Investitionsalternativen:
(1)
(2)
(3)

Entscheidende Frage:
......

Abb. 4.56 Beispiel einer Portfolio-Analyse und Portfolio-Matrix für eine strategische Geschäftseinheit (Investitionsstrategie)

chen die Beurteilung von zwei strategischen Geschäftseinheiten in einer großen multidivisionalen Unternehmung; für die Geschäftseinheit A ergibt sich eine Investitionsstrategie, für die Geschäftseinheit X eine Desinvestitionsstrategie.

Abbildung 4.57 zeigt die Einordnung von 12 strategischen Geschäftseinheiten in die Portfolio-Matrix eines Unternehmungsbereiches, wobei die in Abschnitt 4.2.3.5 dargestellte Bewertungsskala angewandt wurde. Der Unternehmungsleitung werden die relevanten Informationen, die sie verarbeiten kann (d.h. nicht mehr als ein bis zwei Seiten je strategischer Geschäftseinheit), gegeben, damit eine Kollegialentscheidung hinsichtlich der Verteilung der Ressourcen getroffen werden kann; diese Kollegialentscheidung ist das Ergebnis der Beurteilung der Portfolio-Analysen der verschiedenen strategischen Geschäftseinheiten. Auf der obersten Unternehmungsebene erfolgt die Projizierung der Investitionsprioritäten in die Zukunft in zwei Schritten:

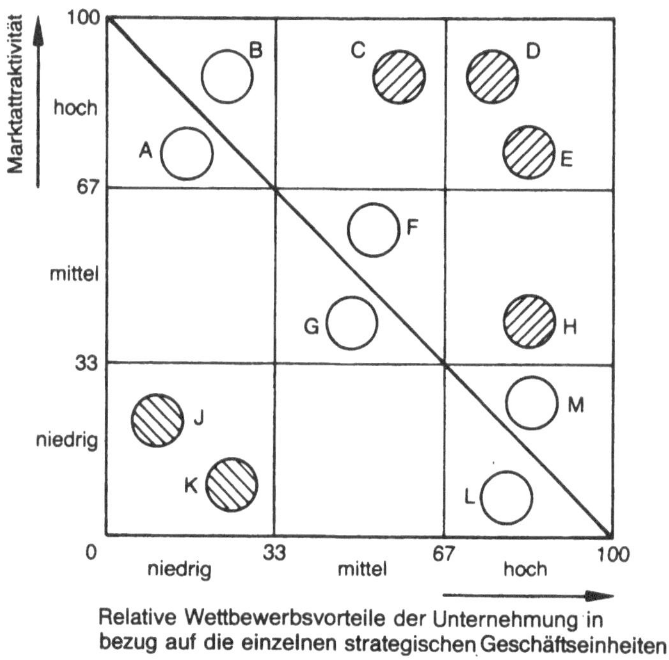

Strategische Geschäftseinheiten	Strategien
A, B	Offensiv- (= Investitions-) oder Rückzugsstrategien
C, D, E, H	Investitions- und Wachstumsstrategien
G, F	Übergangsstrategien
J, K	Desinvestitionsstrategien
L, M	Defensivstrategien

Abb. 4.57 Die Portfolio-Matrix eines Unternehmungsbereiches

(1) Projizierung in die Zukunft der aggregierten Strategien der Unternehmung, wie sie sich aus der Gesamtbetrachtung aller strategischen Geschäftseinheiten der Unternehmung ergeben;
(2) Modifizierung der Projizierung unter (1) im Hinblick auf die Einstellung einer langfristig ausgeglichenen Gewinnentwicklung der Unternehmung.

Die Projizierung in die Zukunft der aggregierten Strategien ist in Abb. 4.58 dargestellt; das Beispiel zeigt, daß die Abschöpfungs-/Desinvestitionsstrategien der strategischen Geschäftseinheiten, die die schwächsten Positionen in wenig attraktiven Märkten einnehmen, den größten Beitrag zum Unternehmungsgewinn in zeitlicher Profilierung leisten; dieser Sachverhalt erscheint nicht plausibel.

Die Pläne der strategischen Geschäftseinheiten müssen somit überprüft, geändert und durch neue Prognosen revidiert werden.

Die unter dem Gesichtspunkt der Abstimmung von kurz-, mittel-, langfristigen Strategien durchgeführte Revision der strategischen Pläne führt zu der in Abb. 4.59 dargestellten Situation. Die Abbildung zeigt, daß die Abschöpfungs-/Desinvestitionsstrategien und selektiven Strategien *kurzfristig* stärker zum Unternehmungsgewinn beitragen, wodurch finanzielle Ressourcen für die Unterstützung der *langfristigen* Investitions-/Wachstumsstrategien freigesetzt werden. Auf diese Weise werden die Vorteile einer diversifizierten Unternehmung genutzt und langfristig ausgewogene Wachstumsraten erzielt. An Stelle der Gewinnprojektionen werden häufig *Cash-flow*-Profile erstellt[70]. In jeder Unternehmung müssen somit bestimmte strategische Geschäftseinheiten kurzfristige Beiträge zum Unternehmungsgewinn leisten, die in anderen Geschäftseinheiten für eine attraktive Zukunft reinvestiert werden müssen. Der Ausgleich zwischen

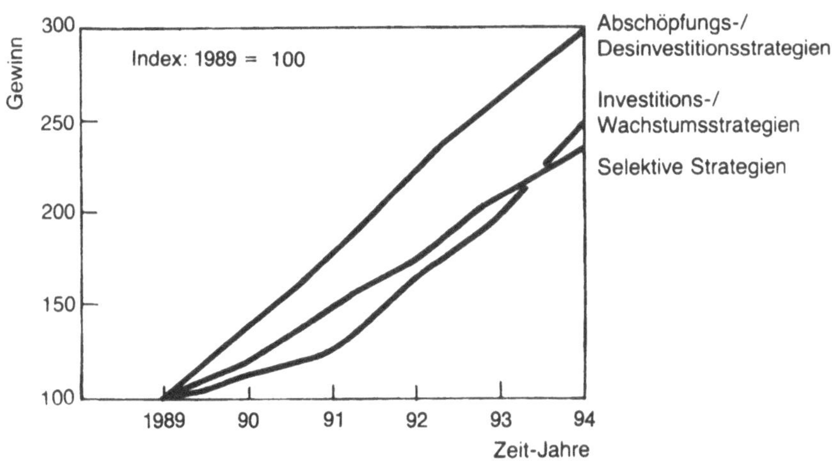

Abb. 4.58 Die Projektion in die Zukunft der aggregierten Strategien

[70] Vgl. hierzu die Ausführungen im Abschnitt 4.2.3.7 und im Abschnitt II.1.9.

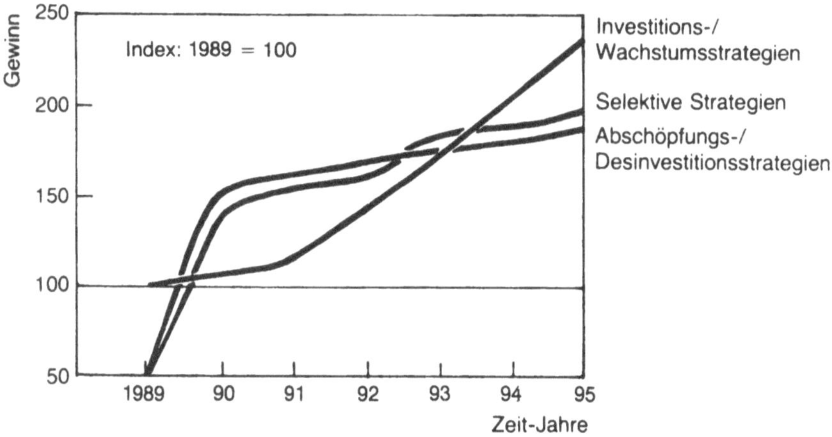

Abb. 4.59 Mit Hilfe der Portfolio-Methodik modifizierte Projektion in die Zukunft der aggregierten Strategien

kurz- und langfristigen Strategien kann nicht auf der Ebene der strategischen Geschäftseinheiten erfolgen, sondern muß von der Unternehmungsleitung selbst, unterstützt durch ein strategisches Planungskomitee, vorgenommen werden.

Werden die Prioritäten für die strategischen Geschäftseinheiten auf divisionaler Ebene festgelegt, besteht die *Tendenz zur Formulierung konservativer Strategien*, die auf eine Herabsetzung des Risikos zugunsten kurzfristig erzielbarer Gewinne gerichtet sind. Soll die Unternehmung als Ganzes ihre Fähigkeit der Risiko-Absorption in einer mittel- bis langfristigen Perspektive nutzen, muß die Unternehmungsleitung über Informationen hinsichtlich der Risikofaktoren verfügen, die in den Bereichsplänen enthalten sind. Erst dann kann die Unternehmungsleitung eine Adjustierung der divisionalen Pläne vornehmen, die der Risiko-Absorptionskapazität und den Ressourcen der gesamten Unternehmung in einer langfristigen, unternehmerischen Perspektive gerecht wird.

Ein zweiter kritischer Punkt ist die *Zielvereinbarung* zwischen der Unternehmungsleitung und den Leitern der Unternehmungsbereiche. Erst nach Erfassung des Potentials der strategischen Geschäftseinheiten können zwischen der Unternehmungsleitung und den Leitern der Unternehmungsbereiche Ziele festgelegt werden, an denen sich die divisionalen Strategien zu orientieren haben. Wesentlich ist, daß der Gewinn als Kriterium für den Erfolg eines Unternehmungsbereiches nicht ausreichend ist: Die Leiter der Unternehmungsbereiche müssen an Hand von Kriterien beurteilt werden, die von den diversen Faktoren abgeleitet werden, aus denen sich die Portfolio-Matrix zusammensetzt[71].

[71] Vgl. hierzu die Ausführungen im Abschnitt II.2.3. und im Abschnitt II.5.2.

4.6 Die Fragmentierung der unternehmerischen Tätigkeit als Folge der strategischen Planung

4.6.1 Die Objektivierung der strategischen Entscheidungen

Durch die Anwendung strategischer Planungsmethoden, insbesondere durch den Einsatz PC-gestützter Modelle, sind diejenigen, die strategische Entscheidungen treffen müssen, weniger gezwungen, intuitiv Gesamtschätzungen vorzunehmen; sie werden in die Lage versetzt, Entscheidungselemente zu benützen, die von Mitarbeitern entsprechend den Modellzusammenhängen ausgearbeitet worden sind. Auf der einen Seite nimmt dadurch der Unsicherheitsgrad der strategischen Entscheidungsträger ab, auf der anderen die Anzahl der Personen zu, die Bewertungen vornehmen, auf deren Basis dann eine strategische Entscheidung getroffen wird[72].

Die Zersplitterung der unternehmerischen Tätigkeit erfolgt durch den Einsatz PC-gestützter Planungen nicht mehr nur in bezug auf die Funktionsbereiche (Marketing, F&E, Produktion usw.): *Es wird die strategische Entscheidung selbst zersplittert*, und zwar dadurch, daß viele Personen mit subjektiven Bewertungen die Informationen produzieren, die von der strategischen Entscheidung verlangt werden. PC-gestützte Planungen führen in Richtung eines kollegialen oder kollektiven Entscheidungsprozesses. Die Verantwortung des Letztentscheidungsträgers wird dadurch nicht leichter; er muß beurteilen, ob der Entscheidungsprozeß auf korrekte Weise abgelaufen ist; er muß ihn verstehen und so steuern, daß er die subjektiven Bewertungen seiner Mitarbeiter teilen kann. Wenn man das alles berücksichtigt, wird klar, daß die Aufgabe derjenigen, die strategische Entscheidungen treffen müssen, schwieriger und nicht einfacher wird; durch den Einsatz PC-gestützter Planungen ist ihre Aufgabe in jedem Fall grundlegend verändert.

Die Wirtschaftlichkeit, mit der Informationen gesammelt, verarbeitet und weitergeleitet werden, hat darüber hinaus zur Folge, daß Informationsvolumina anfallen, die größer und von denen verschieden sind, die für eine strategische Entscheidung benötigt werden. Wer eine strategische Entscheidung trifft, muß deshalb fähig sein, die überflüssigen und trügerischen Angaben auszuschalten, die das Modell liefert[73].

Die Anwendung PC-gestützter Modelle darf nicht zu einer Situation führen, die Moltke wie folgt beschrieben hat: „Man umgebe aber den Feldherrn mit einer Anzahl voneinander unabhängigen Männern – je mehr, je vornehmer, je gescheiter, um so schlimmer –, er höre bald den Rat des einen, bald des anderen; er führe eine an sich zweckmäßige Maßregel bis zu einem gewissen Punkte, eine

[72] Vgl. hierzu ausführlich H.H. Hinterhuber, V. Plörer, W. Popp u. R. Pucher, Die EDV-unterstützte Erstellung von Planbilanzen für strategische Geschäftseinheiten, in: „Strategische Planung“, Band 2 (1986), S. 227–243; in leicht geänderter Form wiederabgedruckt in: „HARVARDmanager“, 1. Quartal (1987), S. 59–67.

[73] Vgl. hierzu H.H. Hinterhuber u. W. Popp, Die Objektivierung der Unternehmens- und Marketingstrategien, in: „Thexis“ 4 (1987), Nr. 3, S. 20–24.

noch zweckmäßigere in einer anderen Richtung aus, erkenne dann die durchaus berechtigten Einwürfe eines dritten an und die Abhilfevorschläge eines vierten, so ist hundert gegen eins zu wetten, daß er mit vielleicht lauter wohlmotivierten Maßregeln seinen Feldzug verlieren würde[74]."

Die Quantifizierung der monetären Auswirkungen strategischer Alternativen senkt nicht nur das Risiko der strategischen Entscheidungen und erhöht die Objektivität der Kontrollmaßnahmen, sie erlaubt es auch, eine bestimmte Realität auf eindeutige Weise für die Personen darzustellen, die diese Darstellung brauchen, um in ihren Funktionsbereichen initiativ und im Sinne der verabschiedeten Strategien vorgehen zu können. Die Effizienz der Unternehmung zeigt sich in der, im Vergleich zu den Konkurrenten, stärker ausgeprägten Fähigkeit ihrer Führungskräfte, ein Gleichgewicht einzurichten:

a) bei der Formulierung der Strategien, zwischen kreativer Vision und systematischer quantitativer Bewertung, und
b) in der Phase der Ausführung, zwischen der vollen Valorisierung von Individuen, die ihre Handlungsfreiheit initiativ im Sinne der Strategien nutzen, und der Koordination dieser Individuen im Hinblick auf die Gesamtstrategie der Unternehmung; diese Koordinationsaufgabe wird durch quantitative Bewertungen vereinfacht.

Der strategische Entscheidungsprozeß spielt sich in dem Maße nicht im Zeichen der Willkür ab, wie er als Akquisition objektiver Elemente aufgefaßt wird, auf denen quantitative und qualitative Bewertungen aufgebaut werden, die jedoch in jedem Fall subjektiv sind. Aus dieser Tatsache läßt sich der Schluß ziehen, daß nur die Ausdehnung der Quantifizierung unsere strategische Weisheit bereichern kann. Dabei darf man allerdings nicht vergessen, daß der Nutzen der quantitativen Bewertung strategischer Alternativen ein negativer ist, weil sie nämlich nicht unternehmerische Ideen und Visionen entdecken, sondern nur Irrtümer verhüten hilft.

Es ist Aufgabe der Unternehmungsleitung, sicherzustellen, daß die Unternehmung über eine Vision, eine Unternehmungspolitik und eine Gesamtstrategie verfügt. Die Unternehmungsleitung muß der Vision, der Unternehmungspolitik und der Gesamtstrategie Ausdruck verleihen, braucht sie aber in vielen Fällen nicht selbst zu erfinden. Einsame Entscheidungen der Unternehmungsspitze sind weder notwendig noch zweckmäßig; einsame strategische Entscheidungen sind eher Hinweise für Führungsfehler der Unternehmungsleitung. Starke, charismatische Individuen sind in der Aufbauphase einer Unternehmung oft die treibenden und inspirierenden Kräfte; wenn mit zunehmender Unternehmungsgröße jedoch die Komplexität der Probleme zunimmt und auch die der Lösungen, die für diese Probleme gefunden werden müssen, dann führt die Entscheidungs- und Handlungsfreiheit einer Vielzahl von kreativen und initiativen Führungskräften in der Regel zu besseren Ergebnissen als die Fähigkeit auch einer

[74] H. von Moltke, Ausgewählte Werke, Hrsg. von F. von Schmerfeld, 4 Bände, Berlin 1925, hier Bd. 2, S. 54.

außerordentlichen Führungspersönlichkeit. Die „Macht“ der Unternehmungsspitze verliert mit zunehmender Fragmentierung der unternehmerischen Tätigkeit und Aufteilung auf eine Vielzahl von Entscheidungszentren an Bedeutung.

4.6.2 Die Strategie als konkrete und flexible Lösungsmöglichkeit

Die strategische Führung einer Unternehmung ist ein zusammenhängendes, kontinuierliches Ganzes, das auf die Einnahme führender Wettbewerbspositionen abzielt. Die Befolgung der strategischen Pläne darf nie die Initiative der einzelnen Führungskräfte unterdrücken. Die Aufgabe der Unternehmungsleitung besteht darin, die Energie und Initiative der Mitarbeiter auf allen Verantwortungsebenen der Unternehmung zur Entfaltung zu bringen.

Die Wettbewerbsfähigkeit einer Unternehmung ist das Produkt ihrer Mitarbeiter in den strategischen Geschäftseinheiten und Funktionsbereichen. Strategische Führung heißt, sich mit Elastizität den praktischen Erfordernissen der Lage anzupassen. Erfolge im Wettbewerb lassen sich nur durch eine bewegliche Strategie erzielen, die auf die Suche und den Aufbau entscheidender Wettbewerbsvorteile gerichtet ist. Der strategische Plan ist niemals ein „Rezept für den Erfolg“; er ist eine konkrete und flexible Lösungsmöglichkeit, die den jeweils wechselnden Wettbewerbssituationen und Kundenbedürfnissen anzupassen ist.

Aussicht auf Erfolg haben Ziele, die auf fundierten Analysen der Kundenbedürfnisse und des Wettbewerberverhaltens beruhen. Erfolgreiche Unternehmungen blicken deshalb drei bis fünf Jahre in die Vergangenheit zurück und vergleichen die Wirtschaftsergebnisse ihrer strategischen Geschäftseinheiten mit denen ihrer Hauptkonkurrenten. Die Frage, die es dann zu klären gilt, ist, ob in Zukunft die Voraussetzungen gehalten oder geschaffen werden können, die notwendig sind, damit die strategischen Geschäftseinheiten eine Position der Einzigartigkeit einnehmen. Das Ziel einer jeden strategischen Geschäftseinheit kann nur darin bestehen, besser als ihre Konkurrenten zu sein und ihre führende Wettbewerbsposition nachhaltig zu verteidigen. Kann dieses Ziel nicht erreicht werden und verfügt die Unternehmung nicht über das Potential, Wettbewerbsvorteile für die strategische Geschäftseinheit aufzubauen, muß die Zweckmäßigkeit des Rückzuges aus dem Markt geprüft werden.

Da jede strategische Geschäftseinheit spezifische Charakteristika, Märkte, Konkurrenten, Technologien und Aktionshorizonte hat, muß der strategische Planungsprozeß spezifisch sein. Es kommt nicht darauf an, in jedem Jahr zu bestimmten Zeiten strategische Pläne zu erarbeiten, sondern auf die Art und Weise, wie die Unternehmungsleitung fundierte Gespräche mit ausgewählten Geschäftseinheiten zu verschiedenen Zeiten führt: Strategische Geschäftseinheiten, die in Marktsegmenten operieren, die durch eine geringe Wettbewerbsintensität und konstante Kundenbedürfnisse gekennzeichnet sind, verlangen eine klare Zielvereinbarung mit der Unternehmungsleitung im Verein mit Handlungsfreiheit für die dafür verantwortlichen Führungskräfte; je erfolgreicher diese Geschäftseinheiten operieren, desto geringer ist die Notwendigkeit, in regelmäßigen Abständen an die Unternehmungsleitung zu berichten. Je schneller sich dagegen die Wettbewerber bewegen und je tiefgreifender die Kundenbedürfnisse wechseln, desto kürzer werden die Zeiträume sein, zu denen ein Dialog zwischen den für die strategische Geschäftseinheit verantwortlichen Führungskräften und der Unternehmungsleitung stattfinden muß.

Der Einklang von Handlungsfreiheit und Bericht an die Unternehmungsleitung bildet die Grundlage des Erfolges im Wettbewerb. Es geht nicht darum, daß jede strategische Geschäftseinheit einmal im Jahr über *alle* in der Rechnungsperiode vorgefallenen Ereignisse berichtet und die Erwartungen für die Zukunft definiert; die Geschäftseinheiten, die vor kritischen Entscheidungen stehen, erhalten bevorzugt die Aufmerksamkeit der Unternehmungsleitung.

Die *Methode der „direktiven Führung"*, als deren Begründer Moltke angesehen werden kann, verleiht den bedeutenden Einzelpersönlichkeiten, die für strategische Geschäftseinheiten und Funktionsbereiche verantwortlich sind, Spielraum; sie hat allerdings auch das Vorhandensein überragender, fest in sich selbst ruhender Persönlichkeiten in der Unternehmungsleitung zur Voraussetzung.

Wer Vertrauen zu sich selbst besitzt, hat auch Vertrauen zu anderen. Die Unternehmungsleitung kann durch Delegation viel mehr Zeit als bisher für die Geschäftseinheiten aufwenden, die vor kritischen strategischen Entscheidungen stehen. Gerade in Anbetracht rasch wechselnder Wettbewerbsverhältnisse und Kundenbedürfnisse ist es wichtig, daß die Führungskräfte den Zugang zur Unternehmungsleitung finden, wann immer eine strategische Neuorientierung notwendig ist.

4.6.3 Die Erziehung zu strategischer Einsicht und Verantwortung

Die Überlegenheit einer Unternehmung im Wettbewerb liegt nicht in ihrer maschinellen Ausstattung oder ihrer Größe, sondern in ihrer Überlieferung und im Geist, den sie von großen Führungskräften geerbt und auf die Mitarbeiter übertragen hat. Als Beispiele für die wichtigen Zusammenhänge zwischen Überlieferung und Schlagkraft der Unternehmung in bezug auf die einzelnen strategischen Geschäftseinheiten können gelten:

- der Stolz der Mitarbeiter auf die Produkte oder Dienstleistungen, zu deren Hervorbringung oder Bereitstellung sie beigetragen haben;
- der Sinn für den Zweck der Unternehmung, der Loyalität bewirkt;
- der Begriff der Disziplin, nicht in Form blinden Gehorsams, sondern als freiwillige und aktive Unterordnung unter die gemeinsamen Interessen der Unternehmung;
- die Idee der strategischen Führung als zusammenhängendes, kontinuierliches Ganzes, das auf die nachhaltige Verteidigung führender Wettbewerbspositionen abzielt;
- initiatives und kreatives Handeln der Mitarbeiter im Rahmen der strategischen Pläne;

- Mut und Einfallsreichtum der Führungskräfte, ihre Dispositionen entsprechend den Erfordernissen der Wettbewerbssituationen zu ändern;
- Loyalität, gesunde Überlegung, Wendigkeit und Tatendrang.

Die Lehren, die sich aus der Geschichte erfolgreicher Unternehmungen ziehen lassen, zeigen, daß die Führungskräfte durchwegs kultivierte Männer mit weitreichenden geistigen Interessen sind, die Verantwortungsgefühl und Weitblick besitzen[75]; in weniger erfolgreichen Unternehmungen scheinen die Führungskräfte mehr „*Professionals*" einer neuen Art zu sein, Techniker der Macht oder Fachleute in ihrem *métier*, ohne Interesse für irgend etwas außerhalb dieser Eingrenzung. Je stärker sich diese Art von Professionalismus entwickelt, um so mehr schwindet die strategische Führungskompetenz.

Moltke, einer der größten strategischen Denker aller Zeiten, begnügte sich damit, Direktiven zu erteilen und die beabsichtigten Ziele zu vereinbaren, wobei es den Unterführern überlassen blieb, auf welchem Wege sie diese zu erreichen suchten.

Diese Art der direkten Führung war nur durch die Entwicklung einer einheitlichen strategischen Auffassung möglich, die sich nicht auf die strengen Regeln einer vorgefaßten Lehrmeinung gründete, sondern auf die Gleichmäßigkeit, jede Lage ausschließlich nach den spezifischen Gegebenheiten zu beurteilen.

Die Erziehung zu strategischer Einsicht, strategischem Denken und strategischem Verantwortungsgefühl bedeutet Erziehung zur Visionsfähigkeit, Erkenntnis der komplizierten Wechselwirkungen von Unternehmungspolitik und Strategie sowie Individualisierung der Führung durch Direktiven.

Strategische Führung ist nichts weiter als die laufende Anpassung der eigenen Absichten an die Bedürfnisse der Kunden und Aktionen der Konkurrenten, indem die Züge aller zu einem strategischen Netz verwoben werden; in diesem strategischen Netz schaffen von Zeit zu Zeit taktische Entscheidungen einen Ausgangspunkt für neue Pläne und Entscheidungen.

4.6.4 Die Rolle des strategischen Planers

Der strategische Planer ist eine Art „Junior-Partner" der Linienführungskräfte. Die letzte Entscheidung liegt bei der Führungskraft, die für eine strategische Geschäftseinheit verantwortlich ist, doch hinsichtlich der Ergebnisse trägt der strategische Planer mit ihr zusammen die volle Verantwortung. Wird sein Rat in einer wichtigen Frage mißachtet, kann er darauf bestehen, seine gegenteilige Auffassung aktenkundig zu machen. Normalerweise erwartet die Unternehmungsleitung jedoch zwischen den für strategische Geschäftseinheiten verantwortlichen Führungskräften und dem strategischen Planer ein vertrauensvolles Verhältnis.

Die Effizienz des strategischen Planungsstabes ist auf drei wesentlichen Punkten begründet:

[75] Vgl. zur strategischen Führungskompetenz die Ausführungen im Abschnitt II.5.1.

(1) einer hervorragenden Ausbildung und einer strengen Auswahl,
(2) einer Ausbildung, Erfahrung und Reife, die sich nicht nur auf die Aufgaben einer methodischen und führungstechnischen Assistenz beschränkt, sondern auch zu einer kreativen Mitarbeit in der höheren Führungsebene bei der Umsetzung der Pläne befähigt, und
(3) einer unbürokratischen Einstellung und Arbeitsweise.

Aufgrund seiner Rolle als vertrauter Berater ist der strategische Planer die einzige Person, die neben der Unternehmungsleitung einen Gesamtüberblick besitzt. Alle anderen können bestenfalls einen Ausschnitt des Ganzen überschauen – er ist das *alter ego* der Unternehmungsleitung.

Von der Unternehmungsspitze und dem Planungsstab wird erwartet, daß sie gemeinsam über den Dingen stehen, gemeinsam alle Möglichkeiten erwägen und dann gemeinsam zu einer Entscheidung kommen.

Das strategische Führungsdenken beruht auf folgenden Grundlagen:

- konkrete Beurteilung der Ausgangsposition, ganz für sich allein, unbehindert von jedweden Leitsätzen einer allgemeinen Lehre oder Methodik,
- Bestimmung der angestrebten Ziel-Position,
- schöpferische Beurteilung der Wege und Mittel, um auf möglichst ökonomische Weise von der Ausgangs- zur Zielposition zu kommen sowie
- elastische und entschlossene Durchführung, und
- Einrichtung eines harmonischen Verhältnisses zwischen dem Ganzen und seinen Teilen, zwischen der strategischen und der taktischen Entscheidung.

Literatur

Aaker, D.A.: Developing Business Strategies. 2.A. New York 1988.

Abell, D.E.: Defining the Business: The Starting Point of Strategic Planning. Englewood Cliffs 1980.

Albach, H.: Kritische Wachstumsschwellen in der Unternehmensentwicklung, in: ZfB 46 (1976), S.683–696.

Albach, H.: Strategische Unternehmensplanung bei erhöhter Unsicherheit, in: ZfB 48 (1978), S.702–738.

Albach, H.: Zur Wiederentdeckung des Unternehmers in der wirtschaftspolitischen Diskussion, in: Zeitschrift für die gesamte Staatswissenschaft 135 (1979) Heft 4, S.533–552.

Albert, K.J. (Hrsg.): The Strategic Management Handbook. New York 1983.

Allen, M.G.: How to Organize and Manage the Planning Function. Fairfield, Conn. 1975.

Allen, M.G.: Diagramming GE's Planning for What's Watt, in: Planning Review 5 (1977), Nr.5, S.3–8.

Allen, M.G.: Strategic Planning with a Competitive Focus, in: The McKinsey Quarterly (Autumn 1978), S.2–13.

Andersen, D.: Vision Management, in: European Management Journal 5 (1987), Nr.1, S.24–28.

Andrews, K.R.: The Concept of Corporate Strategy. 3.A. Homewood, Ill. 1988.

Anshen, M. (Hrsg.): Managing the Socially Responsible Corporation. New York 1974.

Anshen, M.: Corporate Strategies for Social Performance. New York 1980.

Ansoff, H.I.: Managing Strategic Surprise by Response to Weak Signals, in: California Management Review 18 (1975), Nr.2, S.21–33.

Ansoff, H.I.: Strategic Management. New York 1979.

Ansoff, H.I.: Implanting Strategic Management. Englewood Cliffs 1984.

Ansoff, H.I.: The New Corporate Strategy. New York 1987.

Ansoff, H.I. u. J.C. Leontiades: La gestione del portafoglio strategico: un compito nuovo della direzione aziendale. In: L'industria 1 (1976), S.3–21.

Ansoff, H.I., R.P. Declerck u. R.I. Hayes (Hrsg.): From Strategic Planning to Strategic Management. London, New York, Sidney, Toronto 1976.

Ansoff, H.I., W. Kirsch u. P. Roventa: Unschärfenpositionierung in der strategischen Portfolio-Analyse. In: ZfB 51 (1981), S.963–987.

Anthony, W.P.: Practical Strategic Planning. Westport, London 1985.

Arbeitsgemeinschaft Planung AGPLAN (Hrsg.): AGPLAN-Handbuch zur Unternehmensplanung. Berlin 1979.

Baughman, J.P., G.C. Lodge u. H.W. Pifer: Environmental Analysis for Management. Homewood, Ill. 1974.

Baumgartner, K.: Personal-Management. Praxis-Brief 610. Sindelfingen 1987.

Baur, G., G. Hug u. C. Löwe (Hrsg.): Unternehmungsstrategie im Wandel. Bern, Stuttgart 1976.

Beaufre, A.: Totale Kriegskunst im Frieden: Einführung in die Strategie. Berlin 1964.

Bennis, W. u. B. Nanus: Leaders. New York 1985.

Birnbaum, P.H. u. A.R. Weiss: Competitive Advantage and the Basis of Competition. Working Paper No. 87–107. University of Southern California, Los Angeles 1988.

Bleicher, K.: Weltweite Strategien der Unternehmungsakquisition und -kooperation zur Bewältigung des Markt- und Technologiewandels, in: Ch. Belz (Hrsg.), Realisierung des Marketing. Savosa, St. Gallen 1986, S. 211–228.

Bogue III, M. C. u. E. S. Buffa: Corporate Strategic Analysis. New York, London 1987.

The Boston Consulting Group (Hrsg.): The Product Portfolio. Perspective Nr. 66. Boston 1970.

The Boston Consulting Group (Hrsg.): Perspectives on Experience. Boston 1972.

The Boston Consulting Group (Hrsg.): Vision und Strategie. München 1988.

Bower, J. L.: Managing the Resource Allocation Process. Homewood, Ill. 1972.

Brauchlin, E.: Unternehmungsphilosophie, in: Management-Zeitschrift io 48 (1979), Nr. 1, S. 42–46.

Brockhoff, K.: Prognoseverfahren für die Unternehmensplanung. Wiesbaden 1977.

Browning, E.K. u. J.M. Browning: Microeconomic Theory and Applications. 2. A. Boston 1986.

Buchinger, G. (Hrsg.): Umfeldanalysen für das strategische Management. Wien 1983.

Business Week (Hrsg.): The New Planning. December 18 (1978), S. 62–68.

Buzzell, R.D. u. B.T. Gale: The PIMS Principles: Linking Strategy to Performance. New York, London 1987.

Buzzell, R.D., B.T. Gale u. R.G.M. Sultan: Market Share – A Key to Profitability. In: Harvard Business Review 53 (1975), Nr. 1, S. 91–102.

Chandler, A.D.: Strategy and Structure: Chapters in the History of the Great American Enterprise. Cambridge, Mass. 1962.

Channon, D.F.: The Strategy and Structure of British Enterprise. Cambridge, Mass. 1973.

Christensen, C.R., K.R. Andrews u. J.L. Bower: Business Policy: Text and Cases. Homewood, Ill. 1974.

Christensen, C.R., N.A. Berg u. M.S. Salter: Policy Formulation and Administration. A Casebook of Top-Management Problems in Business. Homewood, Ill. 1976.

Clark, P.A.: Anglo-American Innovation. Berlin, New York 1987.

Clausewitz, K.: Vom Kriege. 19. A., Bonn 1980.

Coates, J.C.: Issues Management. Mt. Airy, MD 1986.

David, F.R.: Fundamentals of Strategic Management. Columbus, Ohio 1986.

Davidson, W.H.: Global Strategic Management. New York, Chichester 1987.
Declerck, R.P., J.P. Debourse u. C.N. Navarre: Méthode de direction générale. Boulogne, Billancourt 1983.
De Vio, S.: Dagli Stati Uniti al Giappone: andata e ritorno. Turin 1985.
De Woot, Ph.: Les entreprises de haute technologie et l'Europe. Paris 1988.
Di Bernardo, B. u. E. Rullani: Transizione tecnologica e strategie evolutive: l'impresa industriale verso l'automazione. Padua 1985.
Dobrow, W.: Unternehmenspolitik. Stuttgart 1985.
Donelly, J.H., J.L. Gibson u. J.M. Ivancevich: Fundamentals of Management: Functions, Behavior, Models. 5. A. Dallas 1984.
Dunst, K.H.: Portfolio Management. Konzeption für die strategische Unternehmensplanung. 2. A. Berlin, New York 1983.
Dyas, G.P. u. H. Thanheiser: The Emerging European Enterprise: Strategy und Structure in French and German Industry. Cambridge, Mass. 1976.
Dymsza, W.A.: Multinational Business Strategy. New York 1972.
Ebskamp, K.: Strategische Planung in der Praxis, in: ZfbF – Kontaktstudium 31 (1979), S. 11–20.
Ellis, R.J.: Managing Strategy in the Real World. Lexington, Mass. 1988.
Eminente, G.: Pianificazione e gestione strategica dell' impresa. Bologna 1986.
Ensign, H.S. u. L.N. Adler (Hrsg.) Strategic Planning. Santa Barbara, Cal. 1985.
Ferguson, Ch.R.: Measuring Corporate Strategy. Homewood 1974.
Foster, R.N.: A Call for Vision in Managing Technology, in: The McKinsey Quarterly (Summer 1982), S. 26–36.
Franko, L.G.: The European Multinationals. New York 1977.
Freeman, R.E.: Strategic Management. Boston 1984.
Gabele, E.: Die Leistungsfähigkeit der Portfolio-Analyse für die strategische Unternehmungsführung, in: Rühli, E. u. Thommen, J.P. (Hrsg.), Unternehmungsführung aus finanz- und bankwirtschaftlicher Sicht. Stuttgart 1981, S. 45–61.
Gabele, E. u. H. Kretschmer: Unternehmungsgrundsätze. Zürich 1987.
Gale, B.T.: Selected Findings from the PIMS Project: Market Strategy Impacts on Profitability, in: American Marketing Association (Hrsg.), Combined Proceedings, 1974 Spring and Fall Conferences, Boston 1975, S. 471–477.
Germane, G.E. (Hrsg.): The Executive Course. Reading, Mass. 1986.
Gilmore, F.F.: Formulating Strategy in Smaller Companies, in: D.J. McCarthy, R.J. Minichiello u. J.R. Curran (Hrsg.), Business Policy and Strategy: Concepts and Readings. Homewood, Ill. 1975.
Giroire, J.: La volonté strategique de l'entreprise. Paris 1985.
Gorle, P. u. J. Long: Essentials of Product Planning. London 1973.
Grimm, U.: Analyse strategischer Faktoren. Wiesbaden 1983.
Gutenberg, E.: Grundlagen der Betriebswirtschaftslehre. Erster Band: Die Produktion. Berlin, Heidelberg, New York 1973.
Hahn, D.: Planungs- und Kontrollrechnung. 4. A. Wiesbaden 1988.
Hahn, D. u. B. Taylor (Hrsg.): Strategische Unternehmungsplanung. 4. A. Würzburg, Wien 1986.

Halal, W.E.: The New Capitalism. New York 1986.
Haller, T.: The Successful Strategist. Englewood Cliffs 1984.
Hammer, R.: Unternehmungsplanung. 3. A. München, Wien 1988.
Hammer, R.: Strategische Planung und Frühaufklärung. München, Wien 1988.
Hammer, R. u. H.H. Hinterhuber: Politik und Strategie in der Privatisierungsdiskussion, in: Betriebsberater Heft 7 (1988), S. 413–416.
Hammer, R., H.H. Hinterhuber u. J. Lorentz: Privatisierung – ein Allheilmittel? in: HARVARDmanager 10 (1988), Nr. 3, S. 39–47.
Haner, F.T.: Business Policy, Planning, and Strategy. Cambridge, Mass. 1976.
Hanssmann, F.: Quantitative Betriebswirtschaftslehre. 2. A. München, Wien 1985.
Harrigan, K.R.: Strategies for Declining Businesses. Lexington, Mass. 1980.
Harrigan, K.R.: Strategies for Vertical Integration. Lexington, Mass. 1983.
Haspeslagh, Ph.: Portfolio Planning: Uses and Limits, in: Harvard Business Review, 60 (1982), No. 1, S. 58–73.
Hatten, K.J. u. M.L. Hatten: Effective Strategic Management. Englewood Cliffs 1988.
Hax, A.C. u. N. Majluf: Strategic Management. Englewood Cliffs 1988.
Hax, A.C. (Hrsg.): Planning Strategies that Work. Oxford 1987.
Hax, A.C. (Hrsg.): Readings on Strategic Management. Cambridge, Mass. 1984.
Hayes/Hill Inc. (Hrsg.): Competitive Analysis. Vols. 11, 12, 13, 14 (1981).
Hedley, B.: Strategy and the ‚Business Portfolio‘, in: Long Range Planning 10 (1977), Nr. 1, S. 12–20.
Henderson, B.D.: Construction of a Business Strategy. The Boston Consulting Group, Series on Corporate Strategy. Boston 1971.
Henderson, B.D.: On Strategy. Cambridge, Mass. 1979.
Henderson, B.D.: The Logic of Business Strategy. Cambridge, Mass. 1984.
Henzler, H.: Neue Strategie ersetzt Zufall, in: Manager Magazin 4 (1979), S. 122–129.
Hinterhuber, G.: La direzione strategica dell'impresa industriale. 3. A. Turin 1989.
Hinterhuber, G.: La politica degli investimenti nelle imprese industriali. 4. A. Mailand 1989.
Hinterhuber, H.H.: Innovationsdynamik und Unternehmungsführung. Wien, New York 1975.
Hinterhuber, H.H.: Mut zum Selbstsein. Strategie der Selbstentfaltung. Freiburg 1984.
Hinterhuber, H.H.: Unternehmungspolitik (in Zusammenarbeit mit E. Krauthammer). Genf 1988.
Hinterhuber, H.H.: Wettbewerbsstrategie. 2. A. Berlin, New York 1990.
Hinterhuber, H.H. u. M. Kirchebner: Die Analyse strategischer Gruppen von Unternehmungen, in: Zeitschrift für Betriebswirtschaft 53 (1983), S. 854–868.
Hinterhuber, H.H.: Strategie (in Zusammenarbeit mit E. Krauthammer). Genf 1988.

Hinterhuber, H.H. u. O.F. Mak: Strategische Alternativen in schrumpfenden Branchen, in: HARVARDmanager 4 (1983) S. 89–98.
Hinterhuber, H.H. u. St. Laske (Hrsg.): Zukunftsorientierte Unternehmungspolitik. Freiburg 1984.
Hinterhuber, H.H. u. W. Popp: Die Objektivierung der Unternehmens- und Marketingstrategien, in: „Thexis" 4 (1987), Nr. 3, S. 20–24.
Hinterhuber, H.H. u. W. Popp: PC-gestützte Bewertung strategischer Alternativen, in: Handbuch der modernen Datenverarbeitung 24 (1987), Heft 138, S. 85–103.
Hinterhuber, H.H. u. W. Popp: Strategy as a System of Expedients, in: Long Range Planning 21, Nr. 4 (1988), S. 107–120.
Hinterhuber, H.H. u. A. Vogel: Die strategische Analyse der vertikalen Integration und der Diversifikation, in: Journal für Betriebswirtschaft 36, Nr. 2 (1986), S. 52–75.
Hinterhuber, H.H., W. Popp u. V. Zitt: Die Wettbewerbsfähigkeit als zentrales Element der Unternehmensstrategie, in: WiSt 14 (1985), S. 347–353.
Hinterhuber, H.H., V. Plörer, V. Popp u. R. Pucher: Die EDV-unterstützte Erstellung von Planbilanzen für strategische Geschäftseinheiten, in: Strategische Planung 2 (1986), S. 227–243.
Hinterhuber, H.H. u. E. Krauthammer: Visionen finden. In: „IO Management Zeitschrift" 58 (1989), Nr. 6, S. 27–30.
Hobbs, J.M. u. D.F. Heany: Coupling Strategy to Operating Plans, in: Harvard Business Review (1977), Nr. 3, S. 119–127.
Hofer, Ch.W. u. D.E. Schendel: Strategy Formulation: Analytical Concepts. 3. A. St. Paul, Minn. 1981.
Hofer, Ch.W., E.A. Murray, R. Charan u. R.A. Pitts: Strategic Management. A Case Book in Business Policy and Planning. St. Paul, Minn. 1984.
Hübner, H.: Informationsmanagement. Wien, München 1984.
Hussey, D.E.: Portfolio-Analysis: Practical Experience with the Directional Policy Matrix. In: Long Range Planning 11, (1978), Nr. 4, S. 2–8.
Jain, S.C.: Marketing Planning and Strategy. 2. A. Cincinnati 1985.
James, B.G.: Business Wargames. Middlesex 1985.
Jarillo, J.C.: On Strategic Networks, in: Strategic Management Journal 9 (1988), S. 31–41.
Johnson, G. u. K. Scholes: Exploring Corporate Strategy. Englewood Cliffs 1988.
Kaufer, E.: Industrieökonomik. München 1980.
Kepner, Ch.H. u. B. Tregoe, The Rational Manager. New York 1967.
Kessel, E.: Moltke. Stuttgart 1957.
v. Keyserling, H.: Das Gefüge der Welt. Darmstadt 1920.
v. Keyserling, H.: Das Reisetagebuch eines Philosophen. Darmstadt 1922.
v. Keyserling, H.: Schöpferische Erkenntnis. Darmstadt 1922.
v. Keyserling, H.: Südamerikanische Meditationen. Stuttgart, Berlin 1932.
v. Keyserling, H.: Reise durch die Zeit. 3 Bände. Vaduz 1948/Darmstadt 1958.
Kirsch, W. u. P. Roventa (Hrsg.): Bausteine eines strategischen Managements: Dialoge zwischen Wissenschaft und Praxis. Berlin, New York 1983.

Kirsch, W., W. M. Esser u. E. Gabele: Das Management des geplanten Wandels von Organisationen. Stuttgart 1979.
Kirzner, I. M.: The Primacy of Entrepreneurial Discovery, in: A. Seldon (Hrsg.), The Prime Mover of Progress. Westminster 1980, S. 3–30.
Koch, J. V.: Industrial Organization and Prices. Englewood Cliffs 1974.
Koreimann, D. S.: Management. 3. A. München, Wien 1987.
Kreikebaum, H.: Strategische Unternehmungsplanung. Stuttgart 1981.
Kreilkamp, E.: Strategisches Mangement und Marketing. Berlin, New York 1987.
Lamb, R. B.: Competitive Strategic Management. Englewood Cliffs 1984.
Lazarus, H., E. K. Warren u. J. E. Schnee: The Progress of Management. Englewood Cliffs 1972.
Leontiades, M. (Hrsg.): Policy, Strategy, and Implementation. New York 1983.
Leontiades, J. C.: Multinational Corporate Strategy. Lexington, Mass. 1985.
Lessing, R. u. H. Groeger: Führen mit strategischen Geschäftseinheiten. Düsseldorf, Frankfurt 1982.
Liddell Hart, B. H.: Strategie. Wiesbaden 1953.
Little, A. D. (Hrsg.): Management der Geschäfte von morgen. Wiesbaden 1986.
Lofthouse, St.: Strategy, Cross Subsidization and the ‚Business Portfolio', in: Long Range Planning 11 (1978), Nr. 4, S. 58–60.
Lorange, P.: Divisional Planning: Setting Effective Directions, in: Sloan Management Review 17 (1975), Nr. 1, S. 77–91.
Lorange, P.: Corporate Planning. An Executive Viewpoint. Englewood Cliffs 1980.
Lorange, P. u. M. S. Scott Morton: A Framework for Management Control Systems. In: Sloan Management Review 16 (1974), Nr. 1, S. 41–56.
Lorange, P. u. R. F. Vancil: Strategic Planning Systems. Englewood Cliffs 1977.
Malik, F.: Strategie des Managements komplexer Systeme. Bern 1984.
Markus, S. K.: Building the Strategic Plan. New York 1984.
Martinet, A. Ch.: Stratégic. Paris 1983.
Marzen, W. (Hrsg.): Die Betriebswirtschaftslehre in der Welt von heute. Spardorf 1988.
McCarthy, D. J., R. J. Minichiello u. J. R. Curran: Business Policy and Strategy: Concepts and Readings. Homewood, Ill. 1975.
McDonald, A. L.: Social Responsibility: Whose Responsibility? in: the McKinsey Quarterly (Summer 1976), S. 1–12.
McKinsey & Company, Inc. (Hrsg.): Meeting the Competitive Challenge. London 1977.
McLimore, J. F. u. L. Larwood (Hrsg.): Strategies ... Successes ... Senior Executives Speak Out. New York 1988.
Meffert, H. u. J. Althans: Internationales Marketing. Stuttgart, Berlin, Köln, Mainz 1982.
Merz, H. R.: Die außergewöhnliche Führungspersönlichkeit. Grüsch 1987.
Moltke, H.: Über Strategie, in: Kriegsgeschichtliche Einzelschriften. Herausgegeben vom Großen Generalstab. Berlin 1890.

Moltke, H.: Militärische Werke. Berlin 1890–1912.
Moltke, H. v.: Ausgewählte Werke. Hrsg. v. F. v. Schmerfeld. 4 Bände. Berlin 1925.
Mondy, R.W., A. Sharplin u. E.B. Flippo: Management. Concept and Practices. 4. A. Englewood Cliffs 1988.
Nagtegaal, H.: Wie überlebt mein Unternehmen? Wiesbaden 1977.
Neuberger, O.: Führung. 2. A. Stuttgart 1985.
Neuschel, R.F.: Corporate Strategy: The CEO as King Pin, in: The McKinsey Quarterly (Summer 1977), S. 46–58.
Newman, W.H., J.P. Logan u. W.H. Hegarty: Strategy, Policy, and Central Management. 9. A. Cincinnati 1985.
Norman, R.: Management for Growth. New York 1977.
Paine, F.T. u. W. Naumes: Strategy and Policy Formation: An Integrated Approach. Philadelphia 1974.
Paret, P. (Hrsg.): Makers of Modern Strategy. Princeton 1986.
Patel, P. u. M. Younger: A Frame of Reference for Strategy Development, in: Long Range Planning 11 (1978), Nr. 2, 6–12.
Pavan, P.: Struttura e strategia delle imprese italiane. Bologna 1978.
Perutz, P.: Diversifikation. Einige Voraussetzungen zu ihrer erfolgreichen Durchführung, in: VDI Z 116 (1974), S. 1413–1416.
Perutz, P.: Qualitatives Wachstum – was bedeutet das für ein Unternehmen praktisch? in: Die Industrie 76 (1976), Nr. 3, S. 8–13.
Porter, M.E.: Competitive Strategy: Techniques for Analyzing Industries and Competitors. New York, London 1980.
Porter, M.E.: Competitive Advantage. New York 1985.
Probst, G.J.B.: Selbstorganisation. Berlin, Hamburg 1987.
Pümpin, C.: Management strategischer Erfolgspositionen. 2. A. Bern 1984.
Quinn, J.B.: Strategies for Change: Logical Incrementalism. Homewood, Ill. 1980.
Quinn, J.B., H. Mintzberg u. R.M. James: The Strategy Process. Englewood Cliffs, N.J. 1988.
Render, B. u. R.M. Stair: Quantitative Analysis for Management. 3. A. Englewood Cliffs 1988.
Robert, M.M.: Strategic Thinking. New York 1983.
Rogers, D.C.D.: Essentials of Business Policy. New York 1975.
Rosegger, G.: The Economics of Production and Innovation. 2. A. Oxford 1986.
Rosenhead, J. u. P. Wiedemann: A Note on Robustness and Interdependent Decision Making, in: Journal of the Operations Research Society 30 (1979), No. 9, S. 833–834.
Rothschild, W.E.: How to Gain (and Maintain) the Competitive Advantage. New York 1984.
Roventa, P.: Portfolio-Analyse und strategisches Management. 2. A. München 1981.
Rowe, A.J., Mason, R.O. u. K. Dickel: Strategic Management and Business Policy. Reading 1982.

Rühli, E.: Unternehmungsführung und Unternehmungspolitik. 2 Bände. Bern, Stuttgart 1983.

Rühli, E.: Unternehmungspolitik als Problem der entscheidungsorientierten Betriebswirtschaftslehre, in: L. Pack u. D. Börner (Hrsg.), Betriebswirtschaftliche Entscheidungen bei Stagnation. Wiesbaden 1986, S. 21–36.

Rumelt, R.P.: Strategy, Structure, and Economic Performance. Cambridge, Mass. 1974.

Salveson, M.E.: The Management of Strategy, in: Long Range Planning 7 (1974), Nr. 1, S. 19–26.

Saraceno, P.: Il governo delle aziende. Venedig 1972.

Schendel, D.E. u. Ch.W. Hofer (Hrsg.): Strategic Management. A View of Business Policy and Planning. Boston, Toronto 1979.

Schertler, W.: Unternehmungsorganisation. 3. A. München, Wien 1988.

Schoeffler, S., R.D. Buzzell u. D.F. Heany: Impact of Strategic Planning on Profit Performance, in: Harvard Business Review 52 (1974), Nr. 2, S. 137–145.

Scholz, Ch.: Strategisches Management – Auf zu neuen Ufern? in: DBW 46 (1986), S. 625–637.

Schreyögg, G.: Unternehmensstrategie. Berlin, New York 1984.

Schwab, K.: Chancenmanagement. Düsseldorf 1976.

Shell International Chemical Co. (Hrsg.): The Directional Policy Matrix – An aid to corporate planning. London 1979.

Sicard, C.: Pratique de la stratégie d'entreprise. Paris 1987.

Smith, Th. A.: Dynamic Business Strategy: The Art of Planning for Success. New York 1977.

Springer, C.H.: Strategic Management in General Electric, in: Operations Research 6 (1973), S. 1177–1182.

Staehle, W.H.: Management. 4. A. München 1989.

Staudt, E. (Hrsg.): Das Management von Innovationen. Frankfurt 1986.

Steele, L.W.: Innovation in Big Business. New York 1975.

Steiner, G.A.: Top Mangement Planung. München 1971.

Szyperski, N. u. U. Winand: Strategisches Portfolio-Management: Konzept und Instrumentarium. In: ZfbF 30 (1978), Nr. 7, S. 123–132.

Tavel, Ch.H.: The Third Industrial Age. Strategy for Business Survival. Homewood, Ill. 1975.

Taylor, B.: Managing the Process of Corporate Development, in: Long Range Planning 9 (1976), Nr. 3, S. 81–100.

Taylor, B. u. K. Hawkins (Hrsg.): A Handbook of Strategic Planning. London 1972.

Taylor, B. u. J.R. Sparkes (Hrsg.): Corporate Strategy and Planning. London, New York 1977.

Thomas, J.G.: Strategic Management. New York 1988.

Thomas, L.G. (Hrsg.): The Economics of Strategic Planning. Lexington, Ma. 1986.

Thomson, A.A. u. A.J. Strickland, Strategy Formulation and Implementation. Plano, Texas 1983.

Tregoe, B. B. u. J. W. Zimmerman: Top Management Strategy. New York 1980.
Trux, W. u. W. Kirsch: Strategisches Management oder die Möglichkeit einer „wissenschaftlichen“ Unternehmensführung, in: DBW 39 (1979), S. 215–235.
Ulrich, H.: Die Unternehmung als produktives soziales System. Bern, Stuttgart 1970.
Ulrich, H.: Führungsgrundsätze statt Führungsmodelle? in: Neue Zürcher Zeitung, 5. August 1976, Nr. 180, S. 5.
Ulrich, H.: Unternehmungspolitik. Bern, Stuttgart 1978.
Uyterhoeven, H. E. R., R. W. Ackerman u. J. W. Rosenblum: Strategy and Organization: Text and Cases in General Management. Homewood, Ill. 1978.
Waddell, W. C.: The Outline of Strategy. Oxford, Ohio 1986.
Wasson, Ch. R.: Dynamic Competitive Strategy & Product Life Cycles. St. Charles Ill. 1974.
Weinwurm, E. H. u. G. F. Weinwurm: Long-Term Profit Planning. New York 1971.
Welch, J. F.: Growing Fast in a Slow-Growth Economy, Vortrag, gehalten vor Financial Community Representatives im Hotel Pierre, New York. 8. 12. 1981.
Wells, L. T. (Hrsg.): The Product Life Cycle and International Trade. Cambridge, Mass. 1974.
Wheelen, Th. L. u. J. D. Hunger: Strategic Management. Reading, Mass. 1984.
Widmer, H.: Strategie ist lernbar. Separatdruck aus „bilanz“ (10/78, 11/78, 12/78 und 1/79).
Wittek, B.: Strategische Unternehmensführung bei Diversifikation. Berlin, New York 1980.
Yavitz, B. u. W. H. Newman: Strategy in Action: The Execution, Politics, and Payoff of Business Planning. New York, London 1982.
Yorke, D. A. (Hrsg.): Strategic Planning – Market Driven. Bradford 1988.
Yoshino, M. Y.: The Japanese Multinational Enterprise: Strategy and Structure. Cambridge, Mass. 1976.
Zan, L.: Strategia d'impresa. Padua 1985.
Zangemeister, Ch.: Nutzwertanalyse in der Systemtechnik. München 1973.

Sachregister

Zeitfracht Medien GmbH
Ferdinand-Jühlke-Straße 7
99095 Erfurt, Deutschland
produktsicherheit@kolibri360.de